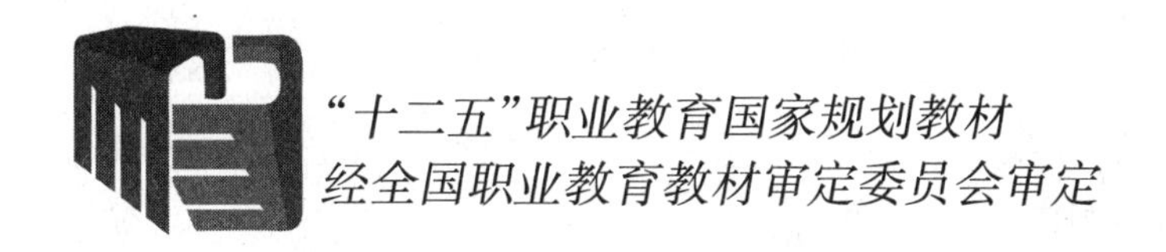

印染 CAD/CAM

（第 2 版）

宋秀芬　主编
梁菊红　曹修平　副主编

中国纺织出版社

内 容 提 要

本书以 CAD/CAM 基本概念、系统组成和集成以及颜色数字化理论(包括影响颜色的相关因素、色的基础特征、加法混色和减法混色、色的表示方法、三刺激值的计算和色差、颜色的测量、同色异谱颜色、孟塞尔颜色系统、配色知识等)为基础,详细介绍了 CAD/CAM 在纺织品染色和印花过程中的应用,如染色和印花 CAD/CAM 系统的工艺流程、组成、功能特点及使用操作等。书后配有教学光盘,可以辅助任课教师进行多媒体教学以及帮助学生自学。

本书实用性、可操作性强,可作为高等专科及高等职业院校染整技术专业教材,也可供印染工程技术人员学习、参考。

图书在版编目(CIP)数据

印染 CAD/CAM/宋秀芬主编. —2 版. —北京:中国纺织出版社,2015.3

"十二五"职业教育国家规划教材

ISBN 978-7-5180-1326-5

Ⅰ.①印… Ⅱ.①宋… Ⅲ.①染整—计算机辅助设计—高等职业教育—教材 ②染整—计算机辅助制造—高等职业教育—教材 Ⅳ.①TS19-39

中国版本图书馆 CIP 数据核字(2015)第 001915 号

策划编辑:秦丹红　　责任编辑:朱利锋　　责任校对:王花妮

责任设计:何　建　　责任印制:何　建

中国纺织出版社出版发行

地址:北京市朝阳区百子湾东里 A407 号楼　邮政编码:100124

销售电话:010—67004422　传真:010—87155801

http://www.c-textilep.com

E-mail:faxing@c-textilep.com

中国纺织出版社天猫旗舰店

官方微博 http://weibo.com/2119887771

北京千鹤印刷有限公司印刷　各地新华书店经销

2009 年 1 月第 1 版　2015 年 3 月第 2 版　2015 年 3 月第 3 次印刷

开本:787×1092　1/16　印张:12.25

字数:226 千字　定价:38.00 元(附光盘 1 张)

出版者的话

百年大计，教育为本。教育是民族振兴、社会进步的基石，是提高国民素质、促进人的全面发展的根本途径，寄托着亿万家庭对美好生活的期盼。强国必先强教。优先发展教育、提高教育现代化水平，对实现全面建设小康社会奋斗目标、建设富强民主文明和谐的社会主义现代化国家具有决定性意义。教材建设作为教学的重要组成部分，如何适应新形势下我国教学改革要求，与时俱进，编写出高质量的教材，在人才培养中发挥作用，成为院校和出版人共同努力的目标。2012年12月，教育部颁发了教职成司函[2012]237号文件《关于开展“十二五”职业教育国家规划教材选题立项工作的通知》(以下简称《通知》)，明确指出我国“十二五”职业教育教材立项要体现锤炼精品，突出重点，强化衔接，产教结合，体现标准和创新形式的原则。《通知》指出全国职业教育教材审定委员会负责教材审定，审定通过并经教育部审核批准的立项教材，作为“十二五”职业教育国家规划教材发布。

2014年6月，根据《教育部关于“十二五”职业教育教材建设的若干意见》(教职成[2012]9号)和《关于开展“十二五”职业教育国家规划教材选题立项工作的通知》(教职成司函[2012]237号)要求，经出版单位申报，专家会议评审立项，组织编写(修订)和专家会议审定，全国共有4742种教材拟入选第一批“十二五”职业教育国家规划教材书目，我社共有47种教材被纳入“十二五”职业教育国家规划。为在“十二五”期间切实做好教材出版工作，我社主动进行了教材创新型模式的深入策划，力求使教材出版与教学改革和课程建设发展相适应，充分体现教材的适用性、科学性、系统性和新颖性，使教材内容具有以下几个特点：

(1) 坚持一个目标——服务人才培养。“十二五”职业教育教材建设，要坚持育人为本，充分发挥教材在提高人才培养质量中的基础性作用，充分体现我国改革开放30多年来经济、政治、文化、社会、科技等方面取得的成就，适应不同类型高等学校需要和不同教学对象需要，编写推介一大批符合教育规律和人才成长规律的具有科学性、先进性、适用性的优秀教材，进一步完善具有中国特色的普通高等教育本科教材体系。

(2) 围绕一个核心——提高教材质量。根据教育规律和课程设置特点，从提高学生分析问题、解决问题的能力入手，教材附有课程设置指导，并于章首介绍本章知识点、重点、难点及专业技能，增加相关学科的最新研究理论、研究热点或历史背景，章后附形式多样的习题等，提高教材的可读性，增加学生学习兴趣和自学能力，提升学生科技素养和人文素养。

(3) 突出一个环节——内容实践环节。教材出版突出应用性学科的特点,注重理论与生产实践的结合,有针对性地设置教材内容,增加实践、实验内容。

(4) 实现一个立体——多元化教材建设。鼓励编写、出版适应不同类型高等学校教学需要的不同风格和特色教材;积极推进高等学校与行业合作编写实践教材;鼓励编写、出版不同载体和不同形式的教材,包括纸质教材和数字化教材,授课型教材和辅助型教材;鼓励开发中外文双语教材、汉语与少数民族语言双语教材;探索与国外或境外合作编写或改编优秀教材。

教材出版是教育发展中的重要组成部分,为出版高质量的教材,出版社严格甄选作者,组织专家评审,并对出版全过程进行过程跟踪,及时了解教材编写进度、编写质量,力求做到作者权威,编辑专业,审读严格,精品出版。我们愿与院校一起,共同探讨、完善教材出版,不断推出精品教材,以适应我国职业教育的发展要求。

中国纺织出版社
教材出版中心

第2版前言

社会在发展,科技在进步,教材内容需要及时更新。根据我国职业教育的发展需要和印染 CAD/CAM 技术的发展,对 2009 年 1 月出版的《印染 CAD/CAM》的有关部分进行了修改和补充。

1. 对原稿错误部分进行了更正修改。

2. 对第一章、第二章进行少量的修改。

第一章、第二章是基本概念及基本理论的阐述,因此只对与新技术有关联的地方进行修改。

3. 对第三章、第四章进行了较大修改。

对第三章、第四章中有关系统的新技术、新设备的内容进行了补充。

为了提高染色产品的品质,严格控制工艺条件,提高印染生产自动化水平,实现电子自动化控制,节能降耗,清洁生产,染色 CAD/CAM 系统主要在一体化生产的在线检测设备方面发展较快。为了提高印花产品的品质,缩短工艺流程,实现绿色生产,印花 CAD/CAM 系统主要在制网系统和数码印花方面发展得较快,对其进行了相应的修改和补充。

4. 对教材的教学顺序的建议。

在教材中我们首先介绍印染 CAD/CAM 的基本概念,然后介绍有关颜色的基础理论及配色的相关知识,最后是印染 CAD/CAM 系统的学习。在教学过程中,也可根据学生的接受能力进行变动:先认识学习系统,实践过后,再追根求源。因此也可以把第二章内容调整到最后学习,在具备了一些感性认识的基础上,学习理论性较强的颜色理论,让学生先有感性认识,再有理性认识,先易后难,提高学生的学习兴趣。

参与本书编写的作者分工如下:刘仰华编写第一章;杨娜编写第二章一、二、三节;梁菊红编写第二章第四、五节;郭常青编写第二章第六节一至三(一);于子建编写第二章第六节的三(二);顾乐华编写第二章第七、八节;宋秀芬编写第二章第九节,第三章,第四章。由宋秀芬任主编,梁菊红、曹修平任副主编。CAD 操作部分的光盘,由宋秀芬策划、编辑、制作,王开苗、于子健、徐兵参与染色部分的制作,杨秀稳、林强、王红参与印花部分的制作。本教材根据职业学院的特点,着重培养学生的操作技能、自主探索和创新能力。

为了切合高职高专染整技术专业学生的学习基础,同时满足工厂实际生产的需要,本教材减少了部分基础理论的内容,主要对应用计算机进行测色、配色、印花设计,数码印花等有关知识进行了详细叙述。做到了基础与应用并重,理论与实践、功能操作与系统演示相结合,符合新模式下职业教育现代化教学的特点。

由于时间紧,水平有限,难免有疏漏与缺点,望读者批评指正。

宋秀芬

2014年11月12日

第1版前言

CAD/CAM 是随着计算机及其外围设备、数字制造技术、计算机网络技术等发展而形成的一门多学科综合性新技术，是当今世界发展最快的技术之一，并已在各行各业得到广泛应用。染色 CAD/CAM 和印花 CAD/CAM 在纺织行业已成为从事染整技术的人员必须掌握的基本技能。目前，它也是高职高专、中职染整技术专业的学生迫切需要学习的课程。

为了紧跟时代的步伐，符合职业教育的特点，培养市场经济需求的高等技术技能应用型人才，在2001年山东丝绸纺织职业学院教材的基础上进行了改编。由刘仰华编写第一章；杨娜编写第二章第一、二、三节；梁菊红编写第二章第四、五节；郭常青编写第二章第六节的一至三(一)；于子建编写第二章第六节的三(二)；顾乐华编写第二章第七、八节；宋秀芬编写第二章第九节，第三章，第四章。由宋秀芬任主编，梁菊红、曹修平任副主编。CAD 操作部分的光盘制作，由王开苗参与制作染色部分，杨秀稳参与制作印花部分，由宋秀芬策划、编辑、制作。本教材根据职业学院的特点，着重培养学生的技术技能、自主探索和创新能力。

为了切合高职高专染整技术专业学生的实际基础学科知识体系，同时适应学生就业及生产实际使用的需要，本教材减少了基本的基础理论知识的叙述，主要对应用计算机进行染色、仿色、印花设计、描稿、制版等有关知识进行了详细叙述。做到了基础与应用并重，理论与实践、功能操作与系统演示相结合，符合新模式下职业教育现代化教学的特点。

对特别关照和支持本教材编写的各级领导和同事们及大染坊的有关领导和员工表示衷心的感谢。由于时间紧，水平有限，难免有疏漏与缺点，望读者批评指正。

宋秀芬

2008年7月30日

课程设置指导

课程名称　印染CAD/CAM

适用专业　染整技术专业

总学时　52

课程性质　本课程是染整技术专业的专业课程,是职业技术学院学生必修的重要课程。

课程目的

(1)使学生把所学的专业知识融合到计算机应用中去,更好地服务于专业,了解印染CAD的基本知识,掌握基本技能,开阔学生专业思路,初步形成不断接受新的科学知识、不断创新的能力,具有为科学技术发展做贡献的思想意识。

(2)掌握CAD/CAM的基本概念及特点。

(3)掌握颜色数字化的理论与方法,颜色的数字化表示、计算及测量,同色异谱颜色成立的条件及评价,孟塞尔立体表色与标准色度系统之间的关系及应用。

(4)掌握CAD系统的组成、工艺流程,了解仪器型号与性能、各组成部分的功能及应用步骤、质量要求。

(5)掌握CAM系统的概念、作用及原理、功能特点等。了解一体化染色生产线CAD/CAM各部分的组合。

(6)通过上机操作,使学生具有对该系统的操作和应用能力,达到理论与实践的结合。

课程教学基本要求

(1)理论教学:教学环节包括课堂教学、现场教学、作业和考查,共52学时,通过各教学环节重点培养学生对理论知识的理解和操作技能的运用能力。

(2)作业:通过对课外作业的练习,加深对所学理论知识的理解和巩固。

(3)考查:采用笔试方式,题型一般包括名词解释、填空题、判断题、简答题、计算题和论述题。学习成绩根据平时完成作业情况、课堂纪律、回答问题情况及卷面分数综合考评。

(4)实践教学:有条件的可结合实训课进行,也可单独进行训练,染色部分约需二周的时间,完成整个应用过程,熟悉操作步骤,建立数据库,预测修正配方。印花部分需一至两周的时间,完成设计描稿效果图或输出胶片。

理论教学学时分配

章　数	讲授内容	学时分配	
		课堂教学	现场教学
第一章	CAD/CAM 概论	2	—
第二章	颜色数字化基础	26	—
第三章	染色 CAD/CAM 系统	8	2
第四章	印花 CAD/CAM 系统	10	2
考　试		2	
合　计		52	

目录

第一章　CAD/CAM 概论

CAD 是计算机辅助设计 Computer Aided Design 的英文简称，CAM 是计算机辅助制造 Computer Aided Manufacture 的英文简称。它们是从 20 世纪 50 年代开始，随着计算机及其外围设备、数字制造技术、计算机网络技术等发展而形成的一门多学科综合性新技术，是当今世界发展最快的技术之一。目前，CAD/CAM 在电子、机械、造船、汽车、建筑、印刷及纺织等领域已得到了广泛的应用，已成为设计工作和产品制造过程中不可缺少的技术手段和装备，是工程技术人员必须掌握的基本技能。

第一节　CAD 与 CAM 的基本概念

一、CAD 的含义

产品设计是多次设计—评价—再设计(修改)反复的过程，它是以满足社会客观需求及提高社会生产力为目标的一种创造性劳动。设计工作是新产品研制的第一道工序，其质量和水平直接关系到产品质量、性能、研制周期和经济效益。因此，在商品竞争激烈的市场经济条件下，使设计方法及设计手段科学化、系统化和现代化是十分必要的。应用计算机辅助设计就是实现设计现代化的重要途径之一。

CAD 是指应用计算机系统，协助工程技术人员完成产品设计过程中各阶段的工作。在图案(形)设计、方案设计及技术设计阶段，CAD 应用尤为广泛。印染 CAD 是以颜色的数字化研究及测量为基础，随着计算机及其外围设备发展而形成的一门提高设计过程中自动化程度的新技术。

应用计算机协助纺织品染色过程中的配方设计称为染色(测色配色)CAD 系统。它不仅可测色配色求得配方，而且随着图像布样仿真技术的开发，可显示染色布样的仿真效果及标样与染色布样的比较效果。

应用计算机协助纺织品印花过程中印花图案设计与分色描稿过程中各阶段的工作称为印花 CAD 系统。它主要是对印花的图案进行编辑设计与分色描稿。随着图像布样仿真及三维技术的开发，它还可以实现人体模特立体仿真、室内装饰仿真等。

在计算机辅助设计工作中，计算机的任务实质上是进行大量的信息加工、管理和交换，逻辑判断和科学计算。也就是在设计人员的初步构思、判断、决策的基础上进行创建，根据设计要求进行计算、分析及优化，将初步设计结果显示在显示器上，以人机交互方式进行反复修改，经设计人员确认之后，在自动绘图机及打印机上输出设计结果。既充分发挥人的创造性作用，又能充分利用计算机的高速分析计算能力,找到人与计算机之间的最佳结合点。与传统的设计相比,无论是在提高生产效率、改善设计质量、降低成本、节约人力资源、减轻劳动强度方面,还是在促进产品的标准化、系列化、CAD/CAM集成化、实现产品设计与制造一体化等方面,CAD技术都有着巨大的优越性。

二、CAM的含义

CAM是指应用计算机系统,完成或协助操作人员完成产品的生产制造过程。把原来用人、机结合(即工人师傅控制相应的机械设备)加工制作某一产品的过程,改用计算机(工控机)通过控制软件控制相应的设备进行加工制作。CAM系统一般具有数据转换和过程自动化两方面的功能,可实现产品加工过程的自动化,降低劳动强度,减少由于技术经验和人员素质带来的质量问题。

染色(测色配色)CAD系统后续配套的设备称为染色CAM系统,如自动配液、在线检测等。

印花CAD系统后续配套的设备称为印花CAM系统,如激光成像、雕刻制版等系统。

第二节　CAD与CAM系统的组成

一、CAD系统的组成

CAD系统由一整套的配套设备和软件包组成,因此称为CAD系统。即CAD系统是指进行CAD作业时,所需的硬件及软件两大部分的集合。硬件是系统的设备部分(就好比一个人的身体部分),用来完成具体的工作,是系统的执行机构。软件是系统的程序和指令部分(就好比一个人的思想、灵魂、知识、经验、技能等),主要负责“告诉”硬件该干什么,怎么干,因而被称为指挥机构。硬件和软件是一个有机的统一体,两者互相依存,也互为基础,离开了软件的硬件,就好像没有思维的人体,什么事情也干不了,而离开了硬件的软件,功能再强大,也无从实现。

(一)CAD系统的硬件

硬件系统包括:高性能主机(高速CPU、大容量内存等)、大容量辅助存储器(硬盘、光盘、U盘等)、分辨率较高的彩色显示器、高品质的显卡(较大的显示缓冲内存、较高的刷新率)等。

CAD系统的硬件配置与通用计算机有所不同。系统主机机型和CPU速度更快,内存和辅助存储器容量更大,显示器和显卡性能更高,图形输入设备和图形输出设备种类更多。其配置要视所设计产品的生产规模、复杂程度、设计工作量大小、丰富的输入设备(如鼠标器、数字化仪、扫描仪、数码相机等)以及与实际应用相配套的输出设备(如绘图仪、高档彩色打印机)等情况而定;即外围设备应由通用(计算机本身具备)和专用两部分组成。由于染色(印花)CAD系统的通用部分在计算机基础教学中已经学过,这里不再重复。专用部分的设备专业性强,后面要作专门介绍。

（二）CAD 系统的软件

计算机软件是指控制计算机运行，并使计算机发挥最大功效的各种程序、数据及各种文档。这里所指的文档是关于程序的各种规格说明书，如系统设计说明书和使用说明书等。文档是程序设计的依据，它的设计和编制的水平在很大程度上决定了软件的质量。

具备了 CAD 硬件之后，软件配置水平决定了整个 CAD 系统性能的优劣。因而，硬件是 CAD 系统的物质基础，而软件则是 CAD 系统的核心。从 CAD 系统发展趋势看来，软件占据着愈来愈重要的地位，软件的成本目前已超过了硬件，从事 CAD 工作的工程技术人员应十分重视软件工作。

CAD 系统的软件可分成三个层次：系统软件（一级软件）、支撑软件（二级软件）和应用软件（三级软件）。系统软件是与计算机硬件直接关联的软件，一般由软件专业人员研制 。它起着扩充计算机的功能和合理调度与运用计算机的作用。系统软件有两个特点：一是公用性，无论哪个应用领域都要用到它；二是基础性，各种支撑软件及应用软件都需要在系统软件支持下运行。支撑软件是在系统软件基础上研制的，它包括进行 CAD 作业时所需的各种通用软件。应用软件则是在系统（基础）软件及支撑软件支持下，为实现某个应用领域内特定任务而编制的软件。下面分别介绍这三类软件。

1. 系统软件

系统软件是居于计算机系统中最靠近硬件的一层，主要用于计算机的管理、维护、控制及运行，以及计算机各程序的翻译、装入和运行，软件具有通用性。它有以下几类：

（1）操作系统：它是最重要的系统软件。从用户角度来看，操作系统是用户和计算机硬件之间的桥梁，用户通过操作系统提供的命令和有关规范来操作和管理计算机。尽管操作系统没有一个被普遍接受的定义，但普遍认为：操作系统是管理软件、硬件资源，控制程序运行，改善人机界面，合理组织计算机工作流程并为用户使用计算机提供良好运行环境的一种系统软件。其主要功能有：

①文件管理，即在磁盘上建立、存储、删除、检索文件。

②设备管理，即管理计算机输入、输出等硬件设备。就我国的 CAD 领域而言，绝大部分的软件操作平台都是基于 Windows 的，现在主要是使用 Windows XP、Windows 7 作为 CAD 软件的应用环境。随着 Windows 8 等新操作系统的问世，CAD 软件的应用环境也会随之改变。中高端工作站、大型服务器一般都采用 Unix、Linux 操作系统，支持网络文件系统服务，可多用户、多任务同时作业，协调各用户之间分时运行，安全、稳定、功能强大。其在国外系统上用得较多，在国内市场上的占有份额比较低，因而在 CAD 设计领域使用较少。

（2）编译系统：其作用是将用高级语言编写的程序，翻译成计算机能够直接执行的机器指令。有了编译系统，用户就可应用接近于人类自然语言和数学语言的方式来编写程序，翻译成机器指令的工作交由编译系统去完成。这样就有可能使非计算机专业的各类工程技术人员很容易地应用计算机来实现其目的。

2. 支撑软件

支撑软件是 CAD 系统中的核心，它是为满足 CAD 工作中一些用户共同需要而开发的通用

软件。在种类繁多的商品化支撑软件中比较通用的有以下几类:

(1)计算机分析软件:主要用来解决工程设计中各种数值计算问题。

(2)图形处理软件:可分为图形处理语言及交互式绘图软件两种类型。

①图形处理语言:既具有较强的计算机能力,又具有图形显示或绘图功能。

②交互式绘图软件:它可用人机交互形式(如菜单方式、问答式)生成图形,进行图形编辑(对图形增删、缩放、平移等),标注尺寸,拼装图形等图形处理工作,减少了编程的麻烦。

(3)数据库管理系统:为了适应数量庞大的数据处理和信息交换的需要而开发的数据库管理系统,除了保证数据资源共享、信息保密、数据安全之外,还能尽量减少数据库内数据的重复。

(4)计算机网络工程软件:包括服务器操作系统、文件服务器软件、通讯软件等。应用这些软件可进行网络文件系统管理、存储器管理、任务调度、用户间通讯、软硬件资源共享等工作。计算机网络工程软件随微机局域网产品一起提供。

计算机网络按所覆盖的地理位置,可以分为局域网(LAN)、城域网(MAN)和广域网(WAN)三种。广域网用于地区之间的通信,距离可达几百公里以至上千公里。而局域网用于一栋建筑物内或分布面积跨度仅数公里内的计算机间的通讯。CAD系统所采用的网络一般为能访问Internet的局域网。一方面,通过局域网,进行设计的各机器之间可以相互通讯、共享素材和打印机、交换设计样稿、资料收集、刻录等;另一方面,可以从因特网上搜索CAD信息、资料,启发设计思路,并通过电子邮件等方式与远方的客户或用户进行交流或业务洽谈等。

3. 应用软件

这类软件是为解决某一具体问题而由用户结合当前设计工作需要自行研究开发或软件公司开发的,它具有很强的针对性和实用性。测色配色软件和印花分色软件,就是在颜色数据化、专业知识和印染专家经验的基础上和计算机专家联合研究开发的专用软件,有关知识在后面的章节依次讲解。

按照设计环境中计算机参与以及相互协作的程度不同,可将设计系统划分为单机CAD系统和网络化CAD系统。单机CAD系统是安装在一台计算机中进行独立工作的CAD系统,染色CAD系统就属此类。设计的全过程如信息的采集、加工、处理、输出等,都由一台计算机以及它的周边设备所完成。在经济全球化和网络技术高速发展的今天,基于因特网/企业内部网的网络化,CAD系统得到高速发展。网络化CAD系统可以在网络环境中由多人、异地进行产品的定义与建模、产品的分析与设计、产品的数据管理和数据交换等,是实现协同设计的重要手段,可为企业利用全球资源进行产品的快速开发提供支持。印花CAD系统一般采用网络化系统。

二、CAM系统的组成

CAM系统同样由计算机硬件和控制软件组成,软件是针对机械加工而设计的加工控制软件,与CAD系统不同的是,CAM系统还包括由控制软件控制的、具备加工能力的物理设备。

第三节 CAD 和 CAM 系统的集成

早期的 CAD 和 CAM 是两个相对独立的系统,分别用于完成产品的辅助设计和制造的两大过程,在设计和制造环节中间需要在人干涉下进行信息的传递。大批量信息人工转换不仅降低了工作效率,而且影响到信息的可靠性。

将 CAD 和 CAM 系统两者的技术有机地结合起来,将计算机辅助技术应用于从产品设计到制造的整个过程,这就是 CAD/CAM 集成系统。CAD/CAM 系统,是计算机技术与工程应用相结合所形成的新兴学科。CAM 直接从 CAD 系统获得产品设计及加工要求的信息,而实现设计结果,即设计的意图,从而建立了产品设计与产品制造两个环节在信息提取、交换、共享和处理上的集成。这种信息的集成性能够使 CAD 和 CAM 的功能得到更大可能的发挥,可形成“无图纸生产”,无纹板织造,无胶片感光制版、无网版印花等。CAD/CAM 的优点是技术先进、成本低、生产周期短,产品更具竞争力。目前,在机械加工、印刷、织物提花织造、印花、制版等生产中已取得了明显的经济效益。

CAD/CAM 进一步集成是将 CAD、CAM、CAT(计算机辅助试验)集成为 CAE(Computer Aided Engineering),即计算机辅助工程系统,使设计、制造、测试工作一体化。

设计与制造更高层次的集成,即当今所谓的计算机集成生产系统(Computer Integrated Manufacturing System),简称 CIMS 系统。CIMS 系统是把产品规划、设计、制造、检验、包装、运输、销售等各个生产环节均包含在内的计算机优化和控制系统,以期实现产品生产的高度自动化。为提高产品在国际市场的竞争力,目前,国内不少大型公司都在致力于 CIMS 系统的开发、研究与应用,以缩小与发达国家的距离。

复习指导

本章应学习掌握计算机辅助设计(CAD)、计算机辅助制造(CAM)和 CAD/CAM 集成系统的概念、优越性及系统组成,CAD 中使用的计算机与普通计算机系统在配置上的差异。

思考题

1. 计算机辅助设计、计算机辅助制造的英文全称分别是什么?
2. 分别写出 CAD、CAM、CAD/CAM 系统的概念及优越性。
3. CAD 中使用的计算机与普通的计算机系统在配置上主要有哪些不同?

第二章　颜色数字化基础

染料的颜色和染料分子本身的结构有关，也和照射到染料上的光的性质有关。光线照射到不同结构的染料分子上出现不同的颜色，要了解染料的颜色和其分子结构之间的关系，首先要了解光的有关特性、人眼对光的生理感觉以及光线照射到物质上以后所引起光能分布的变化等问题。此外，要对染料的颜色和印染织物的色泽进行严格的控制，还必须对色度学的一些基本知识和准确测定颜色的方法有一定了解。

第一节　影响颜色的相关因素

物体之所以会有不同的颜色，是因为光照射到物体上，由于物体内部的结构不同，对光的反射、透射、折射、吸收的情况和程度不同，反映到人们的眼睛上便出现不同的颜色。物质的颜色取决于物质本身的性质、照射的光源以及人的眼睛。即：

光──→物质结构──→人眼反映

因此，要了解物体的颜色必须知道光的基本特性、物质的吸收特性及人眼对光的反映。

一、光

光具有以下物理特性。

（一）具有波的性质

光的本质是一种电磁波，是太阳照射到地球表面的全部波段的一小部分。它属于一定波长范围内的一种电磁辐射，在同一介质中直线传播且具有恒定的速度，有一定的波长和频率。

电磁辐射的波长范围很广，最短的如宇宙射线，波长为 $10^{-14} \sim 10^{-15}$m，最长的可达数千公里，如交流电。在电磁辐射范围内，还有紫外线、X 射线、γ 射线以及红外线、无线电波等。只有 380 ~ 780nm 的电磁波能引起人眼视觉感受，称之为可见光，也叫可见光谱。超出此范围的电磁波人眼就看不到了，称之为不可见光波（图 2 – 1）。

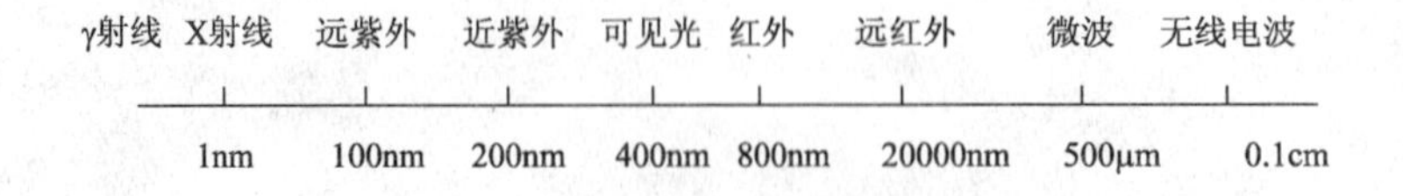

图 2 – 1　可见光谱在电磁波谱中的位置

可见光、紫外线、红外线是原子与分子的发光辐射，称为光学辐射；X 射线和 γ 射线等是激发原子内部的电子所产生的辐射，称为核子辐射；电振动产生的电磁辐射称为无线电波。

太阳光中除了人眼可以看见的可见光外，还包括人眼看不见的、不同波长的一系列光线。可见光谱的波长范围为 380 ~ 780nm，比 380nm 短的一段波长的电磁波是紫外线，比 780nm 长的一段波长的电磁波是红外线。

（二）光是复色光

人们看到的光是白色的，包含着全部波长的有色光线，且不同的波长具有不同的折射系数。因此在下过雨后的天空，人们可以看到彩虹，那是雨滴折射的结果。当一束白色的光通过具有折射功能的棱镜的时候，人的眼睛可以见到红、橙、黄、绿、青、蓝、紫的七色光，称为光谱。图 2 – 2 为一束白光通过棱镜后的效果（彩图见光盘）。各种颜色的可见光的近似波长范围列于表 2 – 1。

表 2 – 1　各种颜色的可见光的近似波长范围

光的颜色	波长（nm）	光的颜色	波长（nm）	光的颜色	波长（nm）
近红外	760 ~ 2500	黄	560 ~ 590	蓝	430 ~ 480
红	620 ~ 760	绿	500 ~ 560	紫	400 ~ 430
橙	590 ~ 620	青	480 ~ 500	近紫外	200 ~ 400

图 2 – 2　一束白光通过棱镜后的效果

光谱中每一种相同波长的有色光称为单色光。太阳光和其他光源的光都是由单色光组成的复色光。复色光可以分解成单色光的现象，称为光的色散现象。此现象说明白光是由这七种颜色的光按一定比例混合而成的，所以白光是一种复合光。将白光中不同颜色的光彼此分开，即可得到不同波长的单色光,而呈现一定的颜色。若两种颜色的光按一定强度的比例混合后能得到白光,称这两种颜色的光互为补色。例如在白光中分出蓝光后,剩余的混合光呈黄光,那么黄光是蓝光的补色,蓝光也是黄光的补色,两者成为互补色。太阳的可见光部分,包含的各种波长的有色光线,组成为无数对补色的光,所以看起来是白光。虽然白光通过棱镜后,可分成七种有色光,如图2-2所示。而实际上,每种有色光中又包含一定波长范围内许多不同波长的有色光,如表2-2所示。

表2-2 光的波长、颜色及其补色

光的波长(nm)	光的颜色	补 色
780~605	红	青
605~595	橙	绿蓝
595~580	黄	蓝
580~560	黄绿	紫
560~500	绿	紫红
500~490	青	红
490~480	绿蓝	橙
480~435	蓝	黄
435~380	紫	黄绿

(三)具有粒子性质

光线具有波动性,有一定的频率;光线在媒介中传播时又有一定的波长和速率。设 λ 为波长,c 为光速,ν 为频率,则它们之间的关系可用下式表示:

$$\nu = \frac{c}{\lambda}$$

以上介绍的是光的一些波动性质,而一切微观粒子都具有波粒二象性,光也如此,既具有波动性,又具有粒子性。也就是说,光并不是连续的波,而是由一个个微粒所组成,这些微粒被称之为光子或量子。光子或量子具有一定的能量,其能量 E 和它的频率 ν 的大小成正比,可用下式表示:

$$E = h\nu$$

式中:h 称为普朗克常数,为 6.6×10^{-34} J·s;ν 为光的频率,单位是1/s。

由上式可以计算各种不同频率光波的能量。

二、物体的吸收特性

(一)光的反射、吸收和透射

每一种物体都呈现一定的颜色。这些颜色是由于光作用于物体才产生的。如果没有光,人们就无法看到任何物体的颜色。因此，有光的存在，才有物体颜色的体现。同样的道理，有光没有物体也就无从谈起光的反射、吸收和透射。

从颜色角度来看，所有物体可以分成两类：一类是物体本身能向周围空间辐射光能量的自发光体，即光源，其颜色取决于它所发出光的光谱成分。另一类是不发光体，其本身不能辐射光能量，但能不同程度地对投射在该物体上的光能量吸收、反射或透射而呈现颜色。这里，主要讨论不发光体的颜色。

无论哪一种物体，只要受到外来光波的照射，光就会和组成物体的物质微粒发生作用。由于组成物质的分子和分子间的结构不同，使入射的光一部分被物体吸收，一部分被物体反射，还有一部分穿透物体，继续传播（图 2－3）。

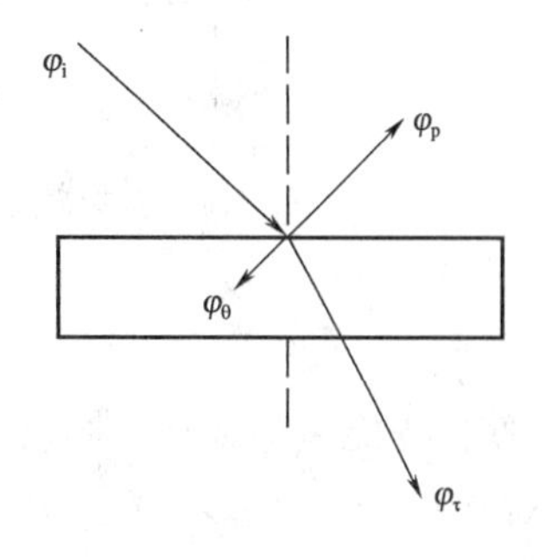

图 2－3　光的反射、吸收和透射

φ_i—入射光通量　φ_ρ—反射光通量

φ_τ—透射光通量　φ_θ—物体吸收的光通量

光源在单位时间内发出的光能称为光通量。即能够被人眼视觉系统感受到的那部分辐射功率的大小所对应的亮度，单位是流明（lumen），符号为 lm。

1. 反射

不透明体受到光照射后，由于其表面分子结构的差异而形成选择性吸收，从而将可见光谱中某一部分波长的辐射能吸收，而将剩余的色光反射出来，这种物体称为不透明体或反射体。

不透明体反射光的程度，可用光反射率（ρ）来表示。光反射率可以定义为：被物体表面反射的光通量（φ_ρ）与入射到物体表面的光通量（φ_i）之比，即：

$$\rho = \frac{\varphi_\rho}{\varphi_i}$$

从色彩的观点来说，每一个反射物体对光的反射效应，能够以光谱反射率表示。光谱反射率[$\rho(\lambda)$]定义为：在波长 λ 的光照射下，样品表面反射的光通量[$\varphi_\rho(\lambda)$]与入射光通量[$\varphi_i(\lambda)$]之比，即：

$$\rho(\lambda) = \frac{\varphi_{\rho(\lambda)}}{\varphi_{i(\lambda)}}$$

物体对光的反射有三种形式：理想镜面的全反射、粗糙表面的漫反射及半光泽表面的吸收反射。理想的镜面能够反射全部的入射光，但以镜面反射角的方向定向反射，如图 2－4(a)所示。完全漫反射体朝各个方向反射光的亮度是相等的，如图 2－4(b)所示。实际生活中绝大多数彩色物体表面，既不是理想镜面，也不是完全漫反射体，而是居两者之中，如图 2－4(c)所示，称为半光泽表面。颜色一样，镜面效果不一样，同样会影响视觉效果。

2. 吸收

物体对光的吸收有两种形式，非选择性吸收和选择性吸收。如果物体对入射白光中所有波长的光都等量吸收，称为非选择性吸收。例如，白光通过灰色滤色片时，一部分白光被等量吸

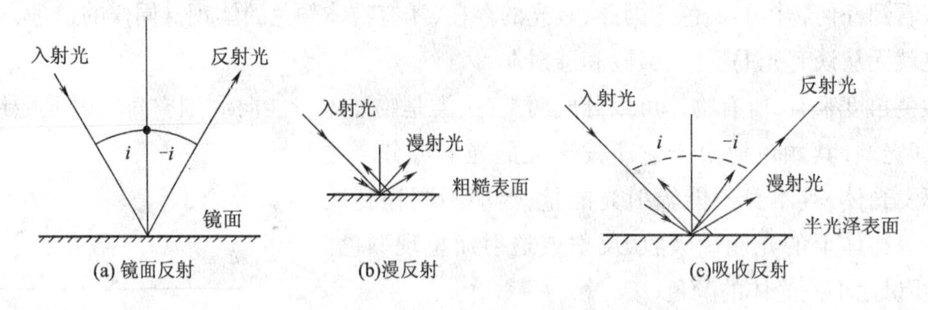

图2-4　物体对光的反射形式

收,使白光能量减弱而变暗。如果物体对入射光中某些色光比其他波长的色光吸收程度大,或者对某些色光根本不吸收,这种不等量地吸收入射光称为选择性吸收。例如,白光通过黄色滤色片时,蓝光被吸收,其余色光均可透过。

物体表面的物质之所以能吸收一定波长的光,是由物质的化学结构决定的。不同物体由于其分子和原子结构不同,而具有不同的本征频率,因此,当入射光照射在物体上,某一光波的频率与物体的本征频率相匹配时,物体就吸收这一波长(频率)光的辐射能,使电子的能级跃迁到高能级的轨道上,这就是光吸收。

在光的照射下,光粒子与物质的微粒作用,这些物质吸收某些波长的光粒子,而不吸收另外一些波长的光粒子,使得不同物质具有不同的颜色。例如,染料的颜色是染料的分子结构所决定的。分子结构的某些基团吸收某种波长的光,而不吸收另外波长的光,从而使人觉得好像这一物质"发出颜色"似的,因此把这些基团称为"发色基团"。例如,无机颜料结构中有发色团,如铬酸盐颜料的发色团是CrO_4^{2-}(铬酸根离子),呈黄色;氧化铁颜料的发色团是Fe^{3+},呈红色;铁蓝颜料的发色团是$[Fe(CN)_6]^{4-}$,呈蓝色。这些不同的分子结构对光波有选择性地吸收,反射出不同波长的光。

3. 透射

透射是入射光经过折射穿过物体后的出射现象。被透射的物体为透明体或半透明体,如玻璃、滤色片等。为了表示透明体透过光的程度,通常用透射光通量(φ_τ)与入射光通量(φ_i)之比来表征物体的透光性质,τ称为光透射率。表示为:

$$\tau = \frac{\varphi_\tau}{\varphi_i}$$

若透明体是无色的,除少数光被反射外,大多数光均透过物体。即光照射到非选择性吸收的物体上,物体对光无选择性吸收而又几乎全部透过的物体称为无色透明体。

根据选择性吸收波长的不同,透射出来的光,呈现不同的颜色。

透明物体的颜色是当透射和吸收两种作用时,物体的颜色就是透射光的颜色,即吸收光的补色。

实际上,溶液对所有颜色的光都吸收,只不过对各波长的光吸收的程度不同,对某一波长的光吸收程度特别大,而使之补色光显示出来。如蓝色透明溶液对各波长的可见光都吸收,通过溶液后光强度减弱，由于其对黄光的吸收程度特别大，而使黄色光的补色蓝光显示出来。如果一个溶液对所有的可见光都透过，则该溶液为无色。

（二）染色织物的颜色

染色的纤维或织物属于不透明的物质，当光照射到不透明的物质上时，没有透射，只有反射、折射和吸收，主要的是吸收和反射。这时物质的颜色就是反射光的颜色，也就是吸收光的补色。例如，红色物体说明它反射的是红光，而吸收的是青光。

同理，当光照射到不透明物质上时，它对所有的光波都吸收，只不过对某一波长的光波吸收程度最大，而对其他波长的光波吸收程度较小。因而，被称之为物质对光的选择性吸收。物体的颜色是由物体的吸收特性决定的。

如果一种物质对可见光中各波长的光波都吸收，且无选择性，则由该物质所组成的物体为黑色。通常将反射率不到10%的非选择性吸收的物体的颜色称为黑色。如果一种物质对可见光中各波长的光波都反射，且无选择性，则由该物质所组成的物体为白色。通常将反射率在75%以上的非选择性吸收的物体的颜色称为白色。非选择性吸收的物体对白光反射率的大小标志着物体的黑白程度。物体对光的吸收越大，越接近黑色。反之，物体对光的反射越大，越接近白色。反射与吸收接近，则为灰色。

白色⟶灰色 ⟶黑色

由上面的讨论可知，物质的颜色是由于物质的结构性质不同，对照射光的吸收、反射、透射和折射的情况不同，带给人眼的不同刺激，而产生不同的颜色。因此，物质的颜色是由于物质的结构、光和人眼共同产生的，缺一不可。没有光就没有物质对光的选择性吸收，也就没有色；物质的结构不同，对光的选择性吸收不同，就显示不同的颜色；没有人眼对不同波长强度的光的不同反映，也就不能分辨不同的颜色。

一般来说，可见光与物质接触时反射的光线与入射光线的波长范围相同。对于不可见光，则不按可见光的规律产生色的感觉。譬如紫外线被某些物质吸收后，它能将这种所吸收的不可见紫外线转换成较原波长更长的可见光发射出来，而呈现闪亮的光。物质这种能吸收紫外线并放射出可见光而呈现闪亮的光的现象，称作荧光现象。而光源移去后，该物质的荧光现象亦停止。常见的可产生荧光现象的染料有荧光增白剂、荧光染料等。

三、人的眼睛

能看到可见光波段的光线，是眼睛对于一定范围的辐射选择性的反应，是感受光能的有利条件，是人类几百万年进化的结果，而不能看作是视觉感官的缺陷，例如，若对光谱红外线部分的感受范围加大，热辐射将会破坏眼睛组织而妨碍视觉。

由于来自外界物体的辐射光谱组成不同，而人眼能对380~780nm波长范围的辐射选择性反应，从而可以看到各种颜色，这就是颜色视觉。色是光作用于人眼的一种视觉反映，没有光就没有颜色的感觉。因此，从物理角度看，颜色是由光的波长决定的，在可见光的范围内，光的波长不同，人眼就能看到不同的颜色感觉。例如，波长400nm左右的光给人的感觉是紫色，波长

700nm 的光看起来是红色，反之，光谱中各种色光也都有它特定的波长。

为什么人的视觉器官能有光与色的感觉呢？是不是所有的动物和人都能看到颜色呢？

（一）人眼生理学

人的眼睛中有能感光的视网膜，视网膜上有两种视觉细胞：锥状细胞和杆状细胞它们都是见光能发生变化的感光物质。

当光线透过人眼的角膜、房水、晶体及玻璃体，使物像聚焦在视网膜上如图2－5所示，在视网膜中央的黄斑部位和中央窝大约3°视角[1]范围内主要是锥状细胞，离开中央窝，锥状细胞急剧减少，而杆状细胞急剧增多，在离开中央窝20°的地方，杆状细胞的数量最多。人眼大约有650万个锥状细胞和1亿个杆状细胞。锥状细胞和杆状细胞接受了光的刺激，转化为神经冲动传到丘脑的外侧膝状体，再传到大脑的枕叶皮层的高级视觉中枢，就产生了物体的大小形状和色彩的感觉。

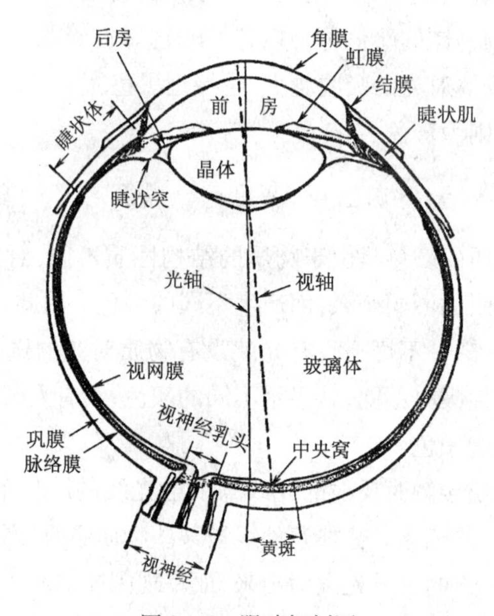

图2－5 眼睛解剖图

（二）人眼对颜色的分辨

人的视觉具有两重性［1912年冯凯斯（J. Von Kries）提出］即明视觉和暗视觉。

在光亮的条件下，视网膜上的锥状细胞起作用，能分辨出物体的颜色及其他细节——明视觉，即白天可感觉颜色。

在较暗的条件下，入射光的强度小于1lx——黑夜，锥状细胞就不起作用，只有对光强度灵敏高的杆状细胞起作用，但只能辨别出物体的大小形状、光强度的变化，而不能引起色的感觉——暗视觉。即只能感觉亮度而不能感觉颜色。

---

[1] 视角——对象的大小对眼睛形成的张角。

人眼就是利用这两种细胞昼夜交替使用来认识自然世界的万物。视觉的两重性得到病理学材料的证实,锥状细胞退化或技能丧失的日盲症患者的视网膜中央部位是全盲的,同时也是全色盲。例如,猫头鹰就是典型的日盲症患者。

夜盲症患者是由于杆状细胞内缺少感光化学物质——视紫红质。在黑暗的条件下视觉便失去作用。

此外,在一些昼视动物的视网膜上,只有锥状细胞无杆状细胞,在夜视动物的视网膜上,则只有杆状细胞,而无锥状细胞,因而夜视动物都是色盲。

四、光源

通常所说的物质颜色是指在日光下,这时物质的颜色,就取决于物质的性质。但能自己发光的物体叫作光源。光源可分为两种,一种是自然光,主要是太阳光;另一种是人造光,如电灯光、煤油灯光、蜡烛光等。

(一)常见光源

光源发出的可见光,一般包含了380~780nm的所有波长的单色光,由它们复合而成白光。但由于光源发出的可见光,在不同波长的能量分布不均匀或者完全缺少某一波长的光,这样由各单色光复合而成的白光就不纯,而显示出不同的色彩被称之为光源色。所以严格说来,各种光源本身所发出的可见光时有颜色,即各种光源色并不一定都是白光。我们通常所说物质的颜色,是指在日光下而言,若在其他光源如日光灯、白炽灯下所看到的颜色与日光下是有差别的。只有太阳光在各波长范围内能量分布比较均匀,基本呈白色。而日光灯中所含蓝绿光比太阳光中多,红橙光成分较少。相反白炽灯(钨丝灯)含的红橙光比太阳光中多,而蓝光较缺乏,(图2-6),所以在白炽灯下看起来发红的物体在日光灯下发蓝。例如,在日光灯下看红花总是

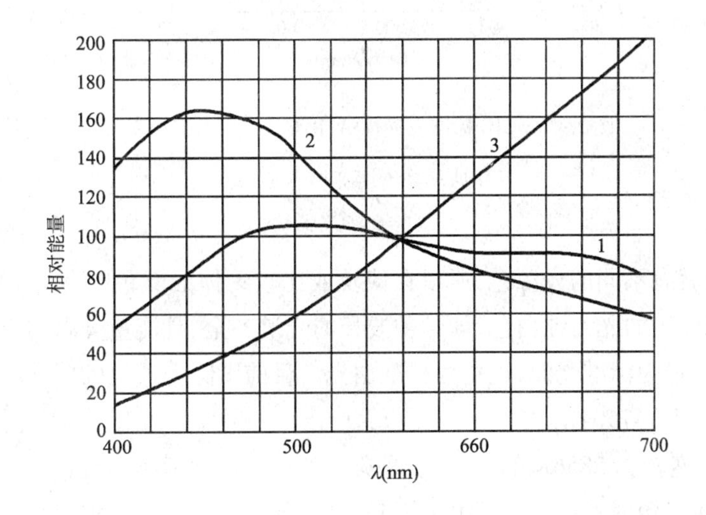

图2-6 常见光源及其光谱能量

1—太阳光 2—日光灯 3—钨丝灯

比太阳光下看到的红花萎暗。由此可见物体呈现的颜色,既与它本身的特性有关,还与照射光源的性质有关,它是光源的光能分布和物体的分光反射率(或透射率)两者按波长配合所得之色。

(二)标准照明体

照明体是指特定的光谱功率分布(一个光源发出的光,是由许多不同波长的辐射组成的,各个波长的辐射功率也不相同,光源的光谱功率按波长的分布称为光谱功率分布)。这一光谱功率分布不是必须由一个光源提供,也不一定能用光源来实现。国际照明协会(CIE)规定的"标准照明体"是由相对光谱功率分布来定义的,同时还规定了标准光源,以实现标准照明体的相对光谱功率分布。CIE 标准照明体 A、B、C 等是由标准光源 A、B、C 等实现,后者是用具有一定光谱功率分布的灯或加滤光器的灯来产生,如图 2-7 所示。当某一标准照明体能用相应的标准光源实现,两者的相对光谱功率应接近一致。CIE 规定的标准照明体 D 为重组日光,并推荐了 D_{55}、D_{65}、D_{75} 的相对光谱功率分布作为代表日光的标准照明体。

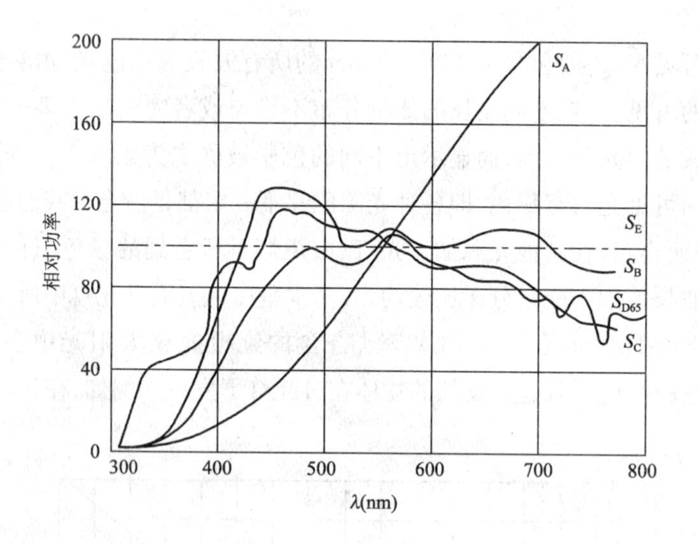

图 2-7 CIE 标准发光体 A、B、C、D_{65} 的光谱功率分布曲线和等能光谱 E

(三)标准光源

由于光源不同就有不同的光源色,所以在谈及或比较物体的颜色时,都必须首先规定出照射光源。要求光源发出的光为纯白色,即各种波长的光谱齐全,且能量分布均匀,与标准照明体相对光谱功率接近,定为标准光源,也称为标准白光。目前国际上通用的标准光源有 A、B、C、E 和 D_{65}、D_{55}(5503K)、D_{75}(7504K)等。

A 光源:相当于色温为 2856K 的热白光,是典型的钨丝灯辐射出的红色成分稍多的光源。

B 光源:是由 A 光源通过一标准滤光片而获得的光。它相当于色温 4874K 的光源,代表近似太阳光的黄色较多的日光。

C 光源:是由 A 光源通过另一标准滤光片而获得的光。它相当于色温 6774K 的光源,代表阴天的日光,常用作颜色的比较光源。

E 光源:实际上是不能得到的假想光源,它的相对能量在所有波长上都是相等的,故称为等能量光源。E 光源的概念主要用于色度学中,以便简化理论研究。

D_{65}光源:它相当于色温 6504K 的光源,可当作直射阳光与散射“天空光”的混合物。它是国际照明协会 1976 年推荐的,多用于荧光染料的研究。

需要说明的是,根据季节、场所、天气及其他条件的不同,太阳光的分光能量分布有较大的变化。因此,用太阳光作为标准光是不适宜的。在纺织物颜色的比较中,通常用北窗的日光,因为所有的日光中,它的变化最小。此外,还普遍使用荧光灯组。

五、人的心理与环境的影响

(一)心理颜色

日常生活中观察的颜色在很大程度上受心理因素的影响,即形成心理颜色视觉。

因此在心理上把色彩分为红、黄、绿、蓝四种,并称为四原色。通常红—绿、黄—蓝称为心理补色。任何人都不会想象白色从这四个原色中混合出来,黑色也不能从其他颜色混合出来。所以,红、黄、绿、蓝加上白和黑,成为心理颜色视觉上的 6 种基本感觉。尽管在物理上,黑色是人眼不受光的情形,但在心理上许多人却认为不受光只是没有感觉,而黑确实是一种感觉。例如,看黑色的物体和闭着眼睛的感觉是不同的。奥斯特瓦尔德(德国)等在制作色标时,把黑和白放在重要的地位,以及赫林的对立学说(1978 年赫林观察到的颜色现象总是以红—绿,黄—蓝,黑—白成对立关系发生)[1],表明这 6 种颜色是有生理和心理基础的。

心理颜色和色度学颜色的另一区别是,色度学所研究的是色光本身,而不涉及研究的环境和观察者在空间的位置以及观察角度的变化等因素。例如,色光的背景,在 CIE 系统中是黑色和白色,并且用实验证明了不同的背景并不改变匹配数值。但是,在心理颜色视觉上则不然,当背景改变时,许多心理作用如颜色分辨力、色相、饱和度、明度等都会改变。色度学中,视野的大小对匹配有影响,黄斑在小视野中起的作用(如降低对蓝光的灵敏度)影响到匹配。而在大视野时,由于一部分视野超过黄斑范围,此时杆状细胞将起一定的作用。在日常生活中看到的不只是色,而是色和物体,不只是色光,而是与其他许多光夹在一起的混合色光,这样便使问题进一步复杂了。

(二)心理色彩的基本属性

自然界的色彩是千差万别的,人们之所以能对如此繁多的色彩加以区分,是因为每一种颜色都有自己的鲜明特征。

日常生活中,人们观察颜色,常常与具体事物联系在一起。人们看到的不仅仅是色光本身,而是光和物体的统一体。当颜色与具体事物联系在一起被人们感知时,在很大程度上受心理因素(如记忆、对比等)的影响,形成心理颜色。为了定性和定量地描述颜色,国际上统一规定了鉴别心理颜色的三个特征量即色调(色相)、纯度(饱和度)和亮度(明度)。心理颜色的三个基本特征,又称为心理三属性,大致能与色度学的颜色三变数——主波长、亮度和纯度相对应。

第二节　色的种类和属性

一、颜色的分类

上面我们讨论了不同物质对光线的吸收情况不同，导致了自然界中的万物显示不同的颜色，人们把物质的颜色分为两大类：彩色和消色。

（一）彩色

彩色是指物质对可见光有选择性的吸收。彩色又分为光谱色和非光谱色。光谱色在色度学上是指由单色光所提供的纯光谱称为光谱色。例如，红、蓝、绿和黄等色。非光谱色是由光谱色混合而得到。例如，红和紫两种光混合而得到红紫色等。

（二）消色

消色是指物质对可见光非选择性吸收。例如，白色、黑色和灰色等也称为非彩色或中性色、消色、黑白系列，所以颜色是彩色和非彩色的总称。

二、色的基本特征

如前所述，颜色是物体对不同波长光的吸收特性，表现在人视觉上所产生的反映。眼睛观察事物而感受到的色泽特征是指：色调、纯度和亮度。称为色的基本特征或色感的三属性，而色调和纯度常常又称为色度。熟悉和掌握色的基本特征，对于描述和分辨色泽都是极为有利和必要的。

（一）色调

色调也称为色相，能够比较确切地表示出某一颜色、色别的名称，如红、黄、蓝、青、橙等。色调是由入射到人眼的光所产生的感觉。物质的色调取决于光源的光谱组成和物质表面反射光的各种波长比例对人眼所产生的感觉（即物质的性质）。对单色光来说，色调完全取决于该光线的波长；对混合光来说，色调则取决于各种波长光线的相对量。自然界中物体的色调，除红—紫外都可以相对于某一光谱色。因此可以用波长来表示不同的色调。例如，紫色光的波长 $\lambda=380nm$，红色光的波长 $\lambda=780nm$。

（二）纯度

纯度也称为饱和度，它表明颜色中所含彩色成分和消色成分的比例，或者说颜色中所含光谱色的含量，即色的纯度。含彩色成分的比例愈大，色愈纯。所以光谱色是极纯的颜色，其纯度为100%，而白色、灰色和黑色的纯度最低，即为零；其他各种彩色若含有光谱色越多，则色的纯度就越高。因此纯度可用作区别色的鲜艳程度。

有色体纯度的大小主要取决于物质的本性，但也与物体的表面结构有关。有些情况下，物体的表面结构也对物体颜色的纯度带来很大的影响。一般来说，粗糙表面的物体对光线的反射很乱，易冲淡有色物体颜色的纯度。例如，雨后树叶、花、果的颜色特别鲜艳，就是雨后洗去了灰尘,填满了表面细孔,使各物表面变得光滑,这样颜色就变得很纯了。

色调和纯度又称为色度。对于彩色来说色调和纯度起主要的作用,而对于消色来说,没有色调和纯度这两个特性,只有亮度的差别。

(三)亮度

有色物体单位表面所反射和发射出光的强弱程度,称为色的亮度。它表示彩色在视觉上所引起的明亮程度,故亮度又称为明度。实际上亮度可以用有色物体的反射率来表示,反射光量越大,对视神经刺激越强,感到颜色越亮;反之亮度愈小。所有的消色,它们的色调和纯度是相同的,其区别完全表现在反射率(或透射率)的不同,也就是说它们只有亮度之差别。在黑色与白色之间的一系列灰色中,愈接近白色,灰色愈明;愈接近黑色,灰色愈暗。深(浓)灰与浅(淡)灰的区别完全在于反射程度的不同。彩色的亮度差别与消色情况相同,例如,色调和饱和度相同的同一种红色,深(浓)红色与浅(淡)红色的区别在于它们的反射光量不同,即亮度不同。所以,颜色因亮度不同,而往往产生色泽上的明、暗、强、弱。

亮度显然与照射光的强弱程度也是有关系的。同一有色体,由于光线的强弱不同,就会产生不同的亮度感觉。亮度与饱和度之间也是相互联系、相互制约的,一般亮度改变时纯度也随着改变,只有明度适中时,才能有最高的纯度。这是因为明度太大或太小时,彩色都接近消色,所以色的亮度加大或减小时的纯度都降低。

三、色的立体

颜色的三个属性在某种意义上是各自独立的,但在另一种意义上又是互相制约的。一个颜色的某一个属性发生了改变,那么,这个颜色必然要发生改变。为了便于理解颜色三属性的独立性和制约性,便于理解颜色三特征的相互关系,可用三维空间的立体来表示色相、明度和饱和度。

可用枣形颜色立体表示颜色三属性的相互关系,如图 2-8 所示,在颜色的立体中,垂直轴线表示黑、白系列明度的变化,上端是白色,下端是黑色,中间是过渡的各种灰色。色相(色调)用水平面的圆圈表示。圆圈上的各点代表可见光谱中各种不同的色相(红、橙、黄、绿、青、蓝和紫),圆形中心是灰色,其明度和圆圈上的各种色相的明度相同。从圆心向外颜色的饱和度逐渐增加。在圆圈上的各种颜色饱和度最大,由圆圈向上(白)或向下(黑)的方向变化时,颜色的饱和度也降低。在颜色立体的同一水平面上颜色的色相和饱和度的改变,不影响颜色的明度。

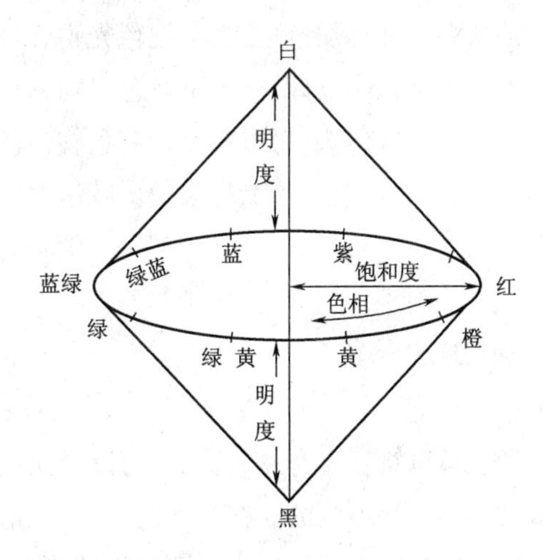

图 2-8 枣形颜色立体

四、人眼的灵敏度

人们的眼睛对整个可见光谱范围内的灵敏度并不是均匀的,不同人的眼睛也往往有差别。由许多视力正常者测知,人眼对波长为555nm的绿光最敏感,即感觉最亮;对红光和紫光较不灵敏,也就是说不同波长的光波,即使它们的光通量相同,然而,它们在视觉上所产生的亮度却不一样。例如,为使$\lambda=700$nm的红光与$\lambda=550$nm的绿光产生同等亮度的视觉,则红光的光通量约为绿光的250倍。这种亮度与光通量之间的关系,称为光谱灵敏度函数或相对亮效。用符号$V(\lambda)$表示。如果假定人眼灵敏度最高$\lambda=555$nm的光的相对亮效为1,其他波长的相对亮效即可以求得。因此,亮度与物质的反射率(本身的性质、表面情况)、入射光的强度及人眼的视觉灵敏度情况等多种因素有关。

五、颜色的基本特征之间的联系

颜色的三个属性:色调、纯度和亮度之间相互联系。色调(色相)的变化决定了颜色的性质,而亮度和纯度都是量变化。任何一种颜色只要确定了色调、纯度和亮度就可以完全精确地被确定。倘若在它们的三个基本特征中有一个不同,则两种颜色也不会相同。因此,后来发展的色的许多定量标志都是依据这一原则制订的。

第三节 加法混色和减法混色

色的混合是一个比较复杂的问题,但也有一定的规律,色的混合遵循着加法混色或减法混色的基本原则。在实际工作中,只要我们掌握了这两种混色法的基本原理,严格区分具体的混色是加法混色还是减法混色,就可以提高混色的质量和效率。

加法混色又称加色法,就是把色光重叠加和起来的混色方法,是指彩色光的加和。应用于彩色电视光学光路设计、纺织工业色织物的设计以及染料工业中荧光增白剂、荧光染料等。减法混色也称为减色法,它主要是指有色物体的混色。例如,印染行业中配色就属于此范围。另外彩色印刷、彩色电影等也是应用了减法混色的原理,用少数几种颜色的油墨或涂料印成多色的彩色图像。

一、加法混色

(一)颜色环[1]

颜色可以相互混合,颜色混合可以是颜色光的混合,也可以是染料的混合,这两种混合方法所得到的结果是不同的。在光的混合中,光谱上各种颜色相加混合产生白色,利用仪器装置,将几种颜色的光同时或快速先后刺激人的视觉器官,便产生不同于原来颜色的新的颜色感觉,这是颜色相加的混合。

颜色环是一个表示颜色的理想示意图,用它可以表达颜色混合的各种规律性,若把饱和度最高的光谱色依顺序围成一个圆环，加上紫红色，便构成如图 2－9 所示的颜色立体的圆周，称为颜色环。每一颜色都在圆环上或圆环内占一确定位置，白色位于圆环的中心，颜色愈不饱和，其位置愈靠近中心。在颜色混合时，为了推测两颜色的混合色，可以把两颜色看作是两个重量，根据两者质量比例的大小用计算质量重力中心的原理来确定混合色的位置，这就是说，混合色的位置决定于两颜色成分的比例，而且靠近比例大的颜色。

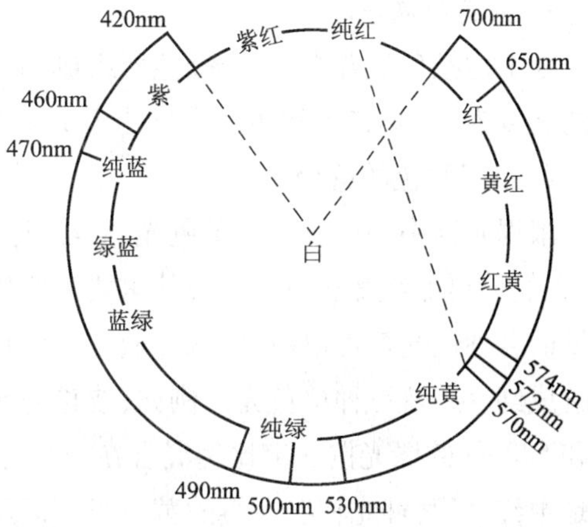

图 2－9　颜色环

1. 补色相混合

颜色环圆心对边的任何两种颜色都是补色，按适当比例相混时得到白色或灰色。例如，将黄色和蓝色按适当比例混合便产生白色或灰色。黄和蓝、红和绿是补色。当一对补色按各种比例混合时，所产生的颜色是连接补色直线上的白色和各种非饱和色。

2. 非补色相混合

颜色环上任何两个非补色相混合可以得出两色中间的混合色。它的位置在连接此两色的直线上。例如，纯红与纯黄相混合得出两色相连的直线上的各种颜色。400nm 紫色（400～430nm）和 700nm 红色相混合所产生的紫红色系列是光谱上没有的颜色。平常所看到的纯红也不是光谱上的颜色。中间色的色调决定于两颜色比例的多少，并按重力中心定律偏向比例大的一色。例如，40% 红与 60% 黄相混合，就应在颜色环上将此两色以直线连接，从环中心通过直线上距红端 60% 处划一延长线到外周，此外周交点便是混合后的中间色的色调。从圆心至连接直线上距红端 60% 处的线段与从圆心至此延长线与外圆周交点的线段的比值为颜色的饱和度，中间色的饱和度取决于两颜色在颜色环上的距离，两者距离愈近饱和度愈大，反之饱和度愈小。

3. 三种单色光的混合

可以从颜色环上选出三种适当的颜色，只要每一颜色的补色位于另外两个颜色的中间，将三者以不同比例混合，就能够产生除掉靠近颜色环圆周上饱和色以外的、位于颜色环内部的各种颜色。经证明，光谱上的红色、绿色、蓝色是三种最适当的颜色。设想用红色和绿色按不同比例混合能产生红、绿之间的各种中间色，再用每一中间色与蓝色相混合，便得到颜色环中红绿蓝三角形内部的各种颜色。

4. 代替色的混合

任何颜色只要外貌上相同，便可以互相代替，仍会取得同样的颜色混合效果。例如，黄和蓝混合后得白色。若没有黄色，用红和绿相混合得黄色，混合后的黄色与蓝色再混合仍得白色。在颜色混合中，作为混合结果的颜色在视觉上便成为一个独立的颜色，而与任何在外貌上相同的颜色具有同样的颜色混合效果。

5. 亮度的混合

在上述颜色混合中,几个颜色所组成的混合色的亮度是各颜色的亮度之和。如果第一个颜色的亮度为 L_1,第二个颜色的亮度为 L_2,则这两个颜色的混合色的亮度为 L_1+L_2。

(二)三原色的选择

根据光谱中一定波长的单色光,如红、绿和蓝三种单色,可以配得各种不同的彩色光这一事实,人们得到了色度学中一个极其重要的原理——光的三原色原理。它的主要内容是自然界里常见的各种色光都可以由红、绿和蓝三种单色光以不同比例配得。反之,绝大多数的色光也能分解成红、绿、蓝三种单色光。例如,波长为580nm的单色光呈黄色,而把波长为700nm的红色光和540nm的绿光按一定比例混合在一起时,同样也呈现黄光。人眼不能辨别是单色黄色光,还是由红、绿两种光相混而得的黄色光。即可见光对色虽有单一的对应关系,但反过来色对光的对应关系却并不是单一的。加法混色就是依据人眼的这种视觉特征为生理基础的。所以,一般情况下,人们都把红、绿、蓝三种光的颜色通称为三原色(或三基色)。严格地说是加法混色的三原色。三原色的选择并不是唯一的,也可以选另外的三种彩色作为三原色,但它们必须是互相独立的,即其中任何一种都不能用另外两种配得。选择红、绿、蓝三原色的理由是:人眼的三种感光细胞对红光、绿光、蓝光最灵敏,用红、绿、蓝混合相加,配得的彩色范围广。但从表2-2可以看出:红色、绿色和蓝色都是指光谱上某一段波长范围内光的颜色。例如,波长为605~780nm的光基本上是红色,但实际上这一波段范围的光的颜色并非完全相同。一般来说,虽然可以任意选择某一波长的红、绿、蓝作为三原色,但是原色不同,混合生成某种颜色所需的各原色的混合量以及混合后所生成的颜色的范围也不相同。为此,国际照明协会规定:红(R)波长为700.0nm——可见光谱长波末端,绿(G)波长为546.1nm——水银光谱,蓝(B)波长为435.8nm——水银光谱。

(三)加法混色的三圆表示

如前所述,除三原色以外的颜色都可以是红、绿、蓝三种单色光由加色法的结果而得到。关于光的加色法混色结果,也可以用三个圆分别代表红、绿、蓝三原色,其中圆周临近的两种色光混合则得到其中间色来表示如图2-10(彩图见光盘)所示:

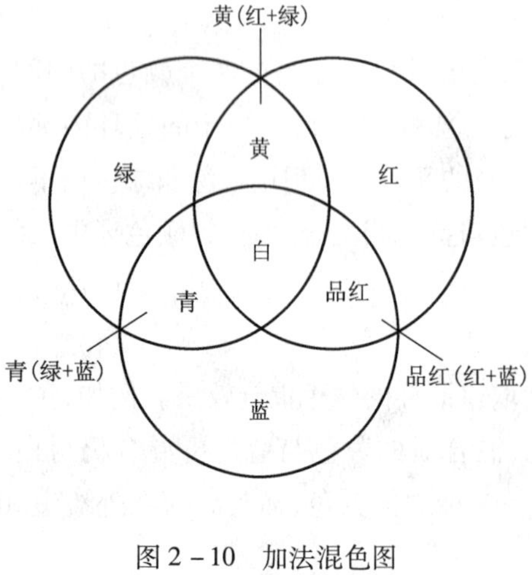

红色+绿色=黄色

红色+蓝色=品红

蓝色+绿色=青色

圆心处红、绿、蓝三种色光混合的地方就呈现白色;倘若改变三原色的混合比例,就得到其他各种色调。如红光与绿光混合即为黄光,若红光相对绿光强一些,即为带红光的黄即橙色;加强绿光时呈绿黄色,连续地变化混合比例就产生从红、橙、黄、黄绿、绿的一切色调的颜色。因此利用色

图2-10 加法混色图

光加和混合的方法，可以得到最大限度的视觉效果，各种色光经加法混合后，不仅可以获得一个综合的色彩的效果，而且由于光线的增加，还进一步加强了色彩的明亮程度。混合后的色光越多，颜色越明亮，而且越接近于白色。

二、减法混色

上面谈到染料等有色物体的加和是属于减法混色。它的混色原理与色光的加法混色原理是截然不同的。

减法混色的三原色为品红、黄、青三种颜色，亦称减色三原色。从图 2－10 可知品红、黄、青分别是绿、蓝、红的补色，那么自然界各种物体的颜色，显然可以理解由品红、黄、青三种颜色的物体混合而成的。因此，品红、黄、青三种颜色是物体中最基本的颜色，它们之间也是相互独立的，即其中任何一种都不能用另外两种配得。而当这三种颜色的物体混合在一起时，它们就能分别吸收白光中的绿光、蓝光、红光，由于各种物体吸收绿光、蓝光、红光的比例不同，则各物体反射或透射出来的红、绿、蓝三种色光的比例也各有差异，表现为各种彩色的混合光，在人们的视觉中必然产生各种颜色的效果。因此，所谓减法混色，就是指白光照射在有色物体上时，从白光中减去被有色物体所吸收的部分，其剩余部分（即各混合物成分所不吸收）的光线混合的结果。图 2－11（彩图见光盘）表示品红、黄、青三种有色物体以减色法混色的结果。图中品红、黄、青三种颜色分别以三个圆代表，它们是部分叠合在一起的，因此就能看出它们混合的各种效果。

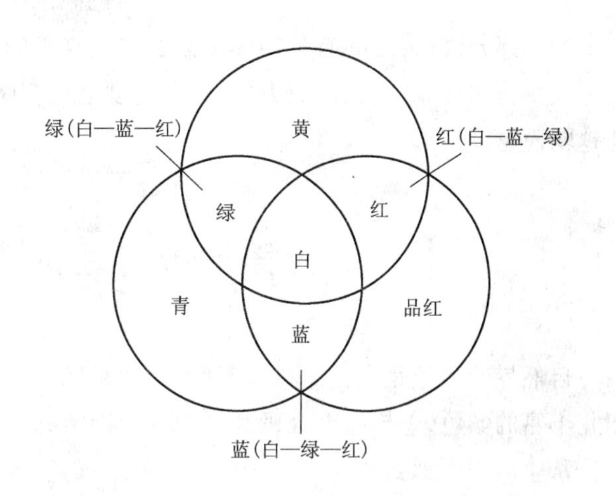

图 2－11 减法混色图

圆周邻近两色相混合，则得到其中间色。故：

品红＋黄＝红

黄＋青＝绿

青＋品红＝蓝

两个相邻的中间色相混合，可得其中间的原色。不过这种由中间色相混所得的原色，其亮度比原来的三原色大为减弱了。故：

红＋蓝＝品红（灰）

红＋绿＝黄（灰）

蓝＋绿＝青（灰）

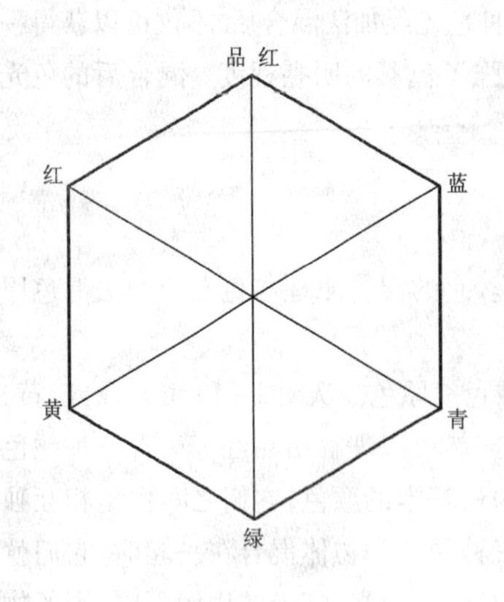

图2-12　颜色的余色关系

如使通过圆心两端的两色相混时,便会消去彩色而得到黑色。实质上也就是三原色相混即得黑色。习惯上,把两种颜色相混即得黑色的两种有色物体的颜色称为互为余色(图2-12),而这两种颜色可以互为消减的现象称为余色原理。从事染料配色和颜料绘画的工作者必须熟记颜色的这种余色关系,并利用余色原理来克服配色工作中的盲目性,提高配色质量。

综上所述,物体的各种颜色理论上都可以看作是由品红、黄、青三种颜色的物体由减色混色的结果而得到的视觉感受。但是,减色混色恰恰与加色混色相反,它是一种光线的相减混色。因此,在减色混色法中,由于每个混合的有色物体都要吸收光谱中的一部分,混合后的有色物体势必引起吸收光的增加,而反射或透射的光不仅在光谱成分上有改变,同时因反射光线减少之故,在亮度上也有所减弱。当然混合的颜色愈多,颜色的亮度则越弱而越近于黑色。

第四节　色的表示方法

自然界的颜色是十分丰富多彩的,即使是同一种色调,也有多种不同的亮度和纯度。对于如此丰富的颜色,怎样才能准确地说明一个指定的颜色呢?长期以来,人们对于颜色,习惯上常用日常生活中所遇到的自然界物体的颜色来描述,如玫瑰红、橘黄、湖蓝、苹果绿等。这种表示方法虽然比较简单和直观,但只是一种粗略而定性的表示方法。若用计算机测色配色必须把颜色数字化,所以必须寻求定量的表示方法。

自19世纪30年代以来,人们对于彩色科学做了大量的研究工作,颜色的表示也愈加精确和定量化。目前,根据有色物体的光学基础,已经可以从物理学的角度,较准确地研究颜色的表示方法和定量地描述及测量颜色了。本节主要介绍以分光光度曲线和CIE推荐的X、Y、Z三刺激值系统两种表色方法。

在染料生产和印染工业中,色度主要应用于染料质量的鉴定、染料配色和印染织物的质量分析等。

一、分光光度曲线表示法

用分光光度曲线来表示颜色的方法最简单,是目前常用的表色方法之一。它是由物体发射、吸收、反射或透射的光的分光成分来决定的。分光光度曲线包括分光能量分布曲线、吸收光谱曲线、分光透射率曲线、分光反射率曲线等。从分光光度曲线不但可以判别颜色的色调,也能粗略地看出它的纯度和亮度。色调取决于分光吸收曲线、分光反射率曲线或分光透射率曲线最高处的光谱成分。

(一) 分光能量分布曲线

分光能量分布曲线是指能发光的物理发射体的光谱功率分布。

一个光源发出的光是许多不同的波长的辐射组成的,各个波长的辐射功率也不同。光源的光谱辐射功率按波长的分布称为光谱功率分布,代表了每一波长的能量,如图 2 -7 所示。

通过不同光源的分光能量分布曲线可以分析光源的光谱成分,它参与颜色的计算及评价(详细讲解见后面的章节)。

(二)吸收光谱曲线

吸收光谱曲线较早用于测量染料的溶液,测量、表示染料的颜色和性能。按照朗伯比尔定律,光线透过染料稀溶液的强度与入射光强度的关系为:

$$E = \lg \frac{I_0}{I} = \varepsilon c d \qquad (2-1)$$

式中: E——吸光度或光密度;

I_0——入射光的强度;

I——光线透过溶液后的强度;

ε——摩尔吸光系数,对某一染料的稀溶液是一常数,它随入射光的波长不同而不同;

c——溶液浓度;

d——光径或溶液厚度。

从上式可知,光的吸收与染料的种类、溶液厚度、染料溶液浓度有关。某一溶液对不同波长光线的吸收程度,即光密度或消光度的数值,可用分光光度计来测定。只要以不同波长的单色光分别通过某一染料的一定浓度的稀溶液,测得其吸光度,并以波长为横坐标、吸光度为纵坐标绘图,便可得该染料的吸收光谱曲线。图 2 -13 是一些染料的吸收光谱曲线。

从染料的吸收光谱曲线中可以看出,染料对光的吸收随光的波长不同而改变,吸光度有其最大值。与这一最大值相对应的波长,称为该染料的最大吸收光波长。常用 λ 最高或 λ_{max} 表示,而最大吸收波长的补色则为染料的基本色调。纯度由彩色与消色成分的比例衡定,消色成分愈少,表示选择性吸收愈强,表现在染料吸收光谱曲线的最高峰愈狭愈高,这样就说明色的纯度愈高,染料的颜色愈加浓艳。

根据图 2 -13 中各染料的吸收光谱曲线,可知黄色染料对可见光的吸收偏于波长较短的一端,蓝色染料则偏于波长较长的一端。同是一个红色染料,活性艳红 K—2BP 的 λ_{max} 为 520nm,而酸性玫瑰红 B 的 λ_{max} 为 580nm,因此后者的蓝光较前者重,而且后者吸收光波长的范围较窄,使吸收光较前者的纯度高,所以色光较为鲜艳。黑色染料由于对不同波长的可见光吸收得比较均匀,其吸收曲线比较平坦,λ_{max} 不是十分明显。中性黑 3GL 的 λ_{max} 在 600nm 左右,所以它是一只带绿蓝光的黑色染料。

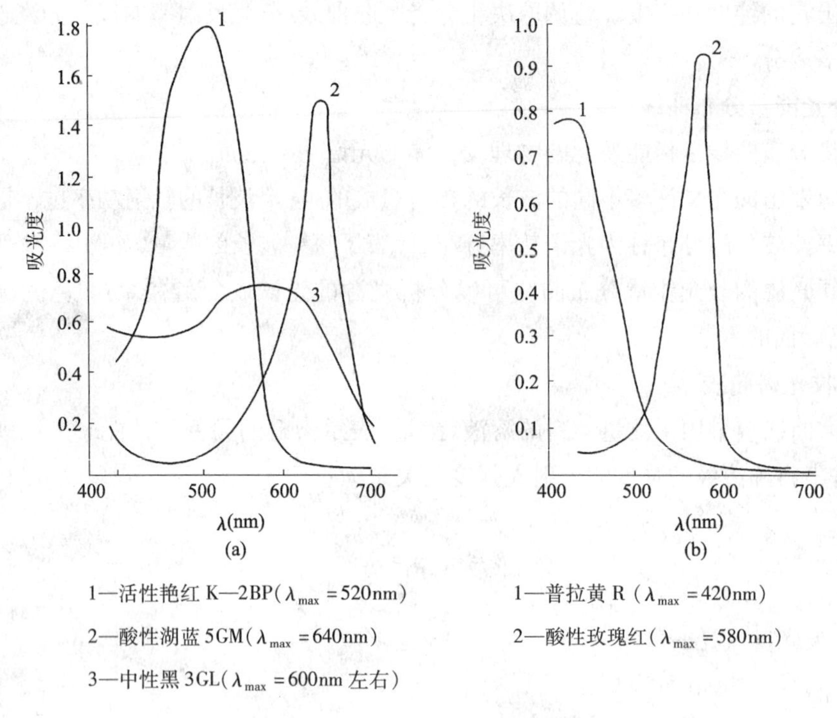

1—活性艳红 K—2BP(λ_{max} =520nm)
2—酸性湖蓝 5GM(λ_{max} =640nm)
3—中性黑 3GL(λ_{max} =600nm 左右)

1—普拉黄 R(λ_{max} =420nm)
2—酸性玫瑰红(λ_{max} =580nm)

图 2-13 染料的吸收光谱曲线

染料由于结构不同,其吸收光的波长也就不同。如果染料吸收光的波长移向长波一端,则其颜色变深,称为深色效应;反之,若吸收光波长移向短波一端,则染料的颜色变浅,称为浅色效应,染料颜色变化顺序如下:

$$\underset{\text{颜色变浅}}{\overset{\text{颜色变深}}{\text{黄、橙、红、紫、蓝、青、绿}}}$$

因此,黄、橙、红通常称为浅色,而蓝、青、绿等则称为深色。所以,颜色的深浅决定于染料吸收光的波长。至于颜色的浓淡,则是指染料对同一波长的光的吸收程度(或染料的浓度)而言,即指消光度的大小。这是两个不同的概念,但常发生混淆。

根据光密度与染料的浓度之间的关系,在最大吸收波长下测量某一染料的光密度,可进一步计算染料的上染率,并可测定染料的上染性能。

(三)透过率曲线

同样,用分光光度计也可以测定染料稀溶液或透明薄物质(如塑料)的透过率,透过率是以空气为参比的,光线通过空气的理想透过率为100%,光线通过溶液一部分光线被吸收,通过溶液后的光线与理想透过光线的百分比为透过率。以波长为横坐标,透过率为纵坐标绘图可得分光透过率曲线。且已经知道吸光度(E)和透过率(T)之间有如下关系:

$$E = \lg \frac{1}{T} = -\lg T \qquad (2-2)$$

因此,用透过率曲线表示颜色时,曲线上最大透过率处所对应的波长即为该色的基本色调。比较图 2-14 中的曲线Ⅰ和Ⅱ可知,它们是色调一致和纯度相同的两种颜色,所不同的是曲线Ⅰ的透过率大于曲线Ⅱ。

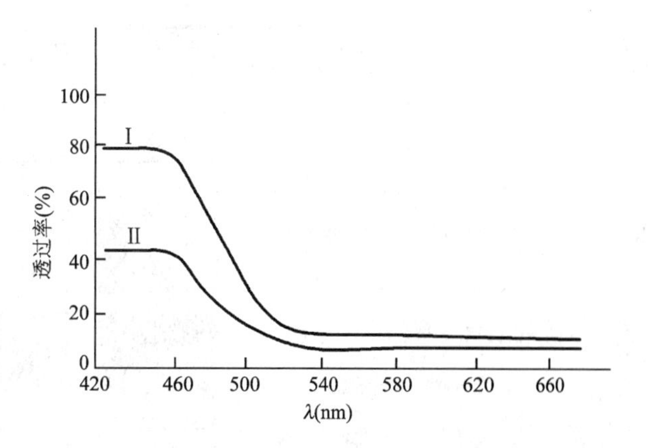

图 2-14 两种彩色的透过率曲线

(四)反射光谱曲线

已经知道,染色织物的颜色可以通过染料剥色来测其吸收光谱曲线。事实上分光反射率曲线在染整工业中的应用亦日趋广泛,现在已成为测色的主要手段。例如,色差的测定、染料提升率的比较以及织物上白度测定等,分光反射率也是用分光光度计测得的。可直接从织物或物体的表面色测量。只是测定时要注意,将分光光度计中比色杯换成积分球。理想的积分球内表面是纯白的,能将入射光全部扩散反射,当积分球内置入待测有色试样时,就不能将入射光全部反射,这样便可求得反射率。由于有对所有波长全反射(反射率为 100%)的纯白物体的积分球,积分球内表面是用 MgO 或 $BaSO_4$ 熏制、压粉或涂抹而成,称为标准白板。因此,实际测得的反射率为:

$$\text{反射率}=\frac{\text{测色试样的扩散反射(能)}}{\text{标准白板的扩散反射(能)}}\times 100\% \qquad (2-3)$$

与对光的选择吸收一样,有色物体对不同光波的反射率也是波长的函数。以波长为横坐标、反射率为纵坐标作图,即得分光反射率曲线。每一条分光光度曲线唯一地表达一种颜色,反映出颜色的三个特征量即色相、饱和度和明度。

色相是指颜色的基本相貌,它是颜色彼此区别的最主要、最基本的特征,它表示颜色质的区别。对单色光来说,色相取决于该色光的波长;对复色光来说,色相取决于复色光中各波长色光的比例。如图 2-15(彩图见光盘)所示,不同颜色的光谱曲线,左上(两个)一组所示,不同波长的光,给人以不同的色觉。因此,可以用不同颜色光的波长来表示颜色的相貌,在波长—反射率曲线中,最高反射率处所对应的波长就是该颜色的主色调。如红(700nm)、黄(580nm)、绿(490nm)。

饱和度是指颜色的纯洁性。可见光谱的各种单色光是最饱和的彩色。当光谱色加入白光(消色)成分时,就变得不饱和。因此光谱色色彩的饱和度,通常以色彩白度的倒数表示(在孟塞尔系统中饱和度用彩度来表示)。物体色的饱和度取决于该物体表面选择性反射光谱辐射能力。物体对光谱某一较窄波段的反射率高,而对其他波长的反射率很低或没有反射,则表明它有很高的选择性反射的能力,这一颜色的饱和度就高。如图 2-15 右上一组的比较,及图 2-16所示,分光反射率曲线 A 比曲线 B 显示的颜色饱和度高。

明度是颜色的亮度在人们视觉上的反映,明度是从感觉上来说明颜色的性质。明度是表示物体颜色深浅明暗的特征量,是颜色的第三种属性。通常情况下是用物体的反射率或透射率来

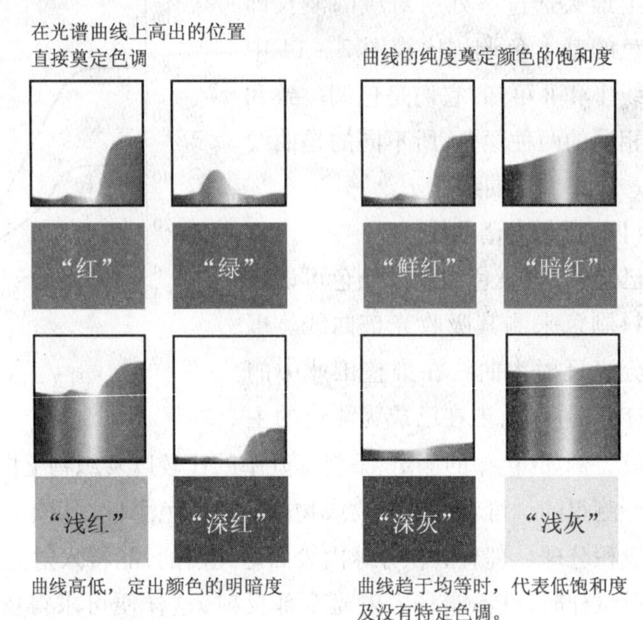

图2-15　不同颜色的光谱曲线

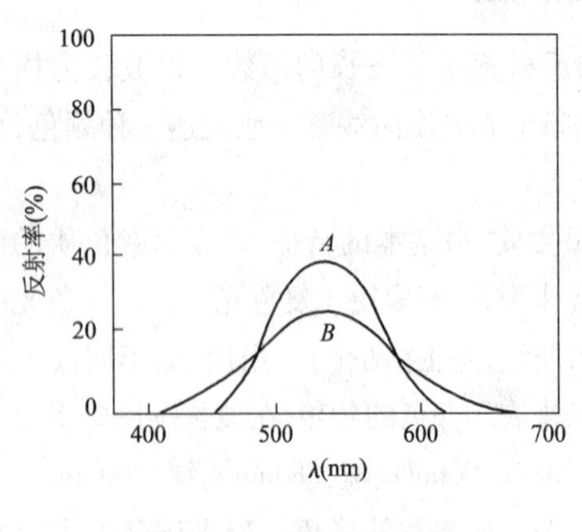

图2-16　饱和度的变化

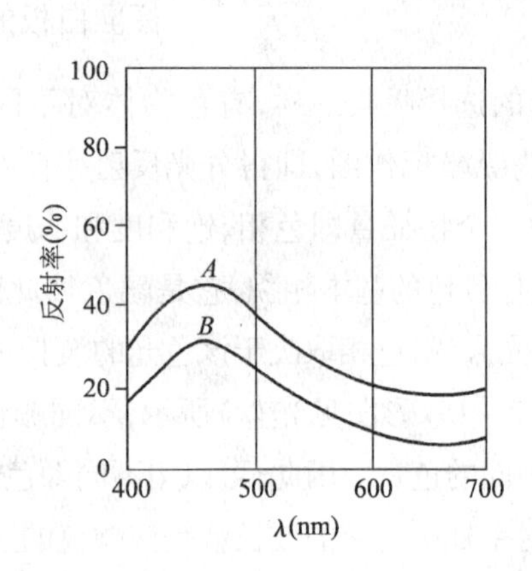

图2-17　明度的差异

表示物体表面的明暗感知属性的。反射率越高,亮度越高。如图2-15左下一组的比较,及图2-17所示的相同色相、不同反射率引起的明度差异。分光反射率曲线A比曲线B显示的颜色明度高。图2-18所示是不同色相由于反射率的不同引起的明度差异。

对消色物体来说,由于对入射光线进行等比例的非选择吸收和反(透)射,因此,消色物体无色相之分,只有反(透)射率大小的区别,如图2-15右下一组所示,即明度的区别。又如图2-19所示,白色A最亮,黑色E最暗,黑与白之间有一系列的灰色,深灰D、中灰C与浅灰B

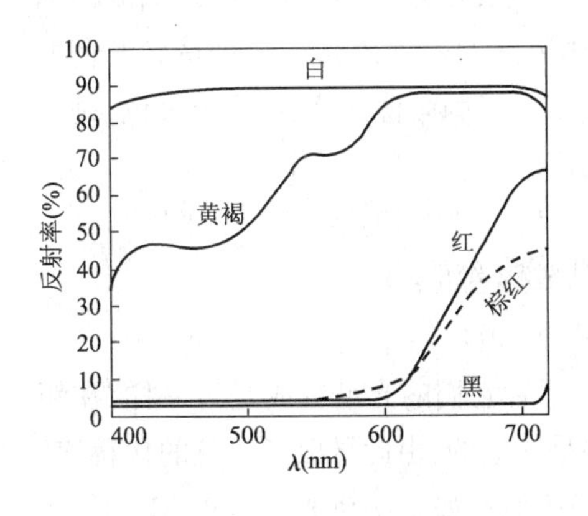

图 2－18　不同色彩的分光曲线

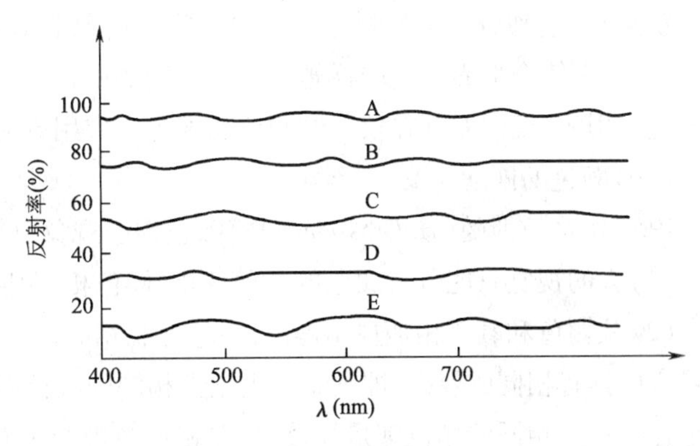

图 2－19　消色物体明度与反射率的关系

等，就是由于对入射光线反(透)射率的不同所致。

图 2－20 是不同颜色的织物所测得的各种不同形状的反射光谱曲线。图中反射光谱曲线最低处所对应的波长，表示染色物的最大吸收处。例如，曲线 1 为红色染色物的反射光谱曲线，可以看到波长在 400～500nm 处的光大部分被试样吸收，部分黄橙色被吸收，大部分红色被反射，因此眼睛看到的是红色。即最大反射率处对应的波长，也称主波长，即基本色调(而吸收曲线的最高处对应的主波长的补色才是主色调)。由此可知，从反射光谱曲线同样也可以粗略地估计各种颜色的基本特点。但是在应用织物反射光谱曲线表示和比较染色物的色泽时，要注意排除有色物的组织规格等因素对反射率的影响。

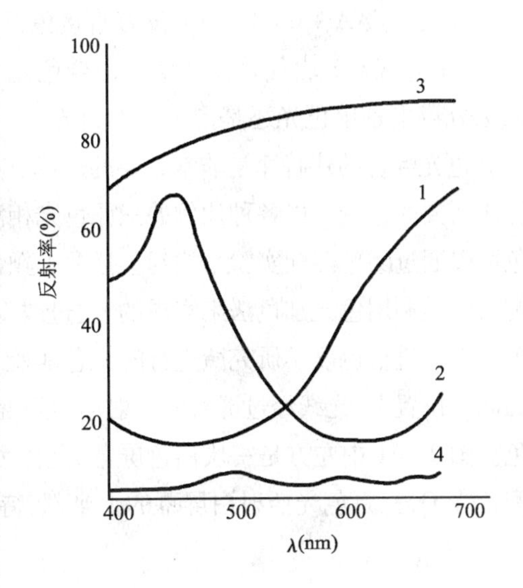

图 2－20　反射光谱曲线

1—红色染色物　2—蓝色染色物

3—漂白织物　4—黑色染色物

综上所述，虽然从分光组成能够了解光的物理性质，而且用分光光度曲线表色也能够说明一些问题，具有一定的实用价值。但毕竟还很粗糙，仍不能满足生产和科研的需要。例如，具有近似的分光组成的两种光，它们的色调、纯度、亮度分别有多少差异，仅凭分析这两种分光组成是不确切的。此外，有着不同分光组成的两种色，在某种情况下也有看成是相同色泽的。从这个意义上说，三刺激值在评价色泽方面是十分重要的。同时也赋予了分光透过率曲线、分光反射率曲线更重要的意义，成为三刺激值的计算以及颜色的匹配的重要依据。

二、三刺激值表色方法[1]

1931 年国际照明协会(CIE)批准和推荐了三刺激值 X、Y、Z 系统表色法(也称 CIE—XYZ

表色系，为基于心理物理色而建立起来的表色系，或混色系，是受心理因素的影响，即形成心理颜色视觉）。这种表色法是测色学上用数值来度量和表达色泽的一种最科学和最精确的色的表示方法，它使全世界在色的标志上有了共同的语言。所以用三刺激值 X、Y、Z 系统表色，是一种普遍应用的方法，尤其在仪器的测色和配色中应用更为广泛。

（一）颜色的匹配

1954 年格拉斯曼（H. Grassmann）将颜色混合现象总结成颜色混合定律：

（1）人的视觉只能分辨颜色的三种变化，即色相、明度、饱和度。

（2）从颜色和颜色相加规律得出，颜色外貌相同的光，不管它们的光谱组成是否一样，在颜色混合中具有相同的效果，即凡是在视觉上相同的颜色都是等效的，由此导出了颜色的代替律：凡是在视觉上相同的颜色都是等效的，即相似色混合后仍相似。如果颜色光 A = B、C = D，那么：A + C = B + D。

色光混合的代替规律表明：只要在感觉上颜色是相似的便可以相互代替，所得的视觉效果是相同的。设 A + B = C，如果没有直接色光 B，而 X + Y = B，那么根据代替律，可以由 A + X + Y = C 来实现 C。由代替律产生的混合色光与原来的混合色光在视觉上具有相同的效果。人眼无法分辨出是单色光还是混合后的色光。

色光混合的代替律是非常重要的规律。根据代替律，可以利用色光相加的方法产生或代替各种所需要的色光。以各种比例的三原色光相混合，可以产生自然界中的各种色彩。相互代替的颜色可以通过颜色匹配实验来找到。把两个颜色调整到视觉相同或相等的方法叫颜色匹配，颜色匹配实验是利用色光加色法来实现的，通过改变原色的色相、饱和度、明度三种特性，使两者达到匹配。近代进行色度学研究所进行的配色实验，常采用下列方法：用不同颜色的光照射在白色屏幕的同一位置上，光线经过屏幕的反射而达到混合，混合后的光线作用于视网膜，便产生一个新的颜色。图 2－21 中左方是一块白色屏幕，上方为可精确测量的红 R、绿 G、蓝 B 三原色光，下方为待配色光 C，三原色光照射白屏幕的上半部，待配色光照射白屏幕的下半部，白屏幕上下两部分用

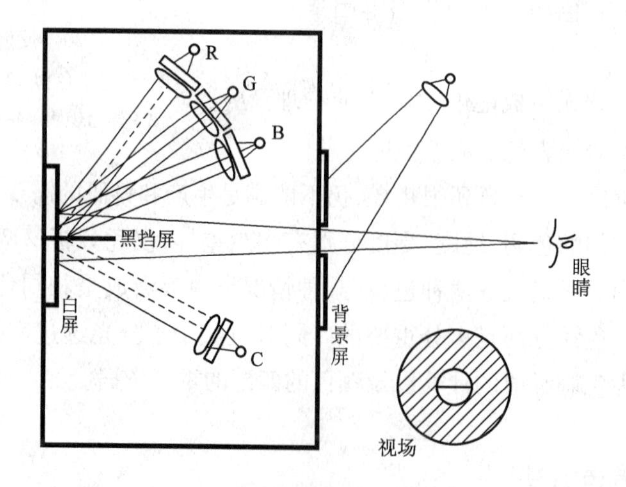

图 2－21　颜色匹配实验

一黑挡屏隔开，由白屏幕反射出来的光通过小孔抵达右方观察者的眼内。人眼看到的视场[1]如图右下方所示，视场范围在2°左右，被分成两部分。图右上方还有一束光，照射在小孔周围的背景白板上，使视场周围有一圈色光作为背景。在此实验装置上可以进行一系列的颜色匹配实验。待配色光可以通过调节上方三原色的强度比例来混合实现，当视场中的两部分色光相同时，视场中的分界线消失，两部分合为同一视场，此时认为待配色光的颜色与三原色光混合光的颜色达到了匹配。在上述颜色匹配实验中，把匹配某一特定色所需的三原色的数量称为三刺激值。

通过颜色匹配实验发现，这三个原色不一定要选红、绿、蓝，只要满足三个原色中的任何一个色都不能由其余两个色相加混合得到这一基本条件就可以。实验证明，红、绿、蓝三原色产生的颜色范围最广，是最优的三原色。

在上述的颜色匹配实验中，由三原色组成的颜色的光谱组成与匹配颜色的光谱组成可能不一致。例如，由红、绿、蓝三个颜色混合的白光与连续光谱中的白光在感觉上是等效的，但其光谱组成却不一样，在色度学中把这一颜色匹配称为“同色异谱”的颜色匹配。

在颜色光的匹配实验中，颜色光的混合是在外界发生的，而后才作用到视觉器官。彩色电视的颜色混合是由视觉器官实现的，可见，应用不同的刺激方法，都可对人的视觉产生颜色混合效果。

（二）颜色的方程

前面的颜色光的匹配实验可用代数学的形式加以描述，以(C)代表被匹配的颜色（实验中的单一光源色），以(R)、(G)、(B)代表产生混合色的红、绿、蓝三原色的单位量（实验用的三色光），又以 R、G、B 分别代表红、绿、蓝三原色的数量（三刺激值），则可写出颜色方程：

$$(\mathrm{C}) \equiv R(\mathrm{R}) + G(\mathrm{G}) + B(\mathrm{B}) \tag{2-4}$$

式中：“≡”代表匹配，即视觉上相等。

如果被匹配的一侧是非常饱和的光谱色，而在另一侧仍用红、绿、蓝三原色进行匹配，就会发现，大部分光谱色饱和度太高，无法得到满意的配对，这时就要把少量的三原色之一加到光谱色一侧，用其余两原色去实现匹配。这一方程可写成：

$$(\mathrm{C}) + B(\mathrm{B}) \equiv R(\mathrm{R}) + G(\mathrm{G}) \tag{2-5}$$

或：

$$(\mathrm{C}) \equiv R(\mathrm{R}) + G(\mathrm{G}) - B(\mathrm{B}) \tag{2-6}$$

在上述有负值方程的颜色匹配条件下，所有的颜色，包括白黑系列的各种灰色、各种色调和饱和度的颜色，都能由红、绿、蓝三原色的相加得到，并且对人的眼睛能引起相同的视觉效果。

为匹配相等能量（简称等能）光谱色的三原色数量叫作光谱三刺激值，用 $\bar{r}$、$\bar{g}$、$\bar{b}$ 表示，匹配

[1] 视场：对象的大小对眼睛形成的张角叫视角。一定距离的物体对眼形成视角的大小决定了观察面积的大小，观察面积就是视场。因此，视场多用视角来表示。

波长 λ 的等能光谱色(C_λ)的方程为:

$$(C_\lambda) \equiv \bar{r}(R) + \bar{g}(G) \pm \bar{b}(B) \tag{2-7}$$

上式中光谱三刺激值 $\bar{r}$、$\bar{g}$、$\bar{b}$ 之一可能是负值。

(三)颜色的相加原理

根据格拉斯曼颜色混合的代替律,如果有两个颜色光,第一个颜色光可用三原色光数量 R_1、G_1、B_1 匹配出来;第二个颜色光可用 R_2、G_2、B_2 匹配出来,第一个颜色光和第二个颜色光的相加混合色,则可用三原色光数量的各自之和 R、G、B 匹配出来。这一规律称为颜色相加原理,即:

$$\begin{aligned} R &= R_1 + R_2 \\ G &= G_1 + G_2 \\ B &= B_1 + B_2 \end{aligned} \tag{2-8}$$

式中:R_1,G_1,B_1 和 R_2,G_2,B_2 分别为第一颜色光和第二颜色光的三刺激值,R,G,B 则是混合色的三刺激值。可见,混合色的三刺激值为各组成色三刺激值各自之和。颜色相加原理不仅适用于两个颜色的相加,而且可以扩展到许多颜色的相加。

因而,一个任意光源的三刺激值应等于匹配该光源各波长光谱色的三刺激值各自之和。即:

$$\begin{aligned} R &= \sum R(\lambda)\Delta\lambda \\ G &= \sum G(\lambda)\Delta\lambda \\ B &= \sum B(\lambda)\Delta\lambda \end{aligned} \tag{2-9}$$

对一个光源的光谱,用特定的三原色光匹配每一波长的光谱色,所需的三刺激值比例是不同的。但是对任何光源,匹配同波长光谱色的三刺激值比例关系却是固定的,只是在改变光源时,由于光源的光谱功率分布不同,就需要对匹配各个波长光谱色的固定三刺激值分别乘以不同的因数。因此,就得到一种测量颜色的方法,当规定三个原色光(R),(G),(B),并已知颜色视觉正常的标准人眼用这三原色光匹配等能光谱各波长光谱色所需的三刺激值,即已知标准观察者的光谱三刺激值 $\bar{r}(\lambda)$,$\bar{g}(\lambda)$,$\bar{b}(\lambda)$,就可依此为标准去计算光谱功率分布不同的光源的三刺激值和色度坐标。计算方法是将待测光的光谱功率分布 $S(\lambda)$ 按波长加权光谱三刺激值,得出每一波长的三刺激值,再进行积分,就得到该待测光的三刺激值:

$$\begin{aligned} R &= \int_\lambda kS(\lambda)\bar{r}(\lambda)\,d\lambda \\ G &= \int_\lambda kS(\lambda)\bar{g}(\lambda)\,d\lambda \\ B &= \int_\lambda kS(\lambda)\bar{b}(\lambda)\,d\lambda \end{aligned} \tag{2-10}$$

式中：k 为调整系数，它是将照明体（或光源）的 Y 值调整为100时得出的，即 $k=100/\int_{380}^{780}S(\lambda)\bar{y}(\lambda)d(\lambda)$。

1931年国际照明委员会规定了三个特定的原色，同时规定了标准观察者的光谱三刺激值，作为测量颜色的标准。

（四）色度坐标和色度图

以三刺激值表示颜色，因为它是一个抽象的三维空间的量，实际上尽管我们知道了颜色的三刺激值，但仍然不容易了解颜色的性质，因此有时显得不太方便。一般情况下，只要知道三个原色光的相对值就可以了。人们通过 R、G、B 引入了一个新的相对系数 r、g、b，这三个数值就是在颜色匹配实验中，R、G、B 三原色各自在 $R+G+B$ 总量中的相对比例，称为色度坐标。

$$r=\frac{R}{R+G+B}$$
$$g=\frac{G}{R+G+B} \qquad (2-11)$$
$$b=\frac{B}{R+G+B}$$

把每一原色光的亮度作为一个单位看待，三者的比例定为1∶1∶1的等量关系，即 $R=G=B=1$，匹配的白光称为标准白光。从上式可知 $r+g+b=1$。

若待配色为等能光谱色，则上式可写为：

$$r(\lambda)=\frac{\bar{r}(\lambda)}{\bar{r}(\lambda)+\bar{g}(\lambda)+\bar{b}(\lambda)}$$
$$g(\lambda)=\frac{\bar{g}(\lambda)}{\bar{r}(\lambda)+\bar{g}(\lambda)+\bar{b}(\lambda)} \qquad (2-12)$$
$$b(\lambda)=\frac{\bar{b}(\lambda)}{\bar{r}(\lambda)+\bar{g}(\lambda)+\bar{b}(\lambda)}$$

式中：$r(\lambda)$、$g(\lambda)$、$b(\lambda)$ 为光谱色度坐标，这些新的参数把原来的三维空间直角坐标变成了二维平面直角坐标，国际上采用了麦克斯韦直角三角形作为标准色度图（图2-22）。三角形的三个角顶分别代表（R）、（G）、（B）三原色（1个单位的红原色，1个单位的绿原色，1个单位的蓝原色），色度坐标 r 和 g 分别代表 R 和 G 在 $R+G+B$ 总量中的相对比例。在三角形中没有 b 坐标，因为只要知道其中两个，第三个就可以计算出来了。标准白光W的色度坐标为 $r=0.33$，$g=0.33$。

（五）标准色度学系统

1. CIE 1931—RGB 系统

1931年CIE采取莱特（W. D. Wright）与吉尔德（J. Guild）两人在2°视场，匹配光谱实验的平均结果定出匹配等能光谱的 $\bar{r}$、$\bar{g}$、$\bar{b}$ 光谱三刺激值。于1931年推荐为CIE 1931—RGB标准色度观察者光谱三刺激值（真实三原色）表色系统。光谱三刺激值的数据见表2-3国际R. G. B坐标制（CIE 1931年标准色度观察者），光谱三刺激值曲线见图2-23。

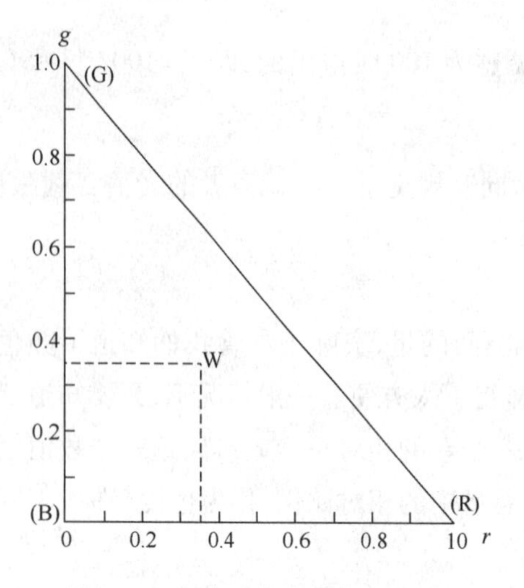

图2-22 (麦克斯韦直角三角形)标准色度图

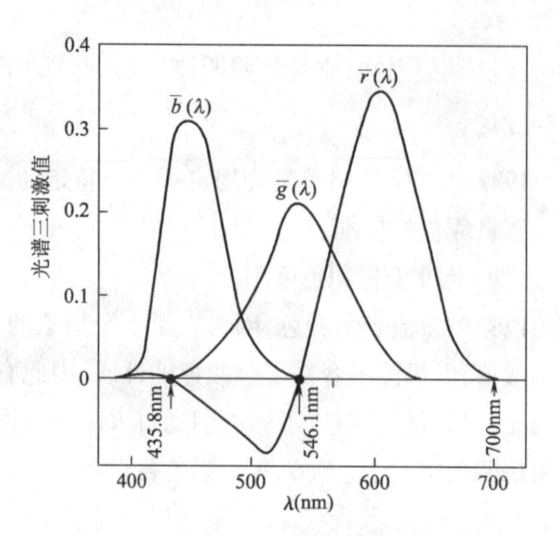

图2-23 CIE—RGB系统标准色度观察者光谱三刺激值曲线

表2-3 国际R. G. B坐标制(CIE 1931年标准色度观察者)

λ (nm)	光谱三刺激值			色度坐标		
	$\bar{r}(\lambda)$	$\bar{g}(\lambda)$	$\bar{b}(\lambda)$	$r(\lambda)$	$g(\lambda)$	$b(\lambda)$
380	0.00003	-0.00001	0.00117	0.0272	-0.0115	0.9843
385	0.00005	-0.00002	0.00189	0.0268	-0.0114	0.9846
390	0.00010	-0.00004	0.00359	0.0263	-0.0114	0.9851
395	0.00017	-0.00007	0.00647	0.0256	-0.0113	0.9857
400	0.00030	-0.00014	0.01214	0.0247	-0.0112	0.9865
405	0.00047	-0.00022	0.01969	0.0237	-0.0111	0.9874
410	0.00084	-0.00041	0.03707	0.0225	-0.0109	0.9884
415	0.00139	-0.00070	0.06637	0.0207	-0.0104	0.9897
420	0.00211	-0.00110	0.11541	0.0181	-0.0094	0.9913
425	0.00266	-0.00143	0.18575	0.0142	-0.0076	0.9934
430	0.00218	-0.00119	0.24769	0.0088	-0.0048	0.9960
435	0.00036	-0.00021	0.29012	0.0012	-0.0007	0.9995
440	-0.00261	0.00149	0.31228	-0.0084	0.0048	1.0036
445	-0.00673	0.00379	0.31860	-0.0213	0.0120	1.0093
450	-0.01213	0.00678	0.31670	-0.0390	0.0218	1.0172
455	-0.01874	0.01046	0.31166	-0.0618	0.0345	1.0273
460	-0.02608	0.001485	0.29821	-0.0909	0.0517	1.0392
465	-0.03324	0.01977	0.27295	-0.1281	0.0762	1.0519
470	-0.03933	0.02538	0.22991	-0.1821	0.1175	1.0646
475	-0.04471	0.03183	0.18592	-0.2584	0.1840	1.0744
480	-0.04939	0.03914	0.14494	-0.3667	0.2906	1.0761
485	-0.05364	0.04713	0.10968	-0.5200	0.4568	1.0632

续表

λ (nm)	光谱三刺激值			色度坐标		
	$\bar{r}(\lambda)$	$\bar{g}(\lambda)$	$\bar{b}(\lambda)$	$r(\lambda)$	$g(\lambda)$	$b(\lambda)$
490	-0. 05814	0. 05689	0. 08257	-0. 7150	0. 6996	1. 0154
495	-0. 06414	0. 06948	0. 06246	-0. 9459	1. 0247	0. 9212
500	-0. 07173	0. 08536	0. 04776	-1. 1685	1. 3905	0. 7780
505	-0. 08120	0. 10593	0. 03688	-1. 3182	1. 7195	0. 5987
510	-0. 08901	0. 12860	0. 02698	-1. 3371	1. 9318	0. 4053
515	-0. 09356	0. 15262	0. 01842	-1. 2076	1. 9699	0. 2377
520	-0. 09264	0. 17468	0. 01221	-0. 9830	1. 8534	0. 1296
525	-0. 08473	0. 19113	0. 00830	-0. 7386	1. 6662	0. 0724
530	-0. 07101	0. 20317	0. 00579	-0. 5159	1. 4761	0. 0398
535	-0. 05316	0. 21083	0. 00320	-0. 3304	1. 3105	0. 0199
540	-0. 03152	0. 21466	0. 00146	-0. 1707	1. 1628	0. 0079
545	-0. 00613	0. 21478	0. 00023	-0. 0293	1. 0282	0. 0011
550	0. 02279	0. 21178	-0. 00058	0. 0974	0. 9051	-0. 0025
555	0. 05514	0. 20588	-0. 00105	0. 2121	0. 7919	-0. 0040
560	0. 09060	0. 19702	-0. 00130	0. 3164	0. 6881	-0. 0045
565	0. 12840	0. 18522	-0. 00138	0. 4112	0. 5932	-0. 0044
570	0. 16768	0. 17087	-0. 00135	0. 4973	0. 5067	-0. 0040
575	0. 20715	0. 15429	-0. 00123	0. 5751	0. 4283	-0. 0034
580	0. 24526	0. 13610	-0. 00108	0. 6449	0. 3579	-0. 0028
585	0. 27989	0. 11686	-0. 00093	0. 7071	0. 2952	-0. 0023
590	0. 30928	0. 09754	-0. 00079	0. 7617	0. 2402	-0. 0019
595	0. 33184	0. 07909	-0. 00063	0. 8087	0. 1928	-0. 0015
600	0. 34429	0. 06246	-0. 00049	0. 8475	0. 1537	-0. 0012
605	0. 34756	0. 04776	-0. 00038	0. 8800	0. 1209	-0. 0009
610	0. 33971	0. 03557	-0. 00030	0. 9095	0. 0949	-0. 0008
615	0. 32265	0. 02583	-0. 00022	0. 9265	0. 0741	-0. 0006
620	0. 29708	0. 01828	-0. 000015	0. 9425	0. 0580	-0. 0005
625	0. 26348	0. 01253	-0. 00011	0. 9550	0. 0454	-0. 0004
630	0. 22677	0. 00833	-0. 00008	0. 9649	0. 0354	-0. 0003
635	0. 19233	0. 19233	-0. 00005	0. 9730	0. 0272	-0. 0002
640	0. 15968	0. 15968	-0. 00003	0. 9797	0. 0205	-0. 0002
645	0. 12905	0. 12905	-0. 00002	0. 9850	0. 0152	-0. 0002
650	0. 10167	0. 10167	-0. 00001	0. 9888	0. 0113	-0. 0001
655	0. 07857	0. 07857	-0. 00001	0. 9918	0. 0083	-0. 0001
660	0. 05932	0. 05932	0. 00000	0. 9940	0. 0061	-0. 0001
665	0. 04366	0. 04366	0. 00000	0. 9954	0. 0047	-0. 0001

续表

λ (nm)	光谱三刺激值			色度坐标		
	$\bar{r}(\lambda)$	$\bar{g}(\lambda)$	$\bar{b}(\lambda)$	$r(\lambda)$	$g(\lambda)$	$b(\lambda)$
670	0.03149	0.03149	0.00000	0.9966	0.0035	-0.0001
675	0.02294	0.02294	0.00000	0.9975	0.0025	0.0000
680	0.01687	0.01687	0.00000	0.9984	0.0016	0.0000
685	0.01187	0.01187	0.00000	0.9991	0.0009	0.0000
690	0.00819	0.00819	0.00000	0.9996	0.0004	0.0000
695	0.00572	0.00572	0.00000	0.9999	0.0001	0.0000
700	0.00410	0.00410	0.00000	1.0000	0.0000	0.0000
705	0.00291	0.00291	0.00000	1.0000	0.0000	0.0000
710	0.00210	0.00210	0.00000	1.0000	0.0000	0.0000
715	0.00148	0.00148	0.00000	1.0000	0.0000	0.0000
720	0.00105	0.00105	0.00000	1.0000	0.0000	0.0000
725	0.00074	0.00074	0.00000	1.0000	0.0000	0.0000
730	0.00052	0.00052	0.00000	1.0000	0.0000	0.0000
735	0.00036	0.00036	0.00000	1.0000	0.0000	0.0000
740	0.00025	0.00025	0.00000	1.0000	0.0000	0.0000
745	0.00017	0.00017	0.00000	1.0000	0.0000	0.0000
750	0.00012	0.00012	0.00000	1.0000	0.0000	0.0000
755	0.00008	0.00008	0.00000	1.0000	0.0000	0.0000
760	0.00006	0.00006	0.00000	1.0000	0.0000	0.0000
765	0.00004	0.00004	0.00000	1.0000	0.0000	0.0000
770	0.00003	0.00003	0.00000	1.0000	0.0000	0.0000
775	0.00001	0.00001	0.00000	1.0000	0.0000	0.0000
780	0.00000	0.00000	0.00000	1.0000	0.0000	0.0000

这一组函数叫作“CIE 1931—RGB 系统标准色度观察者光谱三刺激值”，简称“CIE 1931—RGB 系统标准观察者”。图 2－24 是根据“CIE 1931—RGB 系统标准色度观察者光谱三刺激值”得到的色度坐标所绘制的色度（品）图。光谱三刺激值与光谱色色度坐标的关系式为：

$$r=\frac{\bar{r}}{\bar{r}+\bar{g}+\bar{b}} \quad g=\frac{\bar{g}}{\bar{r}+\bar{g}+\bar{b}} \quad b=\frac{\bar{b}}{\bar{r}+\bar{g}+\bar{b}} \tag{2-13}$$

图 2－24 中马蹄形曲线为光谱色在图中的轨迹，通常称为光谱轨迹。其中连接光谱轨迹两端的直线代表一系列的紫色，因而称为纯紫轨迹。自然界中所有的颜色都包括在光谱轨迹和纯紫轨迹之中，自然界的颜色在色度图中都有它对应的坐标，从而实现了颜色的数字化。这一系统规定的等能白光（E 光源，色温 5500K）色度坐标为 $r=g=1/3$，位于色度图的中心（0.33，0.33）。

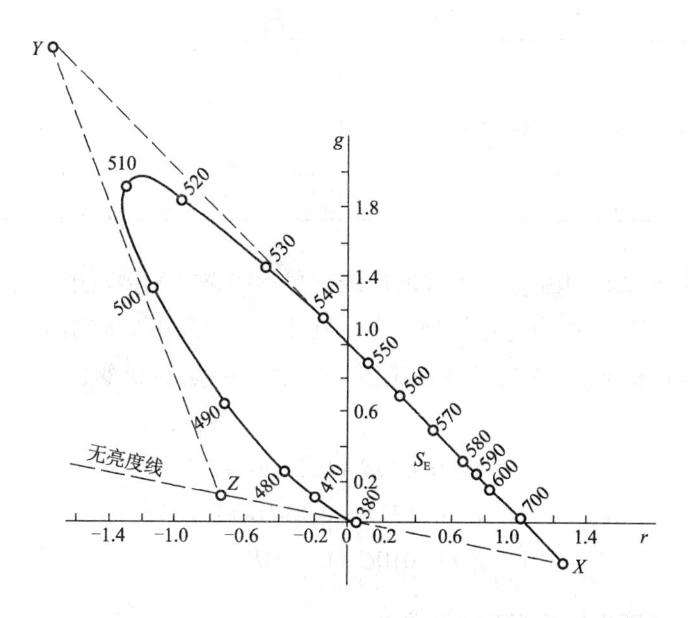

原色:R=700nm　G=546.1nm　B=435.8nm

参照点：等能白=S_E　CIE原色:X,Y,Z

	r	g	b
X:	1.2750	−0.2778	0.0028
Y:	−1.7392	2.7671	−0.0279
Z:	−0.7431	0.1409	1.6022

图 2－24　CIE 1931—RGB 系统 r—g 色度图及 R、G、B 向 X、Y、Z 的转换

三个原色光在 r—g 色度图中的坐标为：$R(1,0)$，$G(0,1)$，$B(0,0)$，在这个三角形中 R、G、B 都是正值，即三角形中各点所代表的颜色都可以由三原色相加得到。但在实际的色度图上，光谱轨迹很大一部分 r 坐标出现了负值，CIE 1931—RGB 系统的 $\bar{r}(\lambda)$、$\bar{g}(\lambda)$、$\bar{b}(\lambda)$ 光谱三刺激值是从实验得出来的，本来可以用于颜色测量和标定以及色度学计算，但是实验结果得到的用来标定光谱色的原色出现了负值，计算十分不便，又不宜理解，因此，1931 年 CIE 推荐了一个新的国际色度学系统——CIE 1931—XYZ 系统，又称为 XYZ 国际坐标制。

2. CIE 1931—XYZ 系统

所谓 CIE 1931—XYZ 系统，就是在 RGB 系统的基础上用数学方法，选用三个理想的原色来代替实际的三原色，从而将 CIE—RGB 系统中的光谱三刺激值 $\bar{r}$、$\bar{g}$、$\bar{b}$ 和色度坐标 r、g、b 均变为正值，这就是国际照明委员会讨论通过的一个新的用于色度学计算的系统 CIE 1931—XYZ 系统。

选择三个理想的原色（三刺激值）X、Y、Z，X 代表红原色，Y 代表绿原色，Z 代表蓝原色，这三个原色不是物理上的真实色，而是虚构的假想色。把它作为计算的标准数据，给计算带来极大的方便，只要乘以相应的系数，就可以进行各种计算（详见第二章第五节）。它们在图 2－24 中的色度坐标见表 2－4。

表2-4　X、Y、Z的色度坐标

三刺激值	r	g	b
X	1.275	-0.278	0.003
Y	-1.739	2.767	-0.028
Z	-0.743	0.141	1.602

从图2-24中可以看到由XYZ形成的虚线三角形将整个光谱轨迹包含在内。因此整个光谱色变成了以XYZ三角形作为色域的域内色。在XYZ系统中所得到的光谱三刺激值$\bar{x}(\lambda)$、$\bar{y}(\lambda)$、$\bar{z}(\lambda)$和色度坐标x、y、z将完全变成正值。经数学变换,两组颜色空间的三刺激值有以下关系:

$$
\begin{aligned}
X &= 0.490R + 0.310G + 0.200B \\
Y &= 0.177R + 0.812G + 0.011B \\
Z &= 0.010G + 0.990B
\end{aligned}
\tag{2-14}
$$

两组颜色空间色度坐标的相互转换关系为:

$$
\begin{aligned}
x &= (0.490r + 0.310g + 0.200b)/(0.667r + 1.132g + 1.200b) \\
y &= (0.117r + 0.812g + 0.010b)/(0.667r + 1.132g + 1.200b) \\
z &= (0.000r + 0.010g + 0.990b)/(0.667r + 1.132g + 1.200b)
\end{aligned}
\tag{2-15}
$$

这就是我们通常用来进行变换的关系式,所以,只要知道某一颜色的色度坐标r、g、b,即可以求出它们在新设想的三原色XYZ颜色空间的色度坐标x、y、z。通过式(2-15)的变换,对光谱色或一切自然界的色彩而言,变换后的色度坐标均为正值,而且等能白光的色度坐标仍然是(0.33,0.33)。表2-5是由CIE—RGB系统按表2-3中的数据,由式(2-14)、式(2-15)计算的结果。从表2-5中可以看到所有光谱色度坐标$x(\lambda)$,$y(\lambda)$,$z(\lambda)$的数值均为正值。光谱三刺激值与光谱色度坐标的关系式为:

$$
x = \frac{\bar{x}}{\bar{x}+\bar{y}+\bar{z}} \quad y = \frac{\bar{y}}{\bar{x}+\bar{y}+\bar{z}} \quad z = \frac{\bar{z}}{\bar{x}+\bar{y}+\bar{z}} = 1 - x - y \tag{2-16}
$$

表2-5　CIE 1931标准色度观察者光谱三刺激值

λ (nm)	光谱色度坐标			光谱三刺激值		
	$x(\lambda)$	$y(\lambda)$	$z(\lambda)$	$\bar{x}(\lambda)$	$\bar{y}(\lambda)$	$\bar{z}(\lambda)$
380	0.1741	0.0050	0.8209	0.00145	0.0000	0.0065
385	0.1740	0.0050	0.8210	0.0022	0.0001	0.0105
390	0.1738	0.0049	0.8213	0.0042	0.0001	0.0201
395	0.1736	0.0049	0.8215	0.0076	0.0002	0.0362
400	0.1733	0.0048	0.8219	0.0143	0.0004	0.0679
405	0.1730	0.0048	0.8222	0.0232	0.0006	0.1102

续表

λ (nm)	光谱色度坐标			光谱三刺激值		
	$x(\lambda)$	$y(\lambda)$	$z(\lambda)$	$\bar{x}(\lambda)$	$\bar{y}(\lambda)$	$\bar{z}(\lambda)$
410	0.1726	0.0048	0.8226	0.0435	0.0012	0.2074
415	0.1721	0.0048	0.8231	0.0776	0.0022	0.3713
420	0.1714	0.0051	0.8235	0.1344	0.0040	0.6456
425	0.1703	0.0058	0.8239	0.2148	0.0073	1.0391
430	0.1689	0.0069	0.8242	0.2839	0.0116	1.3856
435	0.1669	0.0086	0.8245	0.3285	0.0168	1.6230
440	0.1644	0.0109	0.8247	0.3483	0.0230	1.7471
445	0.1611	0.0138	0.8251	0.3481	0.0298	1.7826
450	0.1566	0.0177	0.8257	0.3362	0.0380	1.7721
455	0.1510	0.0227	0.8263	0.3187	0.0480	1.7441
460	0.1440	0.0297	0.8263	0.2908	0.0600	1.6692
465	0.1335	0.0399	0.8246	0.2511	0.0739	1.5281
470	0.1241	0.0578	0.8181	0.1954	0.0910	1.2876
475	0.1096	0.0868	0.8036	0.1421	0.1126	1.0419
480	0.0913	0.1327	0.7760	0.0956	0.1390	0.8130
485	0.0687	0.2007	0.7306	0.0580	0.1693	0.6162
490	0.0454	0.2950	0.6596	0.0320	0.2080	0.4652
495	0.0235	0.4127	0.5638	0.0147	0.2586	0.3533
500	0.0082	0.5384	0.4534	0.0049	0.3230	0.2720
505	0.0039	0.6548	0.3413	0.0024	0.4073	0.2123
510	0.0139	0.7502	0.2359	0.0093	0.5030	0.1582
515	0.0389	0.8120	0.1491	0.0291	0.6082	0.1117
520	0.0743	0.8338	0.0919	0.0633	0.7100	0.0782
525	0.1142	0.8262	0.0596	0.1096	0.7932	0.0573
530	0.1547	0.8059	0.0394	0.1655	0.8620	0.0422
535	0.1929	0.7816	0.0255	0.2257	0.9149	0.0298
540	0.2296	0.7543	0.0161	0.2904	0.9540	0.0203
545	0.2658	0.7243	0.0099	0.3597	0.9803	0.0134
550	0.3016	0.6923	0.0061	0.4334	0.9950	0.0087
555	0.3373	0.6589	0.0038	0.5121	1.0000	0.0057
560	0.3731	0.6245	0.0024	0.5945	0.9950	0.0039
565	0.4087	0.5896	0.0017	0.6784	0.9786	0.0027
570	0.4441	0.5547	0.0012	0.7621	0.9520	0.0021
575	0.4788	0.5202	0.0010	0.8425	0.9154	0.0010
580	0.5125	0.4866	0.0009	0.9163	0.8700	0.0017
585	0.5448	0.4544	0.0008	0.9786	0.8163	0.0014
590	0.5752	0.4242	0.0006	1.0263	0.7570	0.0011
595	0.6029	0.3965	0.0006	1.0567	0.6949	0.0010

续表

λ (nm)	光谱色度坐标			光谱三刺激值		
	$x(\lambda)$	$y(\lambda)$	$z(\lambda)$	$\bar{x}(\lambda)$	$\bar{y}(\lambda)$	$\bar{z}(\lambda)$
600	0.6270	0.3725	0.0005	1.0522	0.6130	0.0008
605	0.6482	0.3514	0.0004	1.0456	0.5668	0.0006
610	0..6658	0.3340	0.0002	1.0026	0.5030	0.0003
615	0.6801	0.3197	0.0002	0.9384	0.4412	0.0002
620	0.6915	0.3083	0.0002	0.8544	0.3810	0.0002
625	0.7006	0.2993	0.0001	0.7514	0.3210	0.0001
630	0.7079	0.2920	0.0001	0.6424	0.2650	0.0000
635	0.7140	0.2859	0.0001	0.5419	0.2170	0.0000
640	0.7219	0.2809	0.0001	0.4479	0.1750	0.0000
645	0.7230	0.2770	0.0000	0.3608	0.1382	0.0000
650	0.7260	0.2740	0.0000	0.2835	0.1070	0.0000
655	0.7283	0.2717	0.0000	0.2187	0.0816	0.0000
660	0.7300	0.2700	0.0000	0.1649	0.0610	0.0000
665	0.7311	0.2689	0.0000	0.1212	0.0446	0.0000
670	0.7320	0.2680	0.0000	0.0874	0.0320	0.0000
675	0.7327	0.2673	0.0000	0.0636	0.0232	0.0000
680	0.7334	0.2666	0.0000	0.0468	0.0170	0.0000
685	0.7340	0.2660	0.0000	0.0329	0.0119	0.0000
690	0.7344	0.2656	0.0000	0.0227	0.0082	0.0000
695	0.7346	0.2654	0.0000	0.0158	0.0057	0.0000
700	0.7347	0.2653	0.0000	0.0114	0.0041	0.0000
705	0.7347	0.2653	0.0000	0.0081	0.0029	0.0000
710	0.7347	0.2653	0.0000	0.0058	0.0021	0.0000
715	0.7347	0.2653	0.0000	0.0041	0.0015	0.0000
720	0.7347	0.2653	0.0000	0.0029	0.0010	0.0000
725	0.7347	0.2653	0.0000	0.0020	0.0007	0.0000
730	0.7347	0.2653	0.0000	0.0014	0.0005	0.0000
735	0.7347	0.2653	0.0000	0.0010	0.0004	0.0000
740	0.7347	0.2653	0.0000	0.0007	0.0002	0.0000
745	0.7347	0.2653	0.0000	0.0005	0.0002	0.0000
750	0.7347	0.2653	0.0000	0.0003	0.0001	0.0000
755	0.7347	0.2653	0.0000	0.0002	0.0001	0.0000
760	0.7347	0.2653	0.0000	0.0002	0.0001	0.0000
765	0.7347	0.2653	0.0000	0.0001	0.0000	0.0000
770	0.7347	0.2653	0.0000	0.0001	0.0000	0.0000
775	0.7347	0.2653	0.0000	0.0001	0.0000	0.0000
780	0.7347	0.2653	0.0000	0.0000	0.0000	0.0000

注　按5mm间隔求和：$\sum \bar{x}(\lambda) = 21.3714$；$\sum \bar{y}(\lambda) = 21.3711$；$\sum \bar{z}(\lambda) = 21.3715$。

为了使用方便,图 2-24 中的三角形 *XYZ*,经转换变为直角三角形(图 2-25[2],彩图见光盘),该图用表 2-5 中各波长光谱色度坐标在图中的描点,然后将各点连接,即成为 CIE 1931 x—y 色度图的马蹄形光谱轨迹。由图看出该光谱轨迹曲线落在第一象限之内,所以肯定为正值,这就是目前国际通用的 CIE 1931 x—y 色度图,它保持了 RGB 系统的基本性质和关系。其色度坐标为 x、y、z,并且 $z=1-x-y$。

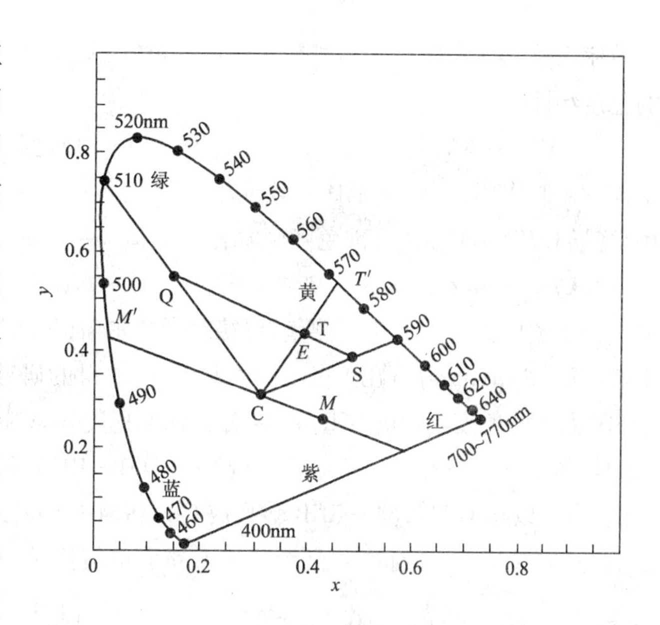

图 2-25　CIE 1931x—y 色度图

在图中 Q、S 两颜色相加仍然遵循质量重力中心的原理,混合色的位置决定于两颜色成分的比例,它的位置在连接此两色的直线上,而且靠近比重大的颜色。两颜色的混合色为 T,作光源坐标 C 与混合色 T 的延长线交于光谱轨迹于 T',为该颜色的主波长,$\frac{C_T}{C_{T'}}$为混合色 T 的饱和度,Y 值为该色的亮度。

但并不是所有的样品都有主波长,在色度图上光谱色两端与标准光源色度点形成的三角形区域(紫色区)内的颜色,如色度点 M 就没有主波长。这时,可以通过这一颜色的色度点与光源 C 的色度点作一直线,直线的一端与对侧的光谱轨迹相交,另一端与纯紫轨迹相交,与光谱轨迹交点 M'的光谱色波长就是该颜色的补色波长。在标定颜色时,为了区分主波长和补色波长,在补色波长前面加一个负号,或在后面加符号 C 来表示。样品 M 的补色波长为 -495.7nm,也可以写成 495.7C。

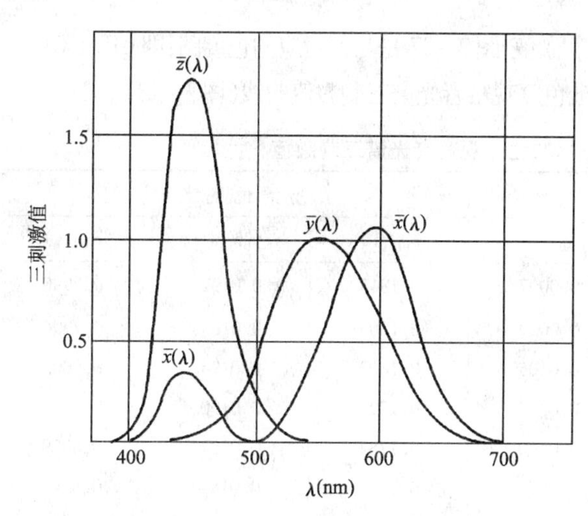

图 2-26　CIE 1931—XYZ 标准色度观察者光谱三刺激值

用表 2-5 中的光谱三刺激值对波长作图,得到从 CIE 1931—RGB 系统转换而来的 $\bar{x}(\lambda)$、$\bar{y}(\lambda)$、$\bar{z}(\lambda)$ 三条曲线,称为"CIE 1931—XYZ 标准色度观察者光谱三刺激值",也叫"CIE 1931 标准色度观察者颜色匹配函数",简称"CIE 1931 标准观察者",其对应的曲线如图2-26,它们分别代表匹配各波长等能光谱刺激需要的红(X)、绿(Y)、蓝(Z)三原色的量。也是等能白光 E 的三刺激值,图中 $\bar{x}(\lambda)$、$\bar{y}(\lambda)$、$\bar{z}(\lambda)$曲线所包围的面积分别用 X、Y、Z 来表示,其中由于 $\bar{y}(\lambda)$ 曲线与明视觉光谱效率函数一致,被设定为人眼的明视觉光

谱效率函数 $V(\lambda)$,所以 Y 值既代表颜色的色度,又代表颜色的亮度特性,而 X 和 Z 只代表颜色的色度特性。

CIE 1931—XYZ标准色度观察者光谱三刺激值数据适用于2°视场观察条件,主要是中央窝锥体细胞起作用,也可用于1°~4°视场的颜色测量。对于大于4°视场的观察条件,需要采用10°视场 CIE 1964 补充标准色度观察者。

3. CIE 1964 补充标准色度学系统

为了适应大视场的色度测量,贾德对斯泰尔斯(W. S. Stiles)、伯奇(J. M. Burch)及斯伯林斯卡娅(N. I. Speranskaya)在大量实验的基础上,取得的研究数据进行了整理,又建立了一套适合于10°大视场色度测量的"CIE 1964 补充标准色度学系统"。在这一系统中,视膜上中央窝区周围的杆体细胞也发挥了一定作用。用 CIE 1931—RGB 系统向 CIE 1931—XYZ 系统转换的同样方法,也可以将 CIE 1964—RGB 转换成 CIE 1964—XYZ 系统10°视场补充标准观察者光谱三刺激值,简称"CIE 1964 标准观察者"。CIE 推荐的转换关系如下:

$$\begin{aligned}\bar{x}_{10}(\lambda) &= 0.341080\bar{r}_{10}(\lambda) + 0.189145\bar{g}_{10}(\lambda) + 0.387529\bar{b}_{10}(\lambda)\\ \bar{y}_{10}(\lambda) &= 0.139058\bar{r}_{10}(\lambda) + 0.837460\bar{g}_{10}(\lambda) + 0.073316\bar{b}_{10}(\lambda)\\ \bar{z}_{10}(\lambda) &= 0.000000\bar{r}_{10}(\lambda) + 0.039553\bar{g}_{10}(\lambda) + 2.026200\bar{b}_{10}(\lambda)\end{aligned} \tag{2-17}$$

CIE 1964 补充色度学系统色度图光谱轨迹的色度坐标为:

$$\begin{aligned}x_{10}(\lambda) &= \frac{\bar{x}_{10}(\lambda)}{\bar{x}_{10}(\lambda)+\bar{y}_{10}(\lambda)+\bar{z}_{10}(\lambda)}\\ y_{10}(\lambda) &= \frac{\bar{y}_{10}(\lambda)}{\bar{x}_{10}(\lambda)+\bar{y}_{10}(\lambda)+\bar{z}_{10}(\lambda)}\\ z_{10}(\lambda) &= \frac{\bar{z}_{10}(\lambda)}{\bar{x}_{10}(\lambda)+\bar{y}_{10}(\lambda)+\bar{z}_{10}(\lambda)}\end{aligned} \tag{2-18}$$

表2-6是CIE 1964补充标准色度观察者光谱三刺激值,图2-27是与其对应的色度图,即CIE 1964x—y色度图(色品图)。同样可得到CIE 1964补充标准色度观察者光谱三刺激值曲线(图2-28)。

表2-6 CIE 1964 补充标准色度观察者光谱三刺激值

λ(nm)	光谱三刺激值			光谱色度坐标		
	$\bar{x}_{10}(\lambda)$	$\bar{y}_{10}(\lambda)$	$\bar{z}_{10}(\lambda)$	$x_{10}(\lambda)$	$y_{10}(\lambda)$	$z_{10}(\lambda)$
380	0.0002	0.0000	0.0007	0.1813	0.0197	0.7990
385	0.0007	0.0001	0.0029	0.1809	0.0195	0.7996
390	0.0024	0.0003	0.0105	0.1803	0.0194	0.8003
395	0.0072	0.0008	0.0323	0.1795	0.0190	0.8015
400	0.0191	0.0020	0.0860	0.1784	0.0187	0.8029
405	0.0434	0.0045	0.1971	0.1771	0.0184	0.8045
410	0.0847	0.0088	0.3894	0.1755	0.0181	0.8064
415	0.1406	0.0145	0.6568	0.1732	0.0178	0.8090

续表

λ(nm)	光谱三刺激值			光谱色度坐标		
	$\bar{x}_{10}(\lambda)$	$\bar{y}_{10}(\lambda)$	$\bar{z}_{10}(\lambda)$	$x_{10}(\lambda)$	$y_{10}(\lambda)$	$z_{10}(\lambda)$
420	0.2045	0.0214	0.9725	0.1706	0.0179	0.8115
425	0.2647	0.0295	1.2825	0.1679	0.0187	0.8134
430	0.3147	0.0387	1.5535	0.1650	0.0203	0.8115
435	0.3577	0.0496	1.7985	0.1622	0.0225	0.8153
440	0.3837	0.0621	1.9673	0.1590	0.0257	0.8153
445	0.3867	0.0747	2.0273	0.1554	0.0300	0.8145
450	0.3707	0.0895	1.9943	0.1510	0.0364	0.8126
455	0.3430	0.1063	1.9007	0.1459	0.0452	0.8038
460	0.3023	0.1282	1.7454	0.1689	0.0589	0.8022
465	0.2451	0.1528	1.5549	0.1295	0.0779	0.7758
470	0.1956	0.1852	1.3176	0.1152	0.1090	0.7452
475	0.1323	0.2199	1.0302	0.0957	0.1591	0.6980
480	0.0805	0.2536	0.7721	0.0728	0.2292	0.6273
485	0.0411	0.2977	0.5701	0.0452	0.3275	0.5389
490	0.0162	0.3391	0.4153	0.0210	0.4401	0.4302
495	0.0051	0.3954	0.3024	0.0073	0.5625	0.3199
500	0.0038	0.4608	0.2185	0.0056	0.6745	0.2256
505	0.0154	0.5314	0.1592	0.0219	0.7526	0.1482
510	0.0375	0.6067	0.1120	0.0495	0.8023	0.0980
515	0.0714	0.6857	0.0822	0.0850	0.8170	0.0646
520	0.1177	0.7618	0.0607	0.1252	0.8102	0.0414
525	0.1730	0.8233	0.0431	0.1664	0.7922	0.0267
530	0.2305	0.8752	0.0305	0.2071	0.7663	0.0165
535	0.3042	0.9238	0.0206	0.2436	0.7399	0.0101
540	0.3768	0.9620	0.0137	0.2786	0.7113	0.0055
545	0.4516	0.9822	0.0079	0.3132	0.6813	0.0026
550	0.5298	0.9918	0.0040	0.3473	0.6501	0.0007
555	0.6161	0.9991	0.0011	0.3812	0.6182	0.0000
560	0.7052	0.9973	0.0000	0.4142	0.5858	0.0000
565	0.7938	0.9824	0.0000	0.4469	0.5531	0.0000
570	0.8787	0.9556	0.0000	0.4790	0.5210	0.0000
575	0.9512	0.9152	0.0000	0.5096	0.4904	0.0000
580	1.0142	0.8698	0.0000	0.5386	0.4614	0.0000
585	1.0743	0.8256	0.0000	0.5654	0.4346	0.0000
590	1.1185	0.7774	0.0000	0.5900	0.4100	0.0000
595	1.1343	0.7204	0.0000	0.6116	0.3884	0.0000
600	1.1240	0.6537	0.0000	0.6306	0.3694	0.0000
605	1.0891	0.5939	0.0000	0.6471	0.3529	0.0000

续表

λ(nm)	光谱三刺激值			光谱色度坐标		
	$\bar{x}_{10}(\lambda)$	$\bar{y}_{10}(\lambda)$	$\bar{z}_{10}(\lambda)$	$x_{10}(\lambda)$	$y_{10}(\lambda)$	$z_{10}(\lambda)$
610	1.0305	0.5280	0.0000	0.6612	0.3388	0.0000
615	0.9507	0.4618	0.0000	0.6731	0.3269	0.0000
620	0.8563	0.3981	0.0000	0.6827	0.3173	0.0000
625	0.7549	0.3396	0.0000	0.6898	0.3102	0.0000
630	0.6475	0.2835	0.0000	0.6955	0.3045	0.0000
635	0.5351	0.2283	0.0000	0.7010	0.2990	0.0000
640	0.4316	0.1798	0.0000	0.7059	0.2941	0.0000
645	0.3437	0.1402	0.0000	0.7103	0.2898	0.0000
650	0.2683	0.1076	0.0000	0.7137	0.2863	0.0000
655	0.2043	0.0812	0.0000	0.7156	0.2844	0.0000
660	0.1526	0.0603	0.0000	0.7168	0.2832	0.0000
665	0.1122	0.0441	0.0000	0.7179	0.2821	0.0000
670	0.0813	0.0318	0.0000	0.7187	0.2813	0.0000
675	0.0579	0.0226	0.0000	0.7193	0.2807	0.0000
680	0.0409	0.0159	0.0000	0.7189	0.2802	0.0000
685	0.0286	0.0111	0.0000	0.7200	0.2800	0.0000
690	0.0199	0.0077	0.0000	0.7202	0.2798	0.0000
695	0.0138	0.0054	0.0000	0.7203	0.2797	0.0000
700	0.0096	0.0037	0.0000	0.7204	0.2796	0.0000
705	0.0066	0.0026	0.0000	0.7203	0.2797	0.0000
710	0.0046	0.0018	0.0000	0.7202	0.2798	0.0000
715	0.0031	0.0012	0.0000	0.7201	0.2799	0.0000
720	0.0022	0.0008	0.0000	0.7199	0.2801	0.0000
725	0.0015	0.0006	0.0000	0.7197	0.2803	0.0000
730	0.0010	0.0004	0.0000	0.7195	0.2806	0.0000
735	0.0007	0.0003	0.0000	0.7192	0.2808	0.0000
740	0.0005	0.0002	0.0000	0.7189	0.2811	0.0000
745	0.0004	0.0001	0.0000	0.7186	0.2814	0.0000
750	0.0003	0.0001	0.0000	0.7183	0.2817	0.0000
755	0.0002	0.0001	0.0000	0.7180	0.2820	0.0000
760	0.0001	0.0000	0.0000	0.7176	0.2824	0.0000
765	0.0001	0.0000	0.0000	0.7172	0.0000	0.0000
770	0.0001	0.0000	0.0000	0.7161	0.2839	0.0000
775	0.0000	0.0000	0.0000	0.7165	0.2835	0.0000
780	0.0000	0.0000	0.0000	0.7161	0.0839	0.0000

CIE 1931(2°视场)与 CIE 1964(10°视场)标准色度系统观察者光谱三刺激值曲线的比较如图2-28[1]两者的光谱三刺激值曲线也略有不同,从图中可以看出 $\bar{y}_{10}(\lambda)$ 在400~500nm光谱

波段内的值高于2°视场 $\bar{y}(\lambda)$ 的对应值，这表明视网膜上中央窝以外的区域对短波光谱具有更高的感觉性。

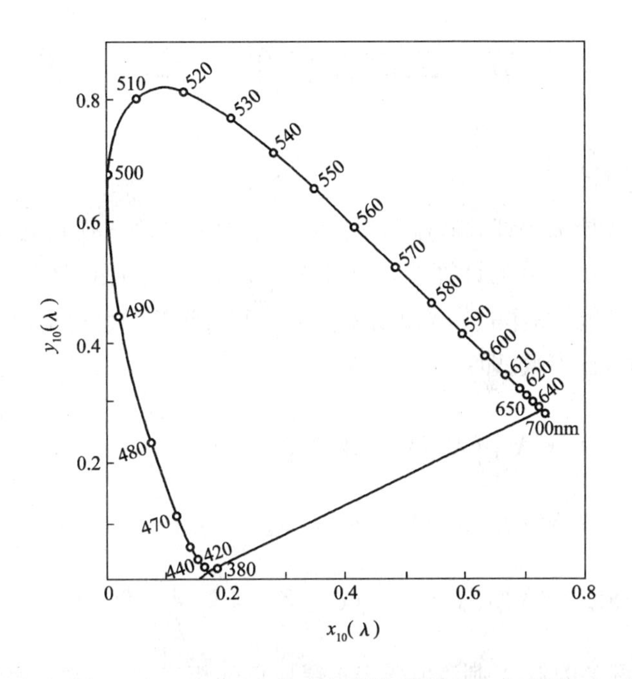

图2-27　CIE 1964 补充色度学系统 x—y 色度图

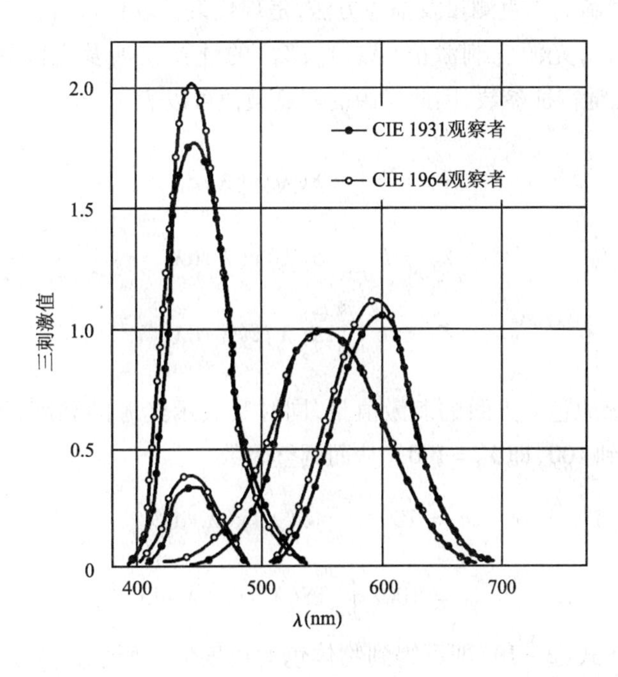

图2-28　CIE 1931(2°视场)与 CIE 1964(10°视场)标准色度系统观察者光谱三刺激值曲线的比较

研究还表明，人眼用小视场观察颜色时，辨别颜色差异的能力较低，当观察视场从2°增大至10°时，颜色匹配的精度也随之提高。但进一步增大视场，则颜色匹配精度的提高却是很有限的。

第五节　三刺激值的计算和色差

一、三刺激值的计算

匹配物体反射色光所需要红、绿、蓝三原色的数量为物体色三刺激值，即X、Y、Z，也是物体色的色度值。物体色三刺激值的计算涉及光源能量分布［标准照明体的相对光谱功率分布$S(\lambda)$］、物体表面反射性能［物体的分光反射率$\rho(\lambda)$］和人眼的颜色视觉标准的三刺激值$\bar{x}(\lambda)$、$\bar{y}(\lambda)$、$\bar{z}(\lambda)$三方面的特征参数，即：

$$
\begin{aligned}
X &= k\int_{380}^{780} S(\lambda)\bar{x}(\lambda)\rho(\lambda)\,\mathrm{d}\lambda \quad \text{或} \quad X_{10} = k_{10}\int_{380}^{780} S(\lambda)\,\bar{x}_{10}(\lambda)\rho(\lambda)\,\mathrm{d}\lambda \\
Y &= k\int_{380}^{780} S(\lambda)\bar{y}(\lambda)\rho(\lambda)\,\mathrm{d}\lambda \quad \text{或} \quad Y_{10} = k_{10}\int_{380}^{780} S(\lambda)\,\bar{y}_{10}(\lambda)\rho(\lambda)\,\mathrm{d}\lambda \\
Z &= k\int_{380}^{780} S(\lambda)\bar{z}(\lambda)\rho(\lambda)\,\mathrm{d}\lambda \quad \text{或} \quad Z_{10} = k_{10}\int_{380}^{780} S(\lambda)\,\bar{z}_{10}(\lambda)\rho(\lambda)\,\mathrm{d}\lambda
\end{aligned}
\tag{2-19}
$$

式中：k为常数，常称调整因数，Y刺激值既表示绿原色的相对数量，又代表物体色的亮度因数。上式表明当光源$S(\lambda)$或者物体$\rho(\lambda)$发生变化时，物体的颜色X、Y、Z随即也发生变化，因此上式是一种最基本、最精确的颜色测量及描述方法，是现代设计软件进行色彩描述的基础。

对于照明光源而言，光源三刺激值（X_0、Y_0、Z_0）的计算仅涉及光源的相对光谱能量分布$S(\lambda)$和人眼的颜色视觉特征参数，因此光源的三刺激值可以表示为：

$$
\begin{aligned}
X_0 &= k\int_{380}^{780} S(\lambda)\bar{x}(\lambda)\,\mathrm{d}\lambda \\
Y_0 &= k\int_{380}^{780} S(\lambda)\bar{y}(\lambda)\,\mathrm{d}\lambda \\
Z_0 &= k\int_{380}^{780} S(\lambda)\bar{z}(\lambda)\,\mathrm{d}\lambda
\end{aligned}
\tag{2-20}
$$

式中：Y_0表示光源的绿原色对人眼的刺激值量，同时又表示光源的亮度，为了便于比较不同光源的色度，将Y_0调整到100，即$Y_0=100$。从而调整因数

$$
\begin{aligned}
k &= 100/\int_{380}^{780} S(\lambda)\bar{y}(\lambda)\,\mathrm{d}\lambda \\
k_{10} &= 100/\int_{380}^{780} S(\lambda)\,\bar{y}_{10}(\lambda)\,\mathrm{d}\lambda
\end{aligned}
\tag{2-21}
$$

将式（2-21）代入式（2-19）即可得到物体色的色度值。所以知道了照明光源（通常使用标准光源）的相对光谱能量分布$S(\lambda)$及物体的光谱反射率$\rho(\lambda)$，物体的颜色就可以用色度值X、Y、Z来精确地定量描述了。

在上面积分式中由于积分函数是未知的,或者是相当复杂的,所以积分运算事实上是不能进行的。而只能用求和的方法来近似计算。由于采用的近似处理方法不同,因此提出了三刺激值 X、Y、Z 的计算方法有以下两种。

(一)等波长间隔法

三刺激值 X、Y、Z 的近似计算公式为:

$$X = k\sum_{i=1}^{n} S(\lambda)\bar{x}(\lambda)\rho(\lambda)\Delta\lambda_i$$

$$Y = k\sum_{i=1}^{n} S(\lambda)\bar{y}(\lambda)\rho(\lambda)\Delta\lambda_i \qquad (2-22)$$

$$Z = k\sum_{i=1}^{n} S(\lambda)\bar{z}(\lambda)\rho(\lambda)\Delta\lambda_i$$

$$X_{10} = k_{10}\sum_{i=1}^{n} S(\lambda)\bar{x}_{10}(\lambda)\rho(\lambda)\Delta\lambda_i$$

$$Y_{10} = k_{10}\sum_{i=1}^{n} S(\lambda)\bar{y}_{10}(\lambda)\rho(\lambda)\Delta\lambda_i \qquad (2-23)$$

$$Z_{10} = k_{10}\sum_{i=1}^{n} S(\lambda)\bar{z}_{10}(\lambda)\rho(\lambda)\Delta\lambda_i$$

等波长间隔法就是指在400~700nm的波段中间使 $\Delta\lambda$ 以相等的大小进行分割,使波长间隔 $\Delta\lambda$ 等于5nm或10nm,这样共计61个或31个数据点,然后把对应的各自数据利用上面求和公式进行计算,即可得到该色的三刺激值 X、Y、Z。计算 X、Y、Z 时,$\Delta\lambda$ 的大小根据结果精度要求来定,要求高精度的,可使分割间隔 $\Delta\lambda = 1$nm,精度要求低的可以使分割间隔 $\Delta\lambda = 20$nm。通常按CIE规定,分割间隔最大不超过20 nm。分割间隔越小则计算越复杂,这种计算一般都要由计算机来完成。在一般资料中都给出了 $S(\lambda)x(\lambda)\Delta\lambda$,$S(\lambda)y(\lambda)\Delta\lambda$,$S(\lambda)z(\lambda)\Delta\lambda$ 的数值,只要测得 $\rho(\lambda)$ 值或透过率 $\tau(\lambda)$,根据式(2-22)、式(2-23)即可计算出三刺激值。等波长间隔法是近代测色仪器的计算基础。X、Y、Z 计算的示意图如图2-29所示。表2-7列出了等间隔波长法的计算实例。

表2-7　等间隔波长法的计算实例(D_{65},2°视场)

λ (nm)	$\rho(\lambda)$	$S(\lambda)\bar{x}(\lambda)$	$S(\lambda)\bar{x}(\lambda)\rho(\lambda)$	$S(\lambda)\bar{y}(\lambda)$	$S(\lambda)\bar{y}(\lambda)\rho(\lambda)$	$S(\lambda)\bar{z}(\lambda)$	$S(\lambda)\bar{z}(\lambda)\rho(\lambda)$
380	0.688	0.006	0.002	0.000	0.000	0.030	0.008
390	0.266	0.022	0.006	0.001	0.000	0.104	0.028
400	0.263	0.112	0.029	0.003	0.001	0.532	0.140
410	0.258	0.377	0.097	0.010	0.003	1.796	0.463
420	0.250	1.188	0.297	0.035	0.009	5.706	1.427
430	0.243	2.329	0.566	0.095	0.023	11.368	2.762
440	0.236	3.457	0.816	0.228	0.053	17.342	4.093
450	0.231	3.722	0.860	0.421	0.097	19.620	4.532

续表

λ (nm)	$\rho(\lambda)$	$S(\lambda)\bar{x}(\lambda)$	$S(\lambda)\bar{x}(\lambda)\rho(\lambda)$	$S(\lambda)\bar{y}(\lambda)$	$S(\lambda)\bar{y}(\lambda)\rho(\lambda)$	$S(\lambda)\bar{z}(\lambda)$	$S(\lambda)\bar{z}(\lambda)\rho(\lambda)$
460	0. 226	3. 242	0. 733	0. 669	0. 151	18. 607	4. 205
470	0. 221	2. 142	0. 469	0. 989	0. 219	14. 000	3. 094
480	0. 220	1. 049	0. 231	1. 525	0. 336	8. 916	1. 962
490	0. 222	0. 330	0. 073	2. 142	0. 476	4. 789	1. 063
500	0. 229	0. 051	0. 012	3. 344	0. 766	2. 816	0. 644
510	0. 232	0. 095	0. 022	5. 131	1. 190	1. 614	0. 374
520	0. 231	0. 627	0. 145	7. 041	1. 626	0. 776	0. 179
530	0. 233	1. 687	0. 393	8. 785	2. 047	0. 430	0. 100
540	0. 242	2. 869	0. 694	9. 425	2. 281	0. 200	0. 048
550	0. 259	4. 266	1. 105	9. 792	2. 536	0. 086	0. 022
560	0. 279	5. 625	1. 569	9. 415	2. 627	0. 037	0. 010
570	0. 306	6. 945	2. 125	8. 675	2. 655	0. 019	0. 006
580	0. 350	8. 307	2. 907	7. 887	2. 760	0. 015	0. 005
590	0. 400	8. 614	3. 446	6. 354	2. 542	0. 009	0. 004
600	0. 435	9. 049	3. 936	5. 374	2. 338	0. 007	0. 003
610	0. 453	8. 501	3. 851	4. 265	1. 932	0. 003	0. 001
620	0. 461	7. 091	3. 269	3. 162	1. 458	0. 002	0. 001
630	0. 463	5. 064	2. 345	2. 089	0. 967	0. 000	0. 000
640	0. 463	3. 547	1. 642	1. 386	0. 642	0. 000	—
650	0. 462	2. 146	0. 991	0. 810	0. 374	0. 000	
660	0. 463	1. 251	0. 579	0. 463	0. 214	0. 000	
670	0. 465	0. 681	0. 317	0. 249	0. 116	0. 000	
680	0. 467	0. 346	0. 162	0. 126	0. 059	0. 000	
690	0. 470	0. 150	0. 071	0. 054	0. 025	—	
700	0. 474	0. 077	0. 036	0. 028	0. 013		
710	0. 477	0. 041	0. 020	0. 015	0. 007		
720	0. 480	0. 017	0. 008	0. 006	0. 003		
730	0. 482	0. 009	0. 004	0. 003	0. 001		
740	0. 484	0. 005	0. 002	0. 002	0. 001		
750	0. 486	0. 002	0. 001	0. 001	0. 000		
760	0. 487	0. 001	0. 000	0. 000	—		
770	0. 488	0. 000	0. 000	0. 000			
780	0. 488	0. 000	0. 000	0. 000			
合　计　$X=33.831$　$Y=30.548$　$Z=25.174$							

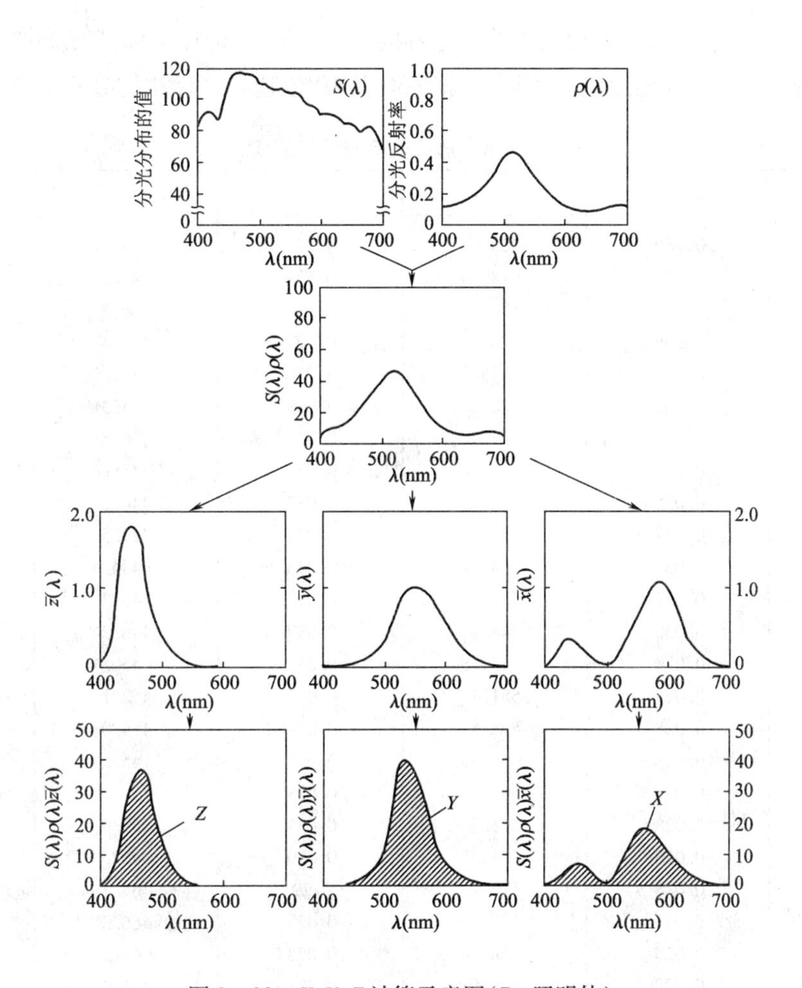

图 2-29 X、Y、Z 计算示意图(D_{65}照明体)

(二)选择坐标法

选择坐标法,是选定适当的波长,使三刺激值 X、Y、Z 积分计算式中的 $S(\lambda)x(\lambda)\Delta\lambda$、$S(\lambda)y(\lambda)\Delta\lambda$、$S(\lambda)z(\lambda)\Delta\lambda$ 分别为常数 A、B、C,进一步得到分割系数 f_x、f_y、f_z,再与反射率 $\rho(\lambda)$ 或透过率的加和值相乘之积即为该色的三刺激值。则式(2-22)或式(2-23)将变为:

$$
\begin{aligned}
X &= k\sum_{i=1}^{n} S(\lambda)\bar{x}(\lambda)\rho(\lambda)\Delta\lambda_i = kA\sum\rho(\lambda) = f_x\sum\rho(\lambda) \\
Y &= k\sum_{i=1}^{n} S(\lambda)\bar{y}(\lambda)\rho(\lambda)\Delta\lambda_i = kB\sum\rho(\lambda) = f_y\sum\rho(\lambda) \\
Z &= k\sum_{i=1}^{n} S(\lambda)\bar{z}(\lambda)\rho(\lambda)\Delta\lambda_i = kC\sum\rho(\lambda) = f_z\sum\rho(\lambda)
\end{aligned}
\qquad (2-24)
$$

式中:f_x,f_y,f_z 为常数。

因此,只要测定相应的波长下的 $\rho(\lambda)$ 值,并将 380~780nm 选定波长下的 $\rho(\lambda)$ 值求和,再根据所用的标准光源乘以相应的系数,就可以计算出 X、Y、Z 的值。为了计算在 CIE 标准光源下颜色样品的三刺激值,CIE 给出了选定坐标的表格。30 位选择坐标见表 2 - 8,10 位坐标则选表中带 * 的波长。CIE 还给出了不同光源的 30 及 10 位选择坐标法的分割系数。

表 2 - 8　选择坐标法计算实例

$\lambda(x)$	$\rho(x)$	$\lambda(y)$	$\rho(y)$	$\lambda(z)$	$\rho(z)$
424. 4	0. 280	465. 9	0. 194	414. 1	0. 275
* 435. 5	0. 275	* 489. 4	0. 131	* 422. 2	0. 283
443. 8	0. 261	500. 4	0. 110	426. 3	0. 281
452. 1	0. 236	508. 7	0. 093	429. 4	0. 278
* 461. 2	0. 212	* 515. 1	0. 078	* 432. 0	0. 276
474. 0	0. 166	520. 6	0. 070	434. 3	0. 274
531. 2	0. 058	525. 4	0. 059	436. 5	0. 271
* 544. 3	0. 042	* 529. 8	0. 054	* 438. 6	0. 269
552. 4	0. 038	533. 9	0. 052	440. 6	0. 267
558. 7	0. 034	537. 7	0. 045	442. 5	0. 265
* 564. 1	0. 031	* 541. 4	0. 043	* 444. 4	0. 255
568. 9	0. 031	544. 9	0. 038	446. 3	0. 254
573. 2	0. 030	548. 4	0. 037	448. 2	0. 248
* 577. 3	0. 029	* 551. 8	0. 037	* 450. 1	0. 242
581. 3	0. 029	551. 1	0. 036	452. 1	0. 236
585. 0	0. 028	558. 5	0. 034	454. 0	0. 227
* 588. 7	0. 028	* 561. 9	0. 033	* 455. 9	0. 225
592. 4	0. 028	565. 3	0. 033	457. 9	0. 220
596. 0	0. 028	568. 9	0. 031	459. 9	0. 215
* 599. 6	0. 028	* 572. 5	0. 030	* 462. 0	0. 213
603. 3	0. 028	576. 4	0. 29	464. 1	0. 198
607. 0	0. 029	580. 5	0. 029	466. 3	0. 190
* 610. 9	0. 029	* 584. 8	0. 028	* 468. 7	0. 187
615. 0	0. 029	589. 6	0. 028	471. 4	0. 176
619. 4	0. 030	594. 8	0. 028	474. 3	0. 168
* 624. 2	0. 030	* 600. 8	0. 028	* 477. 7	0. 161
629. 8	0. 032	607. 7	0. 029	481. 8	0. 154
636. 6	0. 034	616. 1	0. 030	487. 2	0. 129
* 645. 9	0. 035	* 627. 3	0. 030	* 495. 2	0. 117
663. 0	0. 037	647. 4	0. 035	511. 2	0. 108
合　计	2. 205	—	1. 532	—	6. 662
	$X = 7.206$		$Y = 5.106$		$Z = 26.23$

这一方法计算简单、精确度尚可。但为了得到较高的准确度,则必须缩小选择波长的间隔,随之而来的计算也变得复杂了。除此之外,选择坐标法中 $\rho(\lambda)$ 的读数也容易出现错误,克夫(Kerf)曾对三刺激值的计算精度反复进行过计算,他选择反射体和透明薄膜共 20 个样品以分割间隔 $\Delta\lambda = 5$nm,$\Delta\lambda = 10$nm 和 30 个选择坐标进行计算,其结果如表 2 - 9 所示。其中的误差是以分割间隔 $\Delta\lambda = 1$nm 的计算结果为基准,从结果可以看出,当要求精度为 0. 1NBS 单位时,必须用 $\Delta\lambda = 5$nm 的等间隔法计算,当精度要求 0. 5NBS 单位时,则需要用 $\Delta\lambda = 10$nm 的等间隔波长法,而 30 个选择坐标法则不十分准确。尽管如此,在理论上还是很有意义的。

表 2-9　各种方法的准确性比较(NBS 单位)[1]

项　目	等间隔波长法		选择坐标法 30 个坐标
	$\Delta\lambda=5nm$	$\Delta\lambda=10nm$	
20 个样品的平均误差	0.04	0.29	1.54

二、颜色的相加计算

在已知两种颜色的色度坐标 x,y 和亮度 Y 情况下,通过一定计算步骤可得出由这两种颜色相加(混合)而产生的第三种颜色的色度坐标和亮度。

根据颜色的相加原理,第三种颜色的三刺激值是相混合的两种颜色的三刺激值的算术和。设颜色 1 和颜色 2 的三刺激值分别为 X_1,Y_1,Z_1 和 X_2,Y_2,Z_2 则混合色的三刺激值为:$X_{(1+2)}=X_1+X_2$,$Y_{(1+2)}=Y_1+Y_2$,$Z_{(1+2)}=Z_1+Z_2$。

混合色的三刺激值算出后,根据有关公式就可算出色度坐标 x,y。

例如:

已知下面两种颜色的色度坐标 x,y 和亮度 Y,计算这两种颜色的混合色:

样　品	色度坐标		亮度 Y (cd/m^2)
	x	y	
颜色 1	0.100	0.300	12
颜色 2	0.600	0.200	20

解:根据有关公式,可推导出:

$$\frac{X}{x}=\frac{Y}{y}=\frac{Z}{z}=X+Y+Z$$

于是:

$$X=\frac{x}{y}\times Y \qquad Z=\frac{z}{y}\times Y=\frac{1-x-y}{y}\times Y$$

利用上式解之,得:

$$X_1=\frac{x_1}{y_1}\times Y_1=\frac{0.100}{0.300}\times 12=\frac{1}{3}\times 12=4$$

$$Y_1=12(cd/m^2)$$

$$Z_1=\frac{z_1}{y_1}\times Y_1=\frac{1-x_1-y_1}{y_1}\times Y_1=\frac{1-0.100-0.300}{0.300}\times 12=2\times 12=24$$

同理得:

[1] NBS 单位:美国国家标准局(National Bureau of Standards)色差单位。

$$X_2 = \frac{x_2}{y_2} \times Y_2 = \frac{0.600}{0.200} \times 20 = 3 \times 20 = 60$$

$$Y_2 = 20(\mathrm{cd/m^2})$$

$$Z_2 = \frac{1 - x_2 - y_2}{y_2} \times Y_2 = \frac{1 - 0.600 - 0.200}{0.200} \times 20 = 1 \times 20 = 20$$

混合色的三刺激值是：

$$X_{(1+2)} = X_1 + X_2 = 4 + 60 = 64$$
$$Y_{(1+2)} = Y_1 + Y_2 = 12 + 20 = 32$$
$$Z_{(1+2)} = Z_1 + Z_2 = 24 + 20 = 44$$

混合色的色度坐标是：

$$x_{(1+2)} = \frac{X_{(1+2)}}{X_{(1+2)} + Y_{(1+2)} + Z_{(1+2)}} = \frac{64}{64 + 32 + 44} = 0.457$$

$$y_{(1+2)} = \frac{Y_{(1+2)}}{X_{(1+2)} + Y_{(1+2)} + Z_{(1+2)}} = \frac{32}{64 + 32 + 44} = 0.229$$

混合色的亮度是相混合的两种颜色亮度的算术和，如上例：

$$Y_{(1+2)} = Y_1 + Y_2 = 12(\mathrm{cd/m^2}) + 20(\mathrm{cd/m^2}) = 32(\mathrm{cd/m^2})$$

这样计算得出由两种颜色相加所得混合色的三刺激值和色度坐标以后，就可以将这一混合色的三刺激值作为一个独立颜色看待。换言之，可以取任何数量的颜色光的总和，将它作为一个单独颜色处理，并用这一新颜色的三刺激值与其他颜色的三刺激值相加作进一步运算。

三、色差

色差是指颜色之间的差别或两颜色在视觉上的差异，是由色调、纯度、亮度的差异所造成的综合效果。目前一般都是凭目测比较，并用灰色样卡的级别来表示色差的程度。由于人眼对彩色细节的分辨力远不及对亮度的分辨力，而且对不同颜色的分辨能力也不相同，所以，此法虽然方便，但十分粗糙。CIE 的 x—y 色度图尽管能很好地表示颜色，但要用于表示色差仍有不足之处。主要是因为人眼对不同颜色波长的改变感觉很不相同，也就是说，在 x—y 色度图中，在图的一个部分的两点间距离与另一部分两点间的距离虽然相同，但视觉结果却不相同。如图 2－30所示，在蓝色区域移动一个很小的范围，眼睛很容易看出色调的差别；而在绿色区要移动一个很大的范围，色调的变化才能为眼睛所觉察。所以在色差计算上使用色度图是很不方便的。

为了克服这一缺点，目前是通过测定和计算已知试样和原色样各自的三刺激值，然后利用色差公式进行色差计算。用数字来表示它们之间的色差程度。用数字表示色差，不仅精确可靠，而且利用色差公式在电子配色中还可用来校正配色处方。到目前为止，所发表的计算色差的公式虽然很多，不过总的来说都是表示色差量和三刺激值之间的关系式。现选择目前应用较多的色差式说明如下。

(一) CIE 1964 均匀色彩空间

均匀色彩空间是指在不同位置、不同方向上相等的几何距离在视觉上有对应相等的色差的一种色彩空间(将三维坐标轴与颜色的三个独立参数对应起来,使每一个颜色都有一个对应的空间位置,反过来,在空间中的任何一点都代表一个特定的颜色,把这个空间称为色彩空间)。

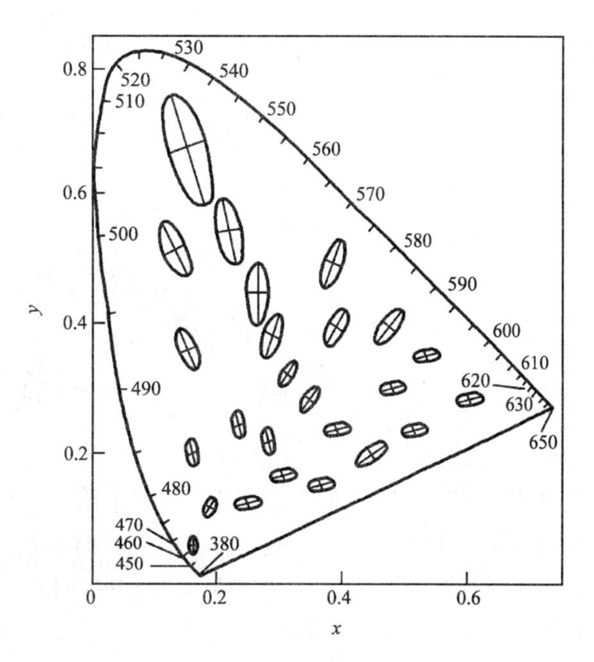

图 2－30　在 CIE 色度图上表示颜色差异相等时彩色的椭圆形

1964 年 CIE 所推荐的色差式是建立在 1960—UCS 表色系统的基础上的。与 x—y 色度图不同,UCS 色度图(图2－31)是一种等色差的均匀色度图。这种 UCS 均匀色度图也是以 x—y 色度图为基础,只是通过一个变换,使得在 UCS 色度图中的相等的距离,能近似地代表为眼睛所能看到的色调和饱和度有相等改变。这样,当知道所需要的颜色点与实际工作所能表现出来的颜色点之间的距离后就能很容易地确定颜色之间的差别了。

UCS 色度图的色度坐标是横坐标为 u、纵坐标为 v 两个参数,它们是在计算出三刺激值 X、Y、Z 与色度坐标 x、y 数值的基础上得到的。其转换公式为:

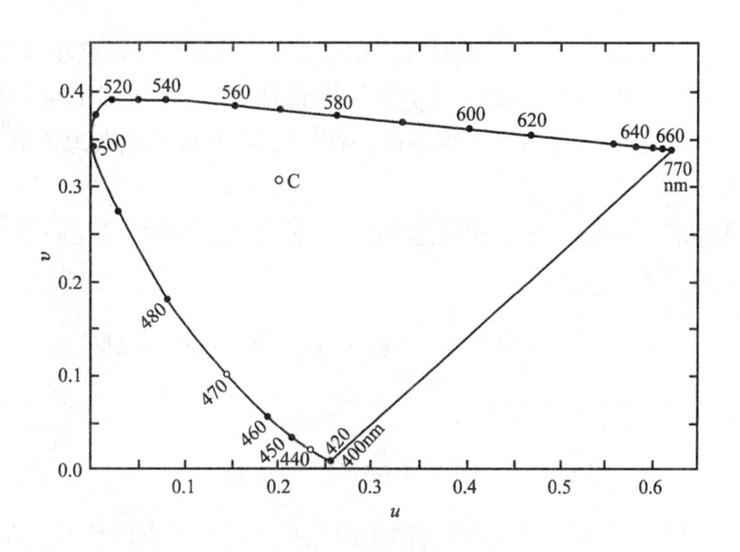

图 2－31　1960—UCS 色度图

$$u=\frac{4X}{X+15Y+3Z}$$
$$v=\frac{6Y}{X+15Y+3Z} \tag{2-25}$$

式中:X、Y、Z 为颜色三刺激值

或:

$$u=\frac{4x}{-2x+12y+3}$$
$$v=\frac{6y}{-2x+12y+3} \tag{2-26}$$

式中:x,y 为色度坐标。

在 UCS 图中,颜色空间的均匀性得到了改善。但是,它没有明度坐标,所以在给出 u,v 坐标时须单独注明 Y 值。这样在计算颜色差异时不很方便。在实际应用中,许多颜色问题都涉及物体的亮度因数 Y。因此,有必要把 CIE 1960—UCS 图的两维空间扩充到包括亮度因数在内的三维空间。

1964 年 CIE 规定了"均匀颜色空间"的标定颜色方法,在均匀颜色空间中,色差的计算可不限于具有相等亮度因数的颜色。"CIE 1964 均匀颜色空间"用明度指数 W^*、色度指数 U^*、V^* 坐标系统来表示。W^*、U^*、V^* 坐标是根据三刺激值规定的:

$$\begin{aligned} W^* &= 25Y^{1/3}-17, 1\leqslant Y\leqslant 100 \\ U^* &= 13\ W^*(u-u_0) \\ V^* &= 13\ W^*(v-v_0) \end{aligned} \tag{2-27}$$

式中:u,v 是颜色样品的色度坐标;u_0,v_0 是光源的色度坐标。可分别用式(2-25)或式(2-26)计算。

明度指数 W^* 的立方根公式在表达方式上很简明,并很容易获得亮度因数 Y 是明度指数 W^* 的逆形式,即:$Y^{1/3}=(W^*+17)/25$。式中 U^*,V^* 的计算是基于 CIE 1960—UCS 图的 u,v 色度坐标而又把明度指数 W^* 包括进去而得到的,所以上式中色度指数考虑了由于明度变化而引起的饱和度变化。

用 1964 均匀颜色空间的三维空间概念,可以通过公式计算两个颜色 U_1^*,V_1^*,W_1^* 和 U_2^*,V_2^*,W_2^* 之间在视觉上的颜色差异:

$$U_1^*-U_2^*=\Delta U^*, V_1^*-V_2^*=\Delta V^*, W_1^*-W_2^*=\Delta W^*$$

计算 ΔE 色差的 1964 色差式如下:

$$\Delta E=[(\Delta W^*)^2+(\Delta U^*)^2+(\Delta V^*)^2]^{1/2} \tag{2-28}$$

式中:ΔE 表示位于 U^*,V^*,W^* 三维空间的两个颜色点之间的距离即色差。在理论上,当观察者适应于平均日光,在白色或中灰色背景上看同样大小和形状的一对颜色时,这个公式能准确

地表达两者的视觉差异。对1°～4°的颜色物体应根据CIE 1931标准观察者光谱三刺激值计算 U^*, V^*, W^*。对于大于4°视场的颜色物体应根据CIE 1964补充标准观察者光谱三刺激值计算 U^*, V^*, W^*。

例如：

已知：

样　品	色度坐标		亮度 $Y(cd/m^2)$
	x	y	
颜色1	0.4330	0.4092	30.7
颜色2	0.4238	0.4134	30.2

解：(1)用式(2－26)计算两样品 u, v 的色度坐标。

样　品	色 度 坐 标	
	u	v
颜色1	0.2459	0.3485
颜色2	0.2383	0.3487

(2)选取一种中性色，如CIE的光源 D_{65}($x_0=0.3127, y_0=0.3291$)，用式(2－26)计算相应的 $u_0=0.1978, v_0=0.3122$。

(3)用式(2－27)计算 W^*, U^*, V^* 值，并取其差：

$$\Delta W^* = W_1^* - W_2^* = 0.4300$$

$$\Delta U^* = U_1^* - U_2^* = 6.2809$$

$$\Delta V^* = V_1^* - V_2^* = 0.0447$$

即：

样　品	W^*	U^*	V^*
颜色1	61.28	38.3184	28.9180
颜色2	60.85	32.0375	28.8733
差值	0.43	6.2809	0.0447

(4)计算 $\Delta U^*, \Delta V^*, \Delta W^*$ 的平方，然后求其总和，即：

$$(\Delta W^*)^2 + (\Delta U^*)^2 + (\Delta V^*)^2 = 39.6366$$

再开方，得到 $\Delta E=6.3$。

当 $\Delta E=1$ 时，表示色差为1个NBS色差单位。以绝对值1作为一个单位，称为"NBS色差单位"。1个NBS色差单位大约相当于在最优实验条件下人眼所能知觉的恰可察觉色差的5倍，在CIE色度图的中心，1个NBS色差单位相当于($0.0015-0.0025x$)或 y 的色度坐标变化。如果与孟塞尔系统中相邻两级的色差值比较，则1NBS单位约等于0.1孟塞尔明度值，0.15孟塞尔彩度值，2.5孟塞尔色相值（彩度为1）；孟塞尔系统相邻两个色彩的差别约为10NBS单位。NBS的色差单位与人的色彩感觉差别用表2-10来描述，说明NBS单位在工业应用上是有价值的。后来开发的新色差公式，往往有意识地把单位调整到与NBS单位相接近，如ANLAB40，Hunter Lab以及CIE LAB，CIE LUV等色差公式的单位都与NBS单位大致相同（不相等）。因此，不要误解以为任何色差公式计算出的色差单位都是NBS。

表2-10　色差（NBS）与视觉的关系对照表

NBS单位色差值	感觉色差程度	NBS单位色差值	感觉色差程度
0.0~0.50	（微小色差）感觉极微（trace）	3~6	（较大色差）感觉很明显（appreciable）
0.5~1.5	（小色差）感觉轻微（slight）	6以上	（大色差）感觉强烈（much）
1.5~3	（较小色差）感觉明显（noticeable）	—	—

至于产品的颜色差异应允许多大范围才算合适，则要根据具体情况而定。例如，涂料和纺织品的颜色稍有差别就比较明显，其允许色差应控制在几个NBS单位以内，但彩色电视机的典型颜色的复现，其平均色差控制在10个NBS单位以内，便可达到满意的效果。

（二）CIE 1976均匀颜色空间

为了进一步改进和统一颜色评价的方法，1976年CIE推荐了新的颜色空间及其有关色差公式，即CIE 1976—LAB（或L*a*b*）系统，现在已被世界各国正式采纳，并作为国际通用的测色标准。它适用于一切光源色或物体色的表示与计算。这个颜色空间的优点是，当颜色的色差大于视觉的识别阈值而又小于孟塞尔系统中相邻的两级色差时，可以较好地反映物体色的心理感受效果。

CIE 1976—L*a*b*空间由CIE—XYZ系统通过数学方法转换得到，转换公式为：

$$L^*=116\left(\frac{Y}{Y_0}\right)^{1/3}-16$$

$$a^*=500\left[\left(\frac{X}{X_0}\right)^{1/3}-\left(\frac{Y}{Y_0}\right)^{1/3}\right] \tag{2-29}$$

$$b^*=200\left[\left(\frac{Y}{Y_0}\right)^{1/3}-\left(\frac{Z}{Z_0}\right)^{1/3}\right] \quad \frac{Y}{Y_0}>0.01$$

式中：X、Y、Z是物体的三刺激值；X_0、Y_0、Z_0为CIE标准照明体照射在完全反射漫射体上，再经完全反射漫射体反射到观察者眼中的白色物体色刺激的三刺激值；L^*表示心理明度，a^*、b^*为心理色度。$\frac{X}{X_0}$、$\frac{Y}{Y_0}$、$\frac{Z}{Z_0}$都不能小于0.008856，否则应按下式计算L^*、a^*、b^*值：

$$L^*=903.3\frac{Y}{Y_0}$$

$$a^*=3893.5\left(\frac{X}{X_0}-\frac{Y}{Y_0}\right) \tag{2-30}$$

$$b^*=1557.4\left(\frac{Y}{Y_0}-\frac{Z}{Z_0}\right)$$

从式(2－29)转换中可以看出:由 X、Y、Z 变换为 L^*、a^*、b^* 时包含有立方根的函数变换,经过这种非线性变换后,原来的马蹄形光谱轨迹不会保持。转换后的颜色空间用笛卡尔直角坐标体系来表示,形成了立体坐标表述的心理颜色空间,如图 2－32 所示。在这一坐标系统中,$+a^*$ 表示红色,$-a^*$ 表示绿色,$+b^*$ 表示黄色,$-b^*$ 表示蓝色,颜色的明度由 L^* 的百分数来表示。

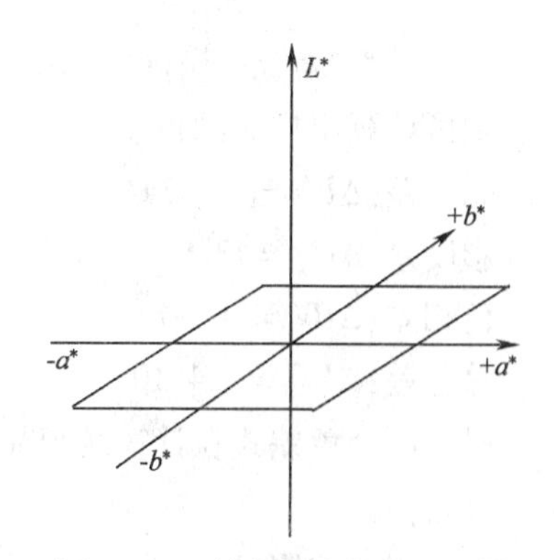

图 2－32　笛卡尔直角坐标立体心理颜色空间

色差是指用数值的方法表示两种颜色给人色彩感觉上的差别。若两个色样样品都按 L^*、a^*、b^* 标定颜色,则两者之间的总色差为 $\Delta E_{CIE}(L^*a^*b^*)$

CIE 1976—L* a* b* 色差式由下式计算:

$$\Delta E_{CIE}(L^*a^*b^*) = [\Delta(a^*)^2 + \Delta(b^*)^2 + \Delta(L^*)^2]^{1/2} \quad (2-31)$$

各项单项色差可用下列公式计算:

明度差:　$\Delta L^* = L_1^* - L_2^*$

色度差:　$\Delta a^* = a_1^* - a_2^*$, $\Delta b^* = b_1^* - b_2^*$

彩度差:　$\Delta C_{ab}^* = C_{ab1}^* - C_{ab2}^*$, $C_{ab}^* = [(a^*)^2 + (b^*)^2]^{1/2}$

色相差:　$\Delta H_{ab}^* = [(\Delta E_{ab}^*)^2 + (\Delta L_{ab}^*)^2 + (\Delta C_{ab}^*)^2]^{1/2}$

总色差:　$\Delta E_{ab}^* = [(L_1^* - L_2^*)^2 + (a_1^* - a_2^*)^2 + (b_1^* - b_2^*)^2]^{1/2}$

式中:ΔC_{ab}^* 表示样品颜色与中性灰的饱和度的差,即表示鲜艳的程度。ΔC_{ab}^* 为负值表示样品不如标准样鲜艳,为正值则表示样品比标准样鲜艳。

例如:在 10°标准观察者和 D_{65} 光源的照明条件下,测得样品的三刺激值为:

标准:　$X_1 = 16.52, Y_1 = 14.03, Z_1 = 15.14$

样品:　$X_2 = 18.01, Y_2 = 13.12, Z_2 = 15.03$

C 光源:　$X_0 = 94.825, Y_0 = 100.00, Z_0 = 107.381$

把这些数值代入式(2－29)求得:

标准:

$$L_1^* = 116\left(\frac{Y_1}{Y_0}\right)^{1/3} - 16 = 44.28$$

$$a_1^* = 500\left[\left(\frac{X_1}{X_0}\right)^{1/3} - \left(\frac{Y_1}{Y_0}\right)^{1/3}\right] = 19.44$$

$$b_1^* = 500\left[\left(\frac{Y_1}{Y_0}\right)^{1/3} - \left(\frac{Z_1}{Z_0}\right)^{1/3}\right] = -0.43$$

样品:

$$L_2^* = 116\left(\frac{Y_2}{Y_0}\right)^{1/3} - 16 = 42.94$$

$$a_2^* = 500\left[\left(\frac{X_2}{X_0}\right)^{1/3} - \left(\frac{Y_2}{Y_0}\right)^{1/3}\right] = 33.33$$

$$b_2^* = 500\left[\left(\frac{Y_2}{Y_0}\right)^{1/3} - \left(\frac{Z_2}{Z_0}\right)^{1/3}\right] = -11.77$$

则可计算出样品的色差值为:

亮度差:$\Delta L^* = -1.34$

彩度差:$\Delta C^* = 13.96$

色相差:$\Delta H^* = 1.50$

总色差:$\Delta E_{\text{Lab}}^* = 14.10$

以上两个色差式在计算纺织品的色差中应用较多,结果与人的视觉相关性也较好,色差式的计算较简单。

(三)其他色差式

除了以上两种色差计算方式之外,下面所列的色差式也是目前常见的或最近几年新推出的。

1. $\mathrm{CMC}_{(l:C)}$ 色差式

引入明度权重因子 l 和彩度权重因子 C,以适应不同应用的需求。该公式成为纺织工业的国际标准ISO 105 J03—2009“小色差计算”,我国纺织印染行业也采用该ISO国际标准为我国的国家标准。

$$\Delta E = \left\{\left[\frac{\Delta L^*}{(l \cdot S_L)}\right]^2 + \left[\frac{\Delta C^*}{(C \cdot S_C)}\right]^2 + \left(\frac{\Delta H^*}{S_H}\right)^2\right\}^{1/2} \tag{2-32}$$

式中:$S_L = 0.040975L_{\text{std}}^*/(1 + 0.01765L_{\text{std}}^*)$,其中当 $L_{\text{std}}^* < 16$ 时,$S_L = 0.511$,$S_C = \frac{0.0638C_{\text{std}}^*}{1 + 0.0131C_{\text{std}}^*} + 0.638$,$S_H = S_C(tf + 1 - f)$,其中 $f = \left[\frac{(C_{\text{std}}^*)^4}{(C_{\text{std}}^*)^4 + 1900}\right]^{1/2}$。

当 $164° \leqslant H_{\text{std}} < 345°$ 时,$t = 0.56 + |0.2\cos(H°_{\text{std}} + 168)|$

当 $345° \leqslant H_{\text{std}}$,或 $H_{\text{std}} > 164°$ 时,$t = 0.36 + |0.4\cos(H°_{\text{std}} + 35)|$

可以用NBS色差单位,也可用角度来表示,表示在坐标中的位置(象限)。

色差计算公式中的 ΔL^*、ΔC^*、ΔH^* 是由CIE 1976—$L^*a^*b^*$ 色差式计算得到的标样与样品之间的亮度差、饱和度差、色相差。色差公式中的 l、C 为调节明度和饱和度相对宽容量的两个系数。对于一般色差可观察性样品评价时,取 $l = C = 1$,而对于色差可接受性样品评价时,则取 $l = 2$,$C = 1$。前者公式表示为 $\mathrm{CMC}_{(1:1)}$,后者公式表示为 $\mathrm{CMC}_{(2:1)}$。纺织印染行业对产品的质量控制大多采用 $\mathrm{CMC}_{(2:1)}$ 公式。

2. 亨特(Hunter)式

这一公式是由美国亨特公司提出来的,是较早应用于色差计算的公式,计算简单,一般可满足工厂生产管理的需要。

$$L = 100\left(\frac{Y}{Y_0}\right)^{1/2}$$

$$a = \frac{K_a\left(\frac{X}{X_0} - \frac{Y}{Y_0}\right)}{\left(\frac{Y}{Y_0}\right)^{1/2}} \tag{2-33}$$

$$b=\frac{K_b\left(\frac{Y}{Y_0}-\frac{Z}{Z_0}\right)}{\left(\frac{Y}{Y_0}\right)^{1/2}}$$

式中：X_0, Y_0, Z_0——理想白色物体的三刺激值；

K_a, K_b——照明体系数，见表2－11。

表2－11　不同照明体的照明体系数

照明体＼照明体系数	K_a	K_b
A	185	38
C	175	70
D_{65}	172	67

另外，还有ANLAB色差式、CIE 1976—LUV色差式、FMC Ⅱ式、JPC79色差式等。1995年国际照明委员会又推荐了用于工业色差评价的新色差公式，简称CIE 1994色差公式，在2000年又提出了一个更新的色差评价公式，并于2001年获得国际照明委员会的正式推荐，称为“CIE 2000色差公式”。CIE 2000色差公式是目前为止最新的色差评价公式，它在所有新的和旧的视觉实验数据的测试中，均表现出比CIE 1994公式更精确的色差预测性能。

色差公式虽多，但都大同小异，色差公式不同，产品监测标准要求的数字大小不同，纺织产品的类别不同，产品监测标准要求的数字大小也不一样。

第六节　颜色的测量

物质的颜色是通过光的照射，人眼所产生的一种视觉反映。各种不同的颜色由于对光的吸收、反射或透射性能不同，因此给人的视觉反映也不同。颜色的测量在颜色科学领域中是最重要的应用工程之一，它不仅依赖于被测颜色本身的光谱光度特征，还与测量的几何条件、照明光源的光谱分布等密切相关。因此，CIE推荐了相关的测色标准及观测条件，为各国的颜色测量参数和各测色仪器制造厂商提供了能够进行交流和对比的依据。

随着时代的进步，人们生活水平的不断提高，科学技术及其产业化的发展，颜色产品已经渗透到工业生产和日常生活的各个方面，人们对颜色的品质也有了越来越高的需求，因此颜色的测量和评价也显得日益重要。

一、测色的参照标准[3]

国际标准照明委员会规定，对于透射比的测量（光谱透射比可定义为物体透射的辐通量与入射的辐通量之比），由于空气是理想透射体，在整个可见光谱波段内的透射比均为1，因此将空气作为测定物体光谱透射比的参照标准,可通过将透射物体与同样厚度的空气层相比较而测得光谱透射比。所以只需测出物体透射的辐通量和入射的辐通量,就可得出光谱透射比。

理论上应用完全反射漫射体(在整个可见光谱范围内的反射比均为1)作为测量光谱反射因数的标准,但是由于现实中并不存在理想的完全漫反射体实物标准,所以现实中是根据反射率等于理想均匀漫射体标定合适的工作标准。用于测量物体反射率因数的工作标准又叫“标准白”或叫标准白板。近年来,用烟积或喷涂的氧化镁、硫酸钡和海伦(Halon)等材料作为测量工作的“标准白板”也叫参照标准,因它的表面对可见光谱几乎全部漫反射,光谱反射率因数在0.970~0.985变化。用来校准分光光度计,就可在仪器上直接测量样品的绝对光谱反射比,并进行科学有效的量值传递。为了建立健全国家色度基准,我国计量科学研究院根据光度测量的积分球原理,利用辅助积分法(双球法)来实现绝对光谱反射比的测量。

虽然利用漫反射性能好、反射比高的氧化镁、硫酸钡和海伦(Halon)等材料进行反射比测量,可以得到较高的准确度,然而,由于这些材料的光学稳定性较差,容易污染,使其完好保存及重复使用比较困难,因此无法长久地保持反射比量值的稳定性和准确性。为了提高多次标定的准确度,可制作光学性能稳定、易于清洁和便于长久准确保持反射比量值的副基准白板,即在得到色度基准的绝对光谱反射比之后,随即将其量值传递到光学性能稳定,经久耐用,表面便于清洁的乳白玻璃板、高铝瓷板、陶瓷白板或搪瓷白板上,作为保存反射比量值的副基准白板。

中国色度计量器具检定系统(JJG 2029—2006)规定了我国色度国家基准的用途,该基准包括基准的计量器具、基本计量学参数及借助副基准、工作基准和标准向工作计量器具传递色度单位量值的程序。国家色度计量基准用于复现国家色度计量单位,通过色度副基准、工作基准、一级基准、二级基准和专用标准反射板,向全国传递色度单位量值,以保证我国色度量值的准确和统一。

二、CIE 标准照明和观测条件

绝大多数的待测材料不是完全的漫反射体,在光与材料相互作用时会产生镜面反射和漫反射、定向透射和散射、透射以及光吸收等,其中每种成分的特定组合取决于光源、材料的性能及其几何关系。

由于照明和观测条件对于光谱反射率因数测量的精确度和实测结果有一定影响,为了提高测量精确度和统一测试方法,便于国际对比,颜色的测量就有必要规定标准的照明和观测条件。

(一)反射测量

CIE 在 1971 年正式推荐了四种用于反射样品测量的标准照明和测量条件如图 2 - 32 所示[4]。

1. 垂直/45°(符号0/45)

以垂直于样品表面的方向照明,照明光束的光轴与样品法线之间的夹角不应超过10°,在与样品表面法线呈(45±2)°的方向上测量。照明光束的任一光线与其光轴之间的夹角不应超过8°,测量光束也应遵守同样的限制[图2-33(a)]。

2. 45°/垂直(符号为45/0)

样品可以被一束或多束光照明,照明光束的光轴方向与样品法线呈(45±2)°,测量方向的光轴和样品法线之间的夹角不应超过 10°。照明光束的任一光线与照明光束光轴之间的夹角不应超过 8°,测量光束也应遵守同样的限制［图 2－33(b)］。

3. 垂直/漫射(符号为 0/d)

照明光束的光轴与样品法线之间的夹角不超过 10°,从样品反射的辐射通量借助于积分球来收集。照明光束的任一光线与其光轴之间的夹角不应超过 5°,积分球的大小可以任意选择,一般认为测色标准型积分球的直径是 200mm,但其开孔总面积不能超过积分球内反射总表面积的 10%［图 2－33(c)］。

4. 漫射/垂直(符号为 d/0)

通过积分球漫射照明样品,样品的法线与测量光束的光轴之间的夹角不应超过 10°。积分球直径可以任意大小,但其开孔的总面积不能超过积分球内反射总面积的 10%,测量光束的任一光线与其光轴之间的夹角不应超过 5°［图 2－33(d)］。

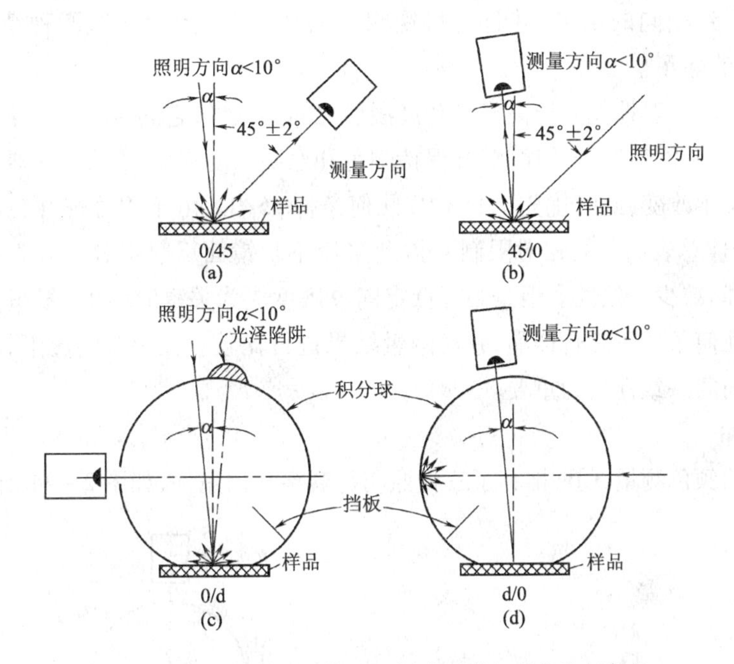

图 2－33　反射测量的 CIE 标准照明与观察几何条件

对于 d/0 和 0/d 的照明与观察条件,可以利用积分球的光泽陷阱来消除反射光中的规则反射,所以在设计仪器时,应说明光泽陷阱的位置、尺寸和形状。如果需要测量包括规则反射在内的反射光,在 0/d 条件下不应使照明光束严格地垂直于样品表面。同样,在 d/0 条件下,测量光束不应严格地垂直于样品的表面。

根据 CIE 规定,当照明与观察几何条件为 0/45、45/0 及 d/0 时,所测得的光谱反射率因数也可称为光谱辐亮度因数,记作 $\beta_{0/45}$、$\beta_{45/0}$ 及 $\beta_{d/0}$,只有在 0/d 条件下测得的光谱反射率因数可以称为光谱反射比,光谱反射率因数是四种照明和观测条件测量结果的总称,因此,物体色三刺激值 X、Y、Z 的计算公式中的反射率在其他条件下应是反射率因数。

CIE 标准照明与观察几何条件与现实世界或光暗室中观察物体时所看到的可能不一

致。首先，CIE 标准几何条件将纹理均匀化了，纹理是决定试样外貌的一个重要因素，它对色差有很大的影响，因此实际计算纹理的方式不可能与仪器测量的空间均匀化相等。其次，大多数照明是定向成分与漫射组分的组合，可是 CIE 的标准几何条件或提供定向组分，或提供漫射组分。

上述矛盾在某些情况下可以得到缓解。对于漫射材料，无论是用定向照明还是漫射照明，它们看起来都是一样的，因为其表面的一次反射在所有观察角均匀发散，所以，当人们在观察漫射材料时，几何条件的选择就不再重要了，不同的几何条件产生几乎一致的结果，并且与目视测量极其相近。对于高光泽材料，因为在其表面可形成一个易于划出界线的镜面反射，所以观察者可以通过旋转样品，以除去镜面反射组分。如果样品放置在光暗室的底面，并以 45°观察，则光暗室的后部应该衬上黑色的天鹅绒，这样，当人们测量高光泽材料时，可以选用漫射照明，且不含镜面反射的 d/8 或环形照明且轴向观察的 45/0 等几何条件，它们将得到相同的结果，并且与目视测量密切相关，因为在这两种情况下，被测表面的一次反射都消除了。

对于表面的一次反射性能介于高光泽和高漫射之间的试样，它的色貌取决于照明的几何条件，如果能改变定向和漫射组分的比例，并保持颜色和照明强度不变，那么可以观察到这些材料的明度和彩度将发生改变，此时优先选择 CIE 几何条件 45/0。由于积分球开孔的尺寸没有标准化（只有与积分球总表面积的相对限制），因此采用不含镜面反射组分的 d/8 几何条件的仪器测量，其相互之间缺少一致性。但是当降低定向灵敏度成为关键时（如测量织物和颗粒时），应该在上述两种几何条件下旋转样品，并对测量结果进行比较。在很多情况下，减少定向灵敏度比仪器测量之间的一致性更为重要。

（二）透射测量

对透射样品的颜色测量，CIE 推荐了三种照明与观察几何条件，如图 2 - 34 所示[5]。

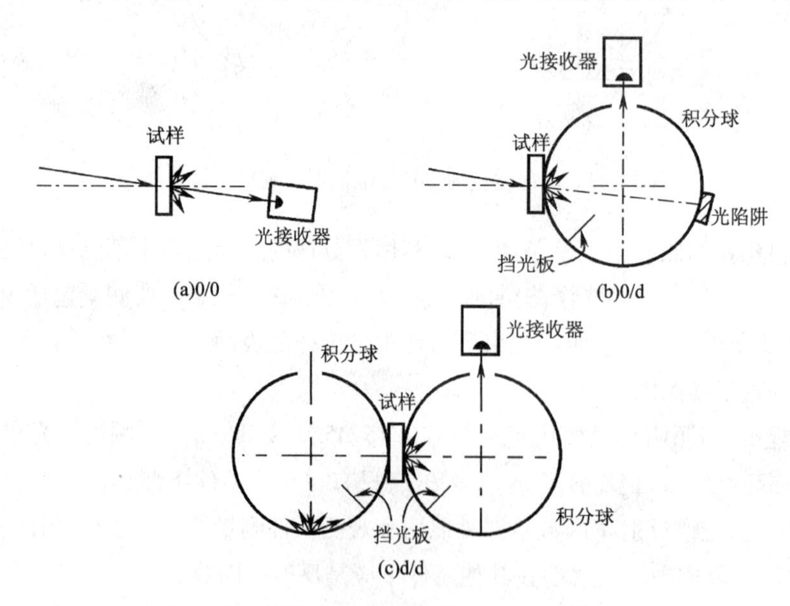

图 2 - 34　透射测量的 CIE 标准照明与观察条件

1. 垂直/垂直(符号为0/0)

照明光束的光轴与样品法线的夹角不应超过5°,照明光束的任何光线与其光轴之间的夹角不应超过5°,测量光束也应遵守同样的限制。放置样品时,只让规则透射部分的光辐射进入探测器,在该条件下测得的透射比称为规则透射比[图2－34(a)]。

2. 垂直/漫射(符号为0/d)

照明光束的光轴与样品法线的夹角不应超过5°,照明光束的任何光线与其光轴之间的夹角不应超过5°,用积分球收集半球形透射的光辐射通量,积分球内壁的反射比应一致,此时获得的测量值称为全透射比。如果在积分球上设置光泽陷阱,可以消除规则透射部分光辐射通量的影响,在该条件下测得的透射比称为漫透射比。此时对所设置的光泽陷阱的尺寸、形状和位置应作详细说明。如果探测器与光源的位置相互交换,则其照明与观察的几何条件为d/0[图2－34(b)]。

3. 漫射/漫射(符号为d/d)

用积分球对样品进行漫射照明,并用另一个积分球收集透过样品的光辐射通量,在该条件下测得的透射比称为双漫射透射比。在0/0照明与观察几何条件下测得的数值称为光谱透过率因数,而当几何条件为0/d或d/d时,测得的结果称为光谱透射比[图2－34(c)]。

三、光谱光度测色仪器

(一)分光光度测色仪器

1. 分光光度测色仪器基本装置[1,6]

对于物体表面色的精确测量,需利用分光光度测色方法。分光光度测色法是通过定量地比较“标准”和样品在同一波长上的单色辐射功率,从而测出样品的光谱反射率因数,所以是一种相对测量。为了定量地比较两个单色辐射功率,需要利用相应的仪器进行测量,进一步计算颜色的三刺激值和色度坐标,而这些指标须按CIE推荐的标准照明和观测条件,通过光谱反射比的测量来确定测量物体表面色。

对于非荧光材料物体表面光谱反射率因数$\beta(\lambda)$的测量,测量所用的照明和观测条件应该模拟观察者观测物体的几何条件,且符合CIE推荐的标准照明和观测条件。现以0/45的照明和观测条件为例,光源由垂直方向照射物体,人眼以45°进行视觉观察。根据仿生学的原理,其相应的分光光度装置如图2－35所示,因此测量可采用分光光度计的基本装置来实现。

当待测物体位于光源照射光束之下时,由单色仪所分散的单色辐射在探测器内,产生正比于物体辐亮度的光电流;当用测色的“工作标准”代替待测物体时,则在同一波长上就产生了正比于工作标准的辐亮度的光电流。这两个光电流的比值等于两者的辐亮度的比值。因而光谱反射率因数的测量实际上是测量在同一波长上产生正比于待测物体与工作标准的光电流的比值。

在采用图2－35所示的仪器装置测量给定物体的光谱反射率因数$\beta(\lambda)$时,$\beta(\lambda)$的全部数值都应小于1,即小于完全反射漫射体的光谱反射率因数。另外,大量实验表明,非荧光材料物体$\beta(\lambda)$的测量不依赖于照明光源的光谱功率分布。在图2－35中$\beta(\lambda)$的测量中,先用近似

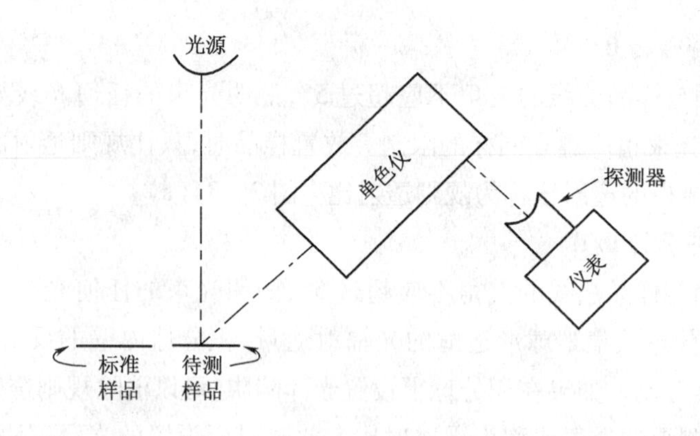

图 2-35　测量非荧光材料光谱反射率因数的基本装置

CIE 标准照明体 D_{65}的相对光谱功率分布的光源,然后再用 CIE 标准照明体 A 的相对光谱功率分布的光源重新测量,结果发现,无论在哪种光源下测量,都会得到与待测物体相同的 $\beta(\lambda)$函数。事实上,我们用任意相对光谱功率分布 $S(\lambda)$的光源,都能得到相同的光谱反射率因数 $\beta(\lambda)$,对于 $S(\lambda)$的唯一要求是,在所测量的全部波长范围内,物体表面上应有足够高的光谱辐照度,以保证测量达到一定的精度。

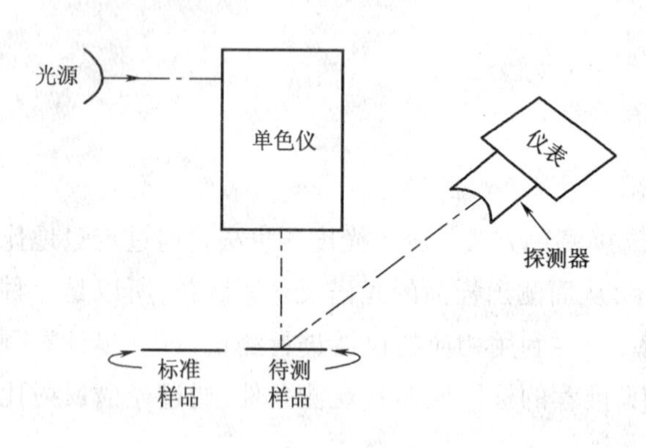

图 2-36　测量非荧光材料光谱反射率因数常用的分光光度计基本装置

由于非荧光物体 $\beta(\lambda)$的确定不依赖于照明所使用的光源,因此就没有必要在图2-35 的光谱光度计中规定照明光源的相对光谱功率分布。仪器光源可以采用钨丝白炽灯,但是一定要具有稳定的电流,并且可以按图 2-36 所示的设计分光光度计装置,将光源放置在单色仪入射狭缝的前面,而将待测物体和反射标准放在单色仪出射狭缝和探测器之间,这样,待测物体可不直接暴露于光源的强烈辐射(尤其是热辐射)之下,从而可避免样品受损。用这种方法得到的 $\beta(\lambda)$与按图 2-35 方法所得到的 $\beta(\lambda)$是相同的。因此,图 2-36 的装置是较常用的分光光度计基本装置。

在按图 2-35 或图 2-36 任一方法测定 $\beta(\lambda)$之后,就可通过计算三刺激值的方法,等波长间隔法及选择坐标法的公式计算待测物体表面色的三刺激值和色度坐标。对于式中的 $S(\lambda)$要根据实际情况和应用目的来选择,如果要求在日光下观察物体,应选择标准照明体 D_{65}的 $S(\lambda)$;如果要求在 2856K 色温的白炽灯下观察物体,则应选择 CIE 标准照明体 A 的 $S(\lambda)$;如果要求在荧光灯下观察物体,则应选择 CIE 标准照明体 F 的 $S(\lambda)$。

对于荧光材料的颜色测量,可以采用双单色仪的测量系统,即对每一个由激励单色仪照射于荧光样品的单色辐射所产生的反射和荧光发射光谱,再由一个分析单色仪进行分光测量,在测得样品的反射和荧光发射光谱辐亮度因数之后,可以计算出荧光样品的色度参数 。图 2-37

为采用双单色仪系统测量荧光材料的例子，该方法需要预先知道分析单色仪和光电探测器的光谱响应特性，而利用标定过的光源、标准白板和热电堆探测器，就可以确定其光谱响应特性。

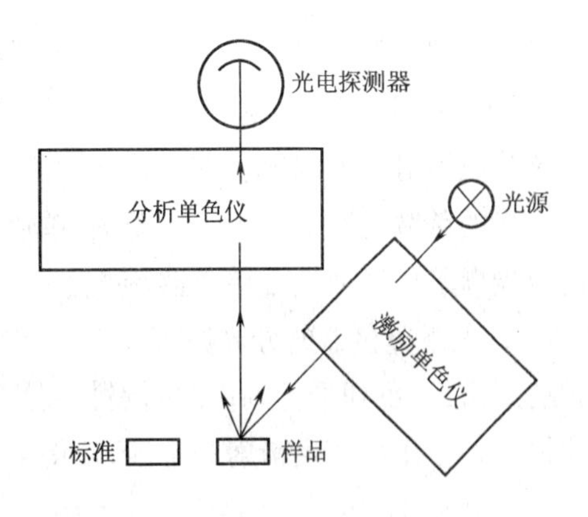

图 2－37 测量荧光材料的双单色仪系统

为了计算荧光样品的颜色参数，只要分别测出样品的反射分量 $\beta_R(\lambda)$ 和荧光分量 $\beta_L(\lambda)$，就可以计算出全光谱辐亮度因数 $\beta_T(\lambda)$，即：

$$\beta_T(\lambda)=\beta_R(\lambda)+\beta_L(\lambda) \qquad (2-34)$$

因此，荧光样品在光谱功率分布为 $S(\lambda)$ 的照明体下，其三刺激值为：

$$\begin{aligned} X &= k\int S(\lambda)\beta_T(\lambda)\bar{x}(\lambda)\mathrm{d}\lambda \\ Y &= k\int S(\lambda)\beta_T(\lambda)\bar{y}(\lambda)\mathrm{d}\lambda \\ Z &= k\int S(\lambda)\beta_T(\lambda)\bar{z}(\lambda)\mathrm{d}\lambda \end{aligned} \qquad (2-35)$$

式中：$\bar{x}(\lambda)$、$\bar{y}(\lambda)$、$\bar{z}(\lambda)$ 为所选用的 CIE 1931(2°)或 CIE 1964(10°)标准色度观察者光谱三刺激值函数。由上述可见，应用双单色仪系统对荧光材料进行颜色测量是一种精确的方法，且由此所测得的全光谱辐亮度因数，可以计算出在任意指定照明体下，被测荧光材料的相关色度参数。

2. 分光光度测色仪器的组成与原理

分光光度测色仪器是通过对物体进行分光光度的测量，测得其光谱反射率因数或光谱透过率，进一步得出物体色的三刺激值和色度坐标的仪器。分光光度测色仪器因使用的波长范围不同而分为紫外光区、可见光区、红外光区以及万用(全波段)分光光度计等。无论哪一类分光光度计至少必须包括：一是单色仪，它把光源的复合辐射分展成所要求的每一单色光束；二是探测器，它对被分展出的单色辐射加以定量的测量。

(1)单色仪：单色仪是由光源、单色器、积分球、比色皿组成。

①光源：要求光源能提供所需波长范围的连续光谱，并且稳定而有足够的强度。常用的有白炽灯(钨丝灯、卤钨灯等)、气体放电灯(氢灯、氘灯及氙灯等)、金属弧灯(各种汞灯)等多种。钨灯和卤钨灯发射 320～2000nm 连续光谱，最适宜的工作范围为 360～1000nm，稳定性好，可用作可见光分光光度计的光源。氢灯和氘灯能发射 150～400nm 的紫外线，可用作紫外光区分光光度计的光源。红外线光源则由能斯特(Nernst)棒产生，此棒由 ZrO_2 : Y_2O_3 = 17 : 3(Zr 为锆，Y 为钇)或 Y_2O_3、CeO_2(Ce 为铈——高纯的氧化铈可作发光材料)及 ThO_2(Th 为钍)之混合物制成。汞灯发射的不是连续光谱，能量绝大部分集中在波长 253.6nm，一般作波长校正用。钨灯在出现灯管发黑时应及时更换，如换用的灯型号不同，还需要调节灯座位置的焦距。氢灯及氘灯的灯管或窗口是石英材料制成，且有固定的发射方向，安装时必须仔细校正，接触灯管时应戴

手套以防留下污迹。

②单色器(分光系统)[1,2]:单色器是指能从混合光波中分解出来所需单一波长光的装置,由棱镜或衍射光栅构成。在光谱光度测量中,把复合光分展成不同波长的单色光,称为光的色散。光的色散是利用单色器实现的,单色器根据所用的色散元件是棱镜或衍射光栅,分别称为衍射光栅单色器或棱镜单色器。

a. 光栅单色器的分光原理[2]:光栅单色器的反射衍射光栅是在衬底上周期的刻划很多细微的刻槽,一系列平行刻槽的间隔与波长相当,光栅表面涂上一层高反射金属膜,光栅表面反射的辐射相互作用产生衍射和干涉,使得某波长只在一定的有限方向出现。

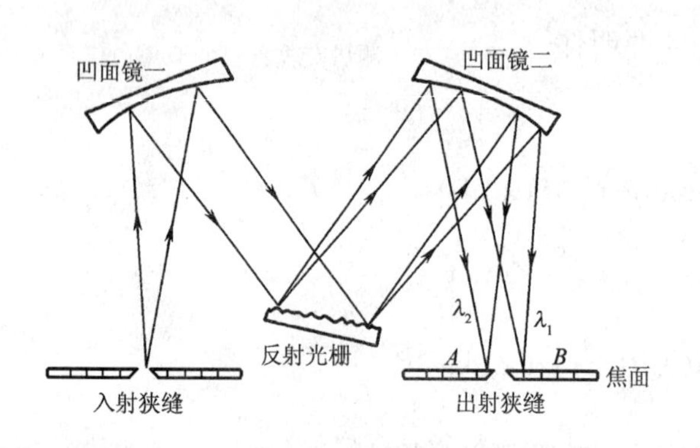

图2-38 光栅单色器原理示意图

复色光源从入射狭缝经反射镜照射到凹面镜一,此镜将平行光投射到光栅上,光栅将复色光衍射分光,分成不同波长的平行光束以不同的衍射角投射到凹面镜二。凹面镜二将接收的平行光束聚焦在出射狭缝处,从而得到一系列的按波长排列的光谱。透过出射狭缝的光束只是光谱宽度很窄的一束单色光,扫描机构运行时,光栅随之转动,这样就可以得到所选择的单色光(图2-38)。

狭缝是指由一对隔板在光通路上形成的缝隙,用来调节出射单色光的纯度和强度。

b. 棱镜单色器的分光原理[1]:另一单色器是棱镜单色器。光线通过棱镜单色器使光源的复合辐射分解成不同波长排列的单色成分。单棱镜单色器的原理如图2-39所示。P 为三棱镜的主截面,AB 和 AC 是棱镜的两个折射平面,BC 是棱镜的底。折射面所构成的角 α 称为棱镜的折射角,与折射平面的交线称为棱镜的折射棱。棱镜的主截面 P 垂直于折射棱 A。光线通过棱镜改变方向,光线的最初方向和从棱镜出射方向之间的夹角 Φ 称为偏向角,它的大小决定于折射角 α、棱镜材料的折射率 n 以及入射角 i,随着 α 和 n 的增大,偏向角也增大。光在棱镜中的色散是由于棱镜材料对不同波长的辐射具有不同的折射率,而使复杂成分的光束依波长而分散成不同方向的光束,每一波长都有自己的偏向角 Φ,波长越短,偏向角越大,即偏向角由红光到紫光依次增大。

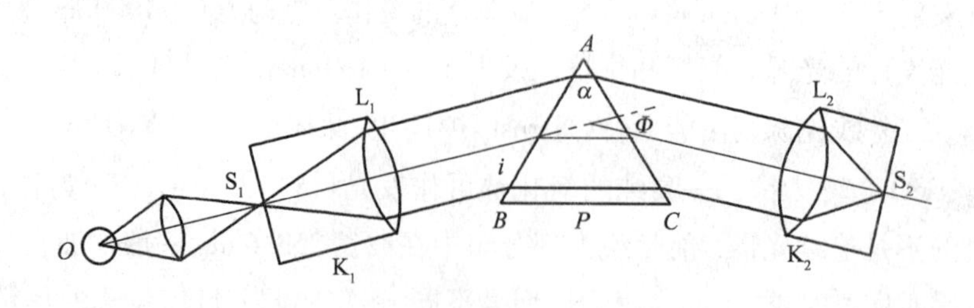

图2-39 单棱镜单色器原理示意图

L_1 和 L_2 分别为第一和第二平行光管 K_1，K_2 的物镜。在物镜 L_1 的主焦点处是入射狭缝 S_1，在物镜 L_2 的主焦点处是出射狭缝 S_2。每一狭缝都是一个直线狭缝，两侧边缘磨成锋利的刃。当狭缝开在某一宽度情况下，光源 O 的复合辐射借助聚光镜聚焦在平行光管 K_1 的入射狭缝 S_1 上。光束经过透镜 L_1 形成平行光束，经过棱镜后被分解为许多纯光谱辐射的平行光束。这些光束进入第二个平行光管 K_2，在物镜 L_2 的焦平面上形成红、橙、黄、绿、青、蓝、紫一系列纯光谱色的 S_1 的像。如果光源 O 的辐射包含可见光谱的所有波长，那么就在 L_2 的焦平面上形成连续的可见光谱，而出射狭缝出射的光线则是近似单色辐射的狭窄光谱带。

③积分球：在测色系统中通过积分球实现 d/0 或 0/d 照明与观测条件。积分球是内壁用硫酸钡等材料刷白的空心金属球体，一般直径在 60～200mm。球壁上开有测样孔等若干开口，以开口的面积不超过球内壁反射面积的 10% 为宜。受光时积分球内因呈现充分的漫反射状态而通体明亮，球内的光强相当均匀和稳定，并可证明球壁上任意一点的光强都相等。现美国 8000 系统分光光度仪的内置积分球全部采用 Spectralon（[美]斯佩克特纶，该公司的注册商标）材料雕制而成，Spectralon 是一种非涂层的耐用的高反射材料，它不会随时间而腐蚀、剥落或发黄，因此免除了重新涂布所需的时间的费用，同时还能得到最佳的反射和测量数据。

④比色皿：比色皿又称比色杯、样品池或吸收器，用于盛溶液来实现透射的测量。各个杯子壁厚度等规格应尽可能完全相等，否则将产生测量误差。玻璃比色皿只适用于可见光区，在紫外区测定时要用石英比色皿。使用时注意，不能用手指拿比色皿的光学面，用后要及时洗涤，可用温水或稀盐酸、乙醇以及铬酸洗液（浓酸中浸泡不要超过 15min），表面只能用柔软的绒布或拭镜头纸擦净。

（2）检测器[1]：有许多金属能在光的照射下产生电流，光愈强电流愈大，即光电效应。因光照射而产生的电流叫作光电流。受光器有两种，一是光电池，二是光电管。光电池的组成种类繁多，最常见的是硒光电池。光电池受光照射产生的电流颇大，可直接用微电流计量出。但是，当连续照射一段时间会产生疲劳现象而使光电流下降，要在暗中放置一段时间才能恢复，因此使用时不宜长期照射，随用随关，以防止光电池因疲劳而产生误差。

分光光度测色仪器中常采用光电管和光电倍增管，它们将光辐射能（功率）转变为电能（功率），从而记录和比较辐通量的大小。由于普通光电管的灵敏度太低，获得的信号过于微弱，因而常常外加放大电路，对光电流进行放大。光电倍增管，是一种本身能够放大光电流的光辐射探测器，目前，各种高级的测色光谱光度计都利用光电倍增管作为探测器。

3. 分光光度测色仪器的类型与性能[8]

随着电子计算机技术的高速发展，目前国内外现有的测色仪器产品几乎都是利用计算机来完成仪器的测量、控制和大量的数据处理工作，使测色操作更为简单和快捷，测量精度更高，结果更可靠。这些自动分光光度测色仪器按其使用要求、技术指标或结构组成，可有很多分类方法。按光路组成不同，可分为单光束和双光束两类；按色散元件分类，则有棱镜、光栅、棱镜—棱镜、棱镜—光栅、光栅—光栅、干涉滤光片等不同色散元件，以及由此组成的分光光度测色仪，其中色散系统采用两个色散元件组合成的光学系统称为双单色仪色散系统。

随着分光光度测色技术的发展，已经逐渐普及光电探测器列阵的多通道快速分光测色仪器,这类仪器除了具有分光光度测色仪器的测量精度之外,还具有光电积分式测色系统的测量速度,是现代颜色科学研究与工业测控技术不可缺少的颜色测量设备。

为适合不同的需要,分光光度仪一方面向高精度、高档型发展;另一方面向轻巧型、便携型发展。根据仪器内部结构、测量精度、重复性、可靠性以及成本价格等指标,一般可分为高档的高精度型、实用的标准精度型、经济的普通精度型和方便的便携型四个档次,部分(快速)分光光度测色仪器的型号及主要性能参数见表2-12。另外还有美国德塔公司(Datacolor)、美国锡莱—亚太拉斯公司(SDL Atlas)、上海申方源仪器有限公司、深圳市三恩驰科技有限公司等的产品。要了解这四个档次仪器的实时信息,网上可查。

表2-12 部分(快速)分光光度测色仪器的型号及主要性能参数[8]

公司	型号	光学结构	测量孔尺寸(mm)	波长范围(nm)/间隔(nm)	色度重复性/ΔE_{CIE}(L* a* b*)	光度范围/分辨率(%)
Gretag Macbeth(美国)	CE—7000A CE—7000	d/8,脉冲氙灯,双光束,40元SPD,SCI/SCE	φ25.4 φ15 7.5×10 3×8	360~750/10	0.01	0~200/0.001
	CE—3100 CE—3000	d/8,脉冲氙灯,20元SPD,SCI/SCE	φ25.4 5.1×10.1	360~740/20	0.02	0~200/0.01
	CE—2180UV	d/8,脉冲氙灯,SCI/ SCE	φ10 φ5	360~750/10	0.04	0~180/0.01
	CE—740GL	15°/45°/75°/110°脉冲氙灯	φ10	360~750/10,20	0.10	0~350/0.01
	CE—XTH(便携式) CE—XTS	d/8,脉冲氙灯,双光束,SCI/ SCE	φ5 φ2(XTH) φ5(XTS)	360~750/10	0.05	0~200/0.01
	CE—580便携式	d/8,脉冲氙灯,SCI/ SCE	φ10	360~750/10	0.04	0~150/0.01
Hunter Lab(美国)	UltraScan XE	d/8,脉冲氙灯,双光束,40元SPD,SCI/SCE	φ19 φ6.3	360~750/10	0.02	0~200/0.003
	LabScan XE	0/45,脉冲氙灯,双光束,256元SPD, SCE	φ50 φ30 φ17 φ10 φ5	400~700/10	0.09	0~150/0.003
	MiniScan XE Plus便携式	d/8和45/0,脉冲氙灯,双光束,256元SPD,SCI(d/8),SCE(45/0)	φ25 φ5(45/0) φ20 φ8(d/0)	400~700/10	0.05(φ25,φ20) 0.25(5)	0~150
X—Rite(美国)	ColorPremier 8000系列	d/8,脉冲氙灯,双光束SPD,SCI/SCE	φ4 φ8 φ19	360~740/10	0.01(8400) 0.02(8200)	0~200/0.01

续表

公　司	型　号	光学结构	测量孔 尺寸(mm)	波长范围(nm)/ 间隔(nm)	色度重复性/ ΔE_{CIE} (L* a* b*)	光度范围/ 分辨率(%)
X—Rite (美国)	Sp60(便携式)	d/8,脉冲式充气钨丝灯,蓝光增强硅光电二极管,SCI/SCE	ϕ8	400~700/10	0.10	0~200
	Sp62(便携式)	d/8,脉冲式充气钨丝灯,蓝光增强硅光电二极管,SCI/SCE	ϕ4 ϕ8 ϕ14	400~700/10	0.05	0~200
	Sp64(便携式)	d/8,脉冲式充气钨丝灯,蓝光增强硅光电二极管,SCI/SCE	ϕ4 ϕ8 ϕ14	400~700/10	0.05	0~200
	Sp68(便携式)	d/8,卤钨灯	ϕ16(SP68L) ϕ8(SP68) ϕ4(SP68S)	400~700/10	0.05	0~200
	Sp88(便携式)	d/8,充气钨丝灯,蓝区增强,SCI/SCE	ϕ8	400~700/10	0.03	0~200
Minolta (日本)	CM—3700d	d/8,脉冲氙灯,双光束38元SPD,SCI/SCE	ϕ25.4 ϕ8,3×5	360~740/10	0.01	0~200/0.001
	CM—3600d	d/8,脉冲氙灯,双光束40元SPD,SCI/SCE	ϕ25.4 ϕ8 ϕ4	360~740/10	0.02	0~200/0.01
	CM—3500d	d/8,脉冲氙灯,双光束18元SPD,SCI/SCE	ϕ30 ϕ8	400~700/20	0.05	0~175/0.01
	CM—2002 CM—2022 (便携式)	d/8,脉冲氙灯,分光滤光镜,SPD,SCI/SCE	ϕ8(2002) ϕ4(2022)	400~700/10	0.03(2002) 0.06(2022)	0~175/0.01
	CM-500系列 (便携式)	d/8,脉冲氙灯,分光滤光镜,SPD,SCI/SCE(508d)SCI(508i,503i,525i)	ϕ8(508d,508i) ϕ3(503i) ϕ25(525i)	400~700/20	0.05(508d 503i,525i) 0.06(508i)	0~175
	GG—404c/411c/420c (便携式)	45/0,10色LED	ϕ4(404c) ϕ20(420c) ϕ11(411c)	400~700	0.02	—
Dunter Lab (瑞士)	SF—600Plus	d/8,脉冲氙灯,双光束,128元SPD,SCI/SCE	ϕ2.5 ϕ5.0 ϕ26	360~700/10,5	0.01	0~200
	Texflash—2000	d/0,脉冲氙灯,双光束,128元SPD	—	400~700	0.03	—
	MF—200d 便携式	d/0,脉冲氙灯,双光束,128元SPD	ϕ18	400~700/10	0.05	0~200

(二)光电积分式测色仪器[6]

光电积分式测色仪的测色方法与分光光度测色方法不同。分光光度法是用单色仪将物体反射或者透射的光分成各个波长的单色光，然后测量物体反射或者透射的各个波长的单色光的颜色刺激；而光电积分式测色仪是利用具有特定灵敏度的光电积分元件在整个测量波长范围内，对被测颜色的光谱能量进行一次性积分测量。它通过三路积分测量，分别测得样品颜色的三刺激值 X、Y、Z，然后进一步计算出样品颜色的色度坐标及其相关色度参数。光电积分式测色仪器包括光电色度计和色差计等。

1. 光电色度计

如果能利用某些方法，把光探测器的相对光谱灵敏度$S(\lambda)$修正成 CIE 推荐的标准色度观察者光谱三刺激值函数 $\bar{x}(\lambda)$ 、$\bar{y}(\lambda)$ 、$\bar{z}(\lambda)$，那么用这样的三个光探测器接收颜色刺激 $\varphi(\lambda)$ 时，通过一次积分就能测量出样品颜色的三刺激值 X、Y、Z，即：

$$\begin{aligned} X &= k\int_{380}^{780}\varphi(\lambda)\bar{x}(\lambda)\mathrm{d}\lambda = c_x\int_{380}^{780}\varphi(\lambda)S(\lambda)\tau_x(\lambda)\mathrm{d}\lambda \\ Y &= k\int_{380}^{780}\varphi(\lambda)\bar{y}(\lambda)\mathrm{d}\lambda = c_y\int_{380}^{780}\varphi(\lambda)S(\lambda)\tau_y(\lambda)\mathrm{d}\lambda \\ Z &= k\int_{380}^{780}\varphi(\lambda)\bar{z}(\lambda)\mathrm{d}\lambda = c_z\int_{380}^{780}\varphi(\lambda)S(\lambda)\tau_z(\lambda)\mathrm{d}\lambda \end{aligned} \tag{2-36}$$

式中：k 和 c_x、c_y、c_z 为常数，$\tau_x(\lambda)$ 、$\tau_y(\lambda)$ 、$\tau_z(\lambda)$ 分别为匹配三个光探测器的光谱透射匹配函数，它们满足如下的光谱匹配关系：

$$\begin{aligned} \bar{x}(\lambda) &= S(\lambda)\tau_x(\lambda) \\ \bar{y}(\lambda) &= S(\lambda)\tau_y(\lambda) \\ \bar{z}(\lambda) &= S(\lambda)\tau_z(\lambda) \end{aligned} \tag{2-37}$$

或

$$\begin{aligned} \tau_x(\lambda) &= \frac{\bar{x}(\lambda)}{S(\lambda)} \\ \tau_y(\lambda) &= \frac{\bar{y}(\lambda)}{S(\lambda)} \\ \tau_z(\lambda) &= \frac{\bar{z}(\lambda)}{S(\lambda)} \end{aligned} \tag{2-38}$$

以上式(2-37)、式(2-38)称为卢瑟(Luther)条件。

仪器的三个光探测器的光谱响应必须满足卢瑟条件，才能进行光电积分式颜色测量。能够实现这种要求的方法通常有两种，即模板法和光学滤色片法。

模板法采用三刺激值模板，即 X 模板、Y 模板、Z 模板，使光探测器的光谱响应特性与 CIE 光谱三刺激值函数相匹配，即满足卢瑟条件的要求。模板法光电积分式色度计在测量时需要先将待测样品表面反射的光通过透镜和棱镜色散成光谱，致使其结构比较复杂，成本也高，所以没有得到广泛的应用。

光学滤色片法不采用色散系统和光谱模板，而是利用有色玻璃片的组合来实现卢瑟条件。

为使光探测器的相对光谱灵敏度 $S(\lambda)$ 符合 CIE 推荐的标准色度观察者光谱三刺激值函数$\bar{x}(\lambda)$、$\bar{y}(\lambda)$、$\bar{z}(\lambda)$，需要选择具有适当厚度和光学特性的滤光片，使其光谱透射比 $\tau(\lambda)$ 与探测器的相对光谱灵敏度 $S(\lambda)$的组合结果，满足卢瑟条件的要求。图 2－40 是采用光学滤色片法实现卢瑟条件的光电积分式色度计的基本构成示意。这种类型的色度计构造简单，成本较低，因此在工业生产中得到广泛的应用。

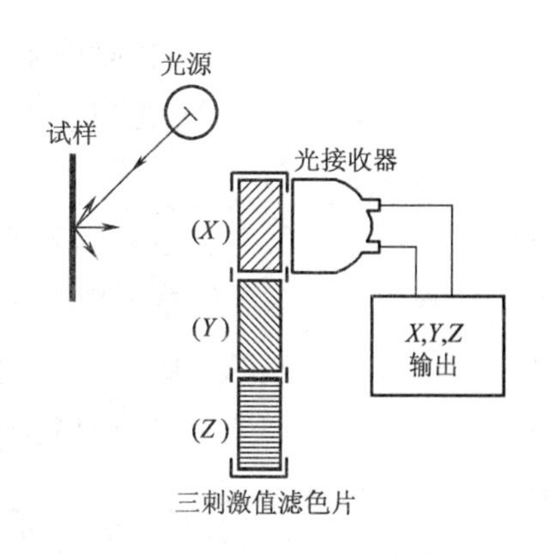

图 2－40　光学滤色片法光电积分式色度计的基本构成

采用光电积分式色度计可以方便地测定颜色的三刺激值，而现代电子及计算机技术的发展，又使这种仪器具有数据处理功能，可由测得的三刺激值自动计算出 CIE—Lab 和 CIE—LUV 等标准色度系统的各种色度参数。

光电积分式测色仪器的测量精度在很大程度上取决于光探测器的光谱匹配精度。由于有色玻璃的品种有限，所以往往在某些波长上会出现光谱匹配误差，同时在测量光探测器的相对光谱灵敏度时也存在一定的测量误差。因此，在进行光谱匹配计算及其制造的过程中，实际光探测器的光谱响应相对于 CIE 标准色度观察者光谱三刺激值曲线存在或大或小的差异。为了提高仪器的测色准确性，一般尽量用与被测光源相类似的标准光源来校正仪器。如果测色仪器的三色光谱曲线匹配不佳，在测量各种具有不同光谱特性的光源时，会导致一定的测量误差。由此可见，普通的光电积分式测色仪器能准确地测出两个具有类似光谱功率分布的色源之间的差别，但测定色源三刺激值和色度坐标的绝对精度则有一定的局限性。

2. 色差计

色差计是典型的光电积分式物体颜色测量仪器，它广泛应用于工业领域颜色产品的品质管理中。色差计利用仪器内部的标准光源照明被测物体，经过透射或反射测出物体的三刺激值和色度坐标；在需要测量两种接近的颜色时，可以根据不同的色差公式计算出两种颜色的色差。该类仪器一般都配置专用微机系统，可以对被测颜色样品进行信号采集、数据处理以及测试结果显示打印等操作。

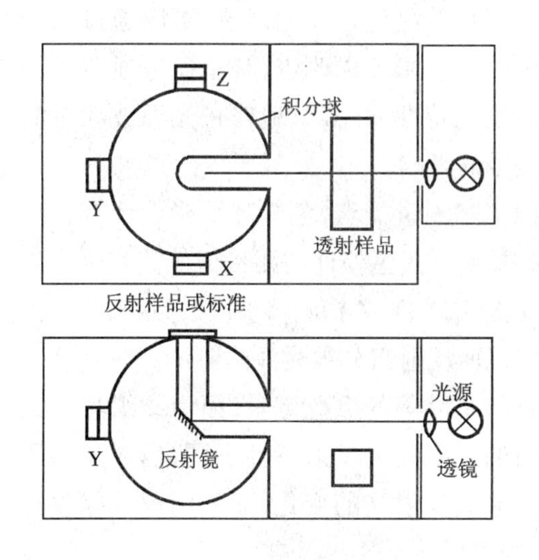

图 2－41　色差计结构示意

在系统结构上，色差计通常由照明光源、光电探测器、信号放大、数字显示和打印、数据处理单元等几大部分组成。其中光电探测器常用硅光电器件，并且分别带有三个修正滤光片组，使其光谱响应与 CIE 光谱三刺激值曲线 $\bar{x}(\lambda)$、$\bar{y}(\lambda)$、$\bar{z}(\lambda)$相匹配。图 2－41 所示为一种能测量反射或透射颜色样品色差计的俯视图和侧视图，其照明与观察条件是 0/d。

光源的光束经过聚透镜（透射样品），以及45°反射镜投射到反射样品上，积分球收集样品表面反射（或透射样品）的辐射通量。积分球的内壁涂有中性白色漫反射材料，如氧化镁（MgO）或硫酸钡（$BaSO_4$）。光电探测器X、Y、Z分别安装在球壁的三个测量孔上，它们可以同时接收样品的反射或透射辐射通量。测量透射样品时，在样品测量孔上放置氧化镁或硫酸钡中性白板。这类仪器可用于测量在某种CIE标准光源（如D、C等）照明下，反射或透射颜色样品的三刺激值和色度坐标；如果需要测量荧光物体的荧光相关特性，则应该采用具有紫外辐射的CIE标准照明体D作为照明光源（一般为模拟D照明），这样才能真实反映荧光物体的颜色特性。

同样，色差计的精度与其探测器的光谱特性符合卢瑟条件的程度有关。一般，在色差计探测器的光谱修正中，要使仪器完全符合卢瑟条件是不可能的，只能是近似匹配。为了减少光探测器光谱修正不完善所带来的误差，应该根据待测样品的颜色，选用不同的标准色板或标准滤色片来校正测色仪器。将选定的标准色板或标准滤色片放入仪器，并调节仪器的输出结果，使测得的三刺激值与标准色板或标准滤色片的定标值一致，然后仪器才能用于实际测试。通常，色差计配有4~10块不同颜色的标准色板或标准滤色片，其三刺激值由高精度分光光度计预先标定。如果被测的反射或透射色样与校正用标准色板或标准滤色片的颜色相近，则可以认为两者具有近似的光谱反射或透射特性，这时色差计测得的色度参数就有较高的可靠性。

此外，色差计的测量精度还与仪器的光源、光探测器的稳定性等密切相关。在整个测量过程中，如果光源色温变化，其相对光谱功率分布就会改变，导致其与卢瑟条件的匹配精度降低，故其测色精度也随之下降。光探测器的光谱灵敏度发生变化也会造成同样的后果。如果仪器的光探测器采用硅光电器件，那么该影响就可以大大降低。因此，为了保证测色仪器的长期测量精度，需要定期进行相关检查，必要时应该更换光源等器件。在仪器标定之后的测量过程中，为了消除或减弱光源可能发生的变化对测色精度的影响，可以通过双光路光学系统结构的设计来加以改进，其中参考通道用于监视照明光源的发光特性，并实时地修正光源波动对测量通道中颜色信号的影响。

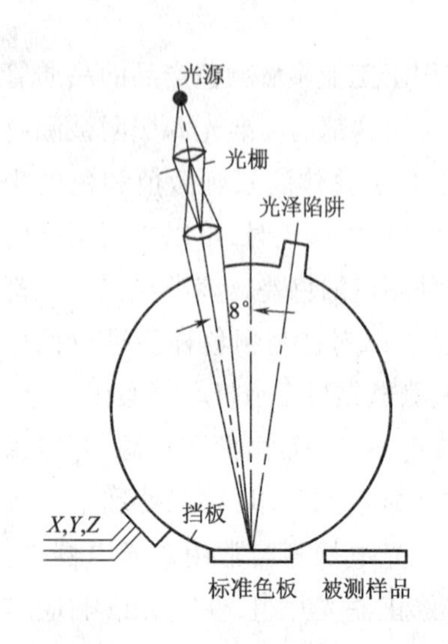

图2-42　便携式色差计测量部件示意图

为满足各种实际测量需求，色差计结构设计有各种形式。图2-42是便携式色差计的测量部件。其照明与观察条件为8/d方式，X、Y、Z探测器被漫射照明，标准色板或被测样品的镜面反射组分被光泽陷阱所吸收。该系统特别适用于对纺织品等的颜色测量，因为纺织品的经纬线对不同方向的入射光的反射特性不同，当样品在测量孔上旋转时会造成反射光的变化，而采用积分球收集反射光的方式，则可以减小这些影响。

(三)其他测色仪器

分光光度测色仪和光电积分式测色仪是两种最主要的测色仪器。除此之外,测色仪器还有光谱辐射计、光度计、变角光度计以及光泽度仪、成像系统等 。

分光光度计主要用来测量材料的光谱性能,而光谱辐射计则主要用以测量光源(包括光环境、CRT 或 LCD 显示器、LED、作为辐射源的投影仪等)的光谱性能。两者相比,除了光源有明显不同之外,其他主要结构基本相同。

光度计是测量光源照度或亮度的仪器,其探测器的光谱响应匹配成 CIE 明视觉光谱效率函数 $V(\lambda)$ 。除了为单信号通道结构之外,光度计的设计与色度计相似。根据其定义,按照 CIE 标准色度观察者的 $\bar{y}(\lambda)$ 函数[等效于 CIE 明视觉光谱效率函数 $V(\lambda)$]匹配的色度计的 Y 通道,也可以测出光亮度 L 或照度 E。

在颜色测量中,常利用光泽陷阱来消除被测材料的镜面反射。然而,在定义材料的总体色貌时,物体表面的光泽和纹理等几何特征却是至关重要的。变角光度计就是用来测量材料变角光度性能的仪器,而在确定的光学几何条件下,材料的光泽度可以采用光泽度仪来测定。

第七节 同色异谱颜色[1]

一、颜色的同色异谱概念

一个非荧光材料的颜色取决于它的光谱反射率因数 $\beta(\lambda)$ 或光谱透射率 $\tau(\lambda)$。如果两个物体在特定照明和观测条件下具有完全相同的光谱分布曲线 $\beta(\lambda)$ 或 $\tau(\lambda)$,那么无须进行色度计算,就能肯定这两个物体的颜色无论在任何光源和任一标准观察者条件下都会是相同的颜色,这两种颜色被称为同色同谱色。可见,通过对物体的光谱分布曲线的直接观察可以判断两个物体是否为同一颜色。如果两个物体的光谱分布曲线不同,但两条曲线都比较简单——起伏少、峰值明显,也能从曲线的形状以及峰值出现的位置看出它们大致是什么颜色。但是,如果两个物体的光谱反射率因数曲线比较复杂——起伏多、两曲线多次交叉,那么就很难直观看出两者的颜色是否有差异;如果有差异,又有什么程度的差异,很可能,它们在某种光源下由特定的观察者观察时是相同的颜色。由格拉斯曼颜色混合定律可知,两种光谱分布不同的光刺激,其颜色外貌可能完全相同,这种情况称为同色异谱(metamerism)现象。因而同色异谱是指对于特定的标准观察者和特定的照明体,具有不同的光谱功率分布而有相同三刺激值的颜色。所以,一对同色异谱颜色应满足以下条件:

$$
\begin{aligned}
X &= \int_{\lambda} \varphi_1(\lambda)\,\bar{x}(\lambda)\,\mathrm{d}\lambda = \int_{\lambda} \varphi_2(\lambda)\,\bar{x}(\lambda)\,\mathrm{d}\lambda \\
Y &= \int_{\lambda} \varphi_1(\lambda)\,\bar{y}(\lambda)\,\mathrm{d}\lambda = \int_{\lambda} \varphi_2(\lambda)\,\bar{y}(\lambda)\,\mathrm{d}\lambda \\
Z &= \int_{\lambda} \varphi_1(\lambda)\,\bar{z}(\lambda)\,\mathrm{d}\lambda = \int_{\lambda} \varphi_2(\lambda)\,\bar{z}(\lambda)\,\mathrm{d}\lambda
\end{aligned}
\tag{2-39}
$$

式中:$\varphi_1(\lambda)$ 和 $\varphi_2(\lambda)$ 表示两个不同的颜色刺激;则 $\bar{x}(\lambda)$、$\bar{y}(\lambda)$、$\bar{z}(\lambda)$ 是 CIE 1931 标准观察者光谱三刺激值。如果比较的是两个相对光谱功率分布分别为 $S_1(\lambda)$ 和 $S_2(\lambda)$ 的照明体,则:

$$\begin{cases}\varphi_1(\lambda)=S_1(\lambda)\\ \varphi_2(\lambda)=S_2(\lambda)\end{cases} \tag{2-40}$$

如果讨论在相对光谱功率分布均为 $S(\lambda)$ 的相同照明光源条件下的两种反射物体颜色,并假设其光谱反射因数分别为 $\beta_1(\lambda)$ 和 $\beta_2(\lambda)$,或其光谱反射比分别为 $\rho_1(\lambda)$ 和 $\rho_2(\lambda)$,那么:

$$\begin{matrix}\varphi_1(\lambda)=\beta_1(\lambda)S(\lambda)\\ \varphi_2(\lambda)=\beta_2(\lambda)S(\lambda)\end{matrix} \quad 或 \quad \begin{matrix}\varphi_1(\lambda)=\rho_1(\lambda)S(\lambda)\\ \varphi_2(\lambda)=\rho_2(\lambda)S(\lambda)\end{matrix} \tag{2-41}$$

假设研究的是在两个不同照明光源 $S_1(\lambda)$ 和 $S_2(\lambda)$ 条件下的两种反射物体颜色,则:

$$\begin{matrix}\varphi_1(\lambda)=\beta_1(\lambda)S_1(\lambda)\\ \varphi_2(\lambda)=\beta_2(\lambda)S_2(\lambda)\end{matrix} \quad 或 \quad \begin{matrix}\varphi_1(\lambda)=\rho_1(\lambda)S_1(\lambda)\\ \varphi_2(\lambda)=\rho_2(\lambda)S_2(\lambda)\end{matrix} \tag{2-42}$$

为了准确,常常是在同样的照明和观察条件下(包括照明体的相对光谱功率分布、观察者的色匹配函数以及观察视场等)来讨论同色异谱颜色。假设两个具有不同光度特性的颜色具有同样的颜色外貌,这时,如果改变照明体,那么颜色的匹配就会被破坏,如果改变观察者,颜色的匹配也会被破坏,或称这两种情况为颜色的失配。因此,为了评价颜色的失配现象,CIE 对因条件变化而产生的同色异谱颜色的失配,推荐了两种不同的评价方法:改变照明体光谱分布和改变观察者色匹配函数。

二、同色异谱颜色的分析

在研究的过程中,当人为改变成为同色异谱颜色的条件时(如改变照明体的光谱分布),原来匹配的两种颜色就会因匹配条件遭到破坏而变为两种不同的颜色,因此,同色异谱颜色的同色也称为条件等色。通常,将产生的颜色失配的程度叫作同色异谱程度,失配的程度越大,同色异谱程度就越低;失配的程度越小,同色异谱程度就越高。并把表示这种失配程度的指数称为同色异谱指数。

根据变化的条件可对同色异谱的颜色失配进行分类。如按照使其成为同色异谱的条件如观察者或照明体的不同,分为观察者同色异谱和照明体同色异谱,下面分别对观察者同色异谱和照明体同色异谱进行分析。

(一)改变观察者

这里所讨论的同色异谱颜色只是对特定的标准观察者才能成立,也就是同色异谱的色刺激或是对 CIE 1931 标准观察者是同色的,或是对 CIE 1964 补充标准观察者是同色的。同色异谱的色刺激对 CIE 1931(2°视场)的标准观察者是同一种颜色,当改换为 CIE 1964(10°视场)补充标准观察者时,就不再是同一种颜色了,反之亦然。在一般情况下,同色异谱的色刺激不能同时对两种标准观察者都是同色的。

这里假设有两个物体,它们的色刺激满足式(2-43)的条件,则这两物体的颜色是同色异谱颜色:

$$
\begin{aligned}
k\sum_{i=1}^{n}\beta_1(\lambda)S(\lambda)\,\bar{x}(\lambda)\Delta\lambda_i &= k\sum_{i=1}^{n}\beta_2(\lambda)S(\lambda)\,\bar{x}(\lambda)\Delta\lambda_i \\
k\sum_{i=1}^{n}\beta_1(\lambda)S(\lambda)\,\bar{y}(\lambda)\Delta\lambda_i &= k\sum_{i=1}^{n}\beta_2(\lambda)S(\lambda)\,\bar{y}(\lambda)\Delta\lambda_i \\
k\sum_{i=1}^{n}\beta_1(\lambda)S(\lambda)\,\bar{z}(\lambda)\Delta\lambda_i &= k\sum_{i=1}^{n}\beta_2(\lambda)S(\lambda)\,\bar{z}(\lambda)\Delta\lambda_i
\end{aligned}
\tag{2-43}
$$

式中:$\beta_1(\lambda)\neq\beta_2(\lambda)$;照明体 $S(\lambda)$ 是一种 CIE 标准照明体,如 D_{65},$\bar{x}(\lambda)$、$\bar{y}(\lambda)$、$\bar{z}(\lambda)$ 是 CIE 1931 标准观察者光谱三刺激值。式(2-43)表明,两个物体色刺激的 CIE 1931 三刺激值是相同的,即:

$$X_1 = X_2,\ Y_1 = Y_2,\ Z_1 = Z_2$$

如果现在把 CIE 1931 标准观察者改换为 CIE 1964 补充标准观察者,那么两物体色的新三刺激值就会变为:

$$
\begin{aligned}
X_1^{10} &= k_{10}\sum_{i=1}^{n}\beta_1(\lambda)S(\lambda)\,\bar{x}_{10}(\lambda)\Delta\lambda_i & X_2^{10} &= k_{10}\sum_{i=1}^{n}\beta_2(\lambda)S(\lambda)\,\bar{x}_{10}(\lambda)\Delta\lambda_i \\
Y_1^{10} &= k_{10}\sum_{i=1}^{n}\beta_1(\lambda)S(\lambda)\,\bar{y}_{10}(\lambda)\Delta\lambda_i & Y_2^{10} &= k_{10}\sum_{i=1}^{n}\beta_2(\lambda)S(\lambda)\,\bar{y}_{10}(\lambda)\Delta\lambda_i \\
Z_1^{10} &= k_{10}\sum_{i=1}^{n}\beta_1(\lambda)S(\lambda)\,\bar{z}_{10}(\lambda)\Delta\lambda_i & Z_2^{10} &= k_{10}\sum_{i=1}^{n}\beta_2(\lambda)S(\lambda)\,\bar{z}_{10}(\lambda)\Delta\lambda_i
\end{aligned}
\tag{2-44}
$$

由式(2-44)计算得出两物体色的新三刺激值是不等的,即:

$$X_1^{10}\neq X_2^{10},Y_1^{10}\neq Y_2^{10},Z_1^{10}\neq Z_2^{10}$$

由此表明,两颜色的同色异谱性质由于改变观察者而遭到破坏。

图 2-43 给出 12 种由数学方法做出的同色异谱颜色,这些物体色在 CIE 1931 色度系统中对标准照明体 C 都为灰色,并且具有相同的三刺激值和色度坐标,即:

$$
\begin{cases}
X=29.41,Y=30.00,Z=35.43 \\
x=0.310,y=0.316
\end{cases}
$$

但在 CIE 1964 色度系统中,这 12 种同色异谱的颜色就不再是同色了,其色度坐标如图 2-44 所示。这些坐标点的分布范围表示了 CIE 1931 和 CIE 1964 这两个观察者所对应的色匹配

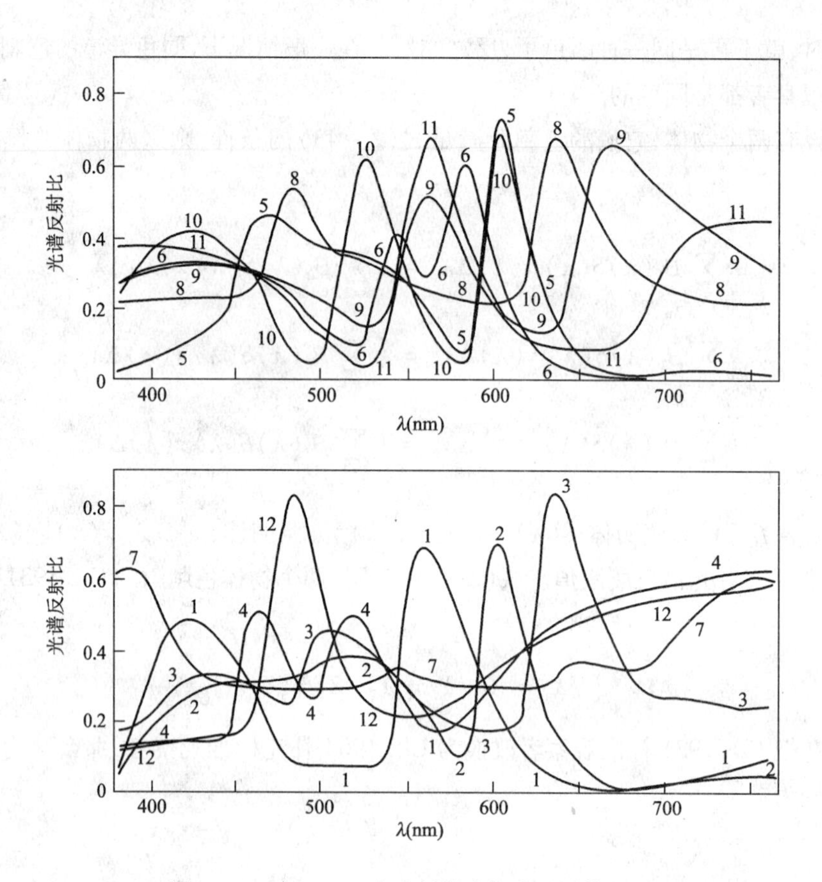

图 2-43 CIE 1931 色度系统中标准照明体 C 的
同色异谱 12 种灰色物体色

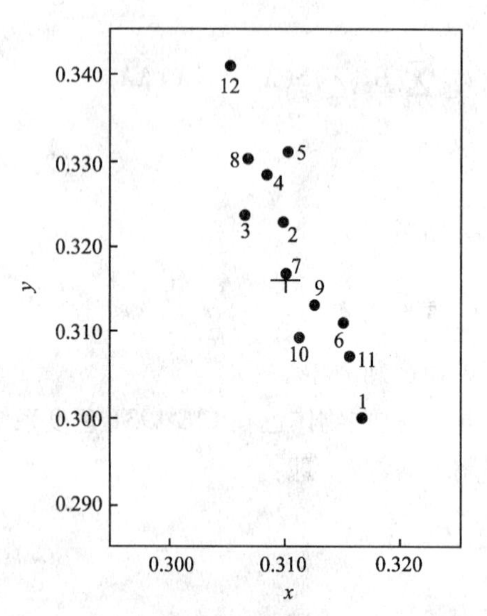

图 2-44 CIE 1964 色度系统中 12 种灰色的
色度坐标("+"为参照白点)

函数的不同程度,也表示了这 12 种同色异谱颜色光谱反射比的不同程度。几乎所有色度点(95%)都分布在一个椭圆形面积内。这个椭圆形的大小和方向从色度学上也反映了标准观察者 CIE 1931 和 CIE 1964 的色匹配函数的差异。也可用作对 2°视场观察者和 10°视场观察者之间的差异的一种度量。也就是说,用大视场条件下的色差来度量小视场条件下的同色异谱程度[9]。当然,也可能存在着相反的情况,几个颜色刺激在大视场条件下是同色异谱色,但在小视场条件下,同色异谱性质就被破坏了。

(二)改变照明体

就相同的标准观察者来说,对于特定照明体是同色异谱的颜色,当改变照明体 $S(\lambda)$ 时,就不保持同色了。例如,在特定照明体下的两个同色异谱物体色刺激为：

$$k\sum_{i=1}^{n}\beta_1(\lambda)S_1(\lambda)\bar{x}(\lambda)\Delta\lambda_i = k\sum_{i=1}^{n}\beta_2(\lambda)S_1(\lambda)\bar{x}(\lambda)\Delta\lambda_i$$

$$k\sum_{i=1}^{n}\beta_1(\lambda)S_1(\lambda)\bar{y}(\lambda)\Delta\lambda_i = k\sum_{i=1}^{n}\beta_2(\lambda)S_1(\lambda)\bar{y}(\lambda)\Delta\lambda_i$$

$$k\sum_{i=1}^{n}\beta_1(\lambda)S_1(\lambda)\bar{z}(\lambda)\Delta\lambda_i = k\sum_{i=1}^{n}\beta_2(\lambda)S_1(\lambda)\bar{z}(\lambda)\Delta\lambda_i$$

上式表明，两个物体色刺激的三刺激值是相同的，即：

$$X_1 = X_2,\ Y_1 = Y_2,\ Z_1 = Z_2$$

如果现在将照明体 $S_1(\lambda)$ 改换为照明体 $S_2(\lambda)$，那么两个物体色的新三刺激值为：

$$X_1 = k\sum_{i=1}^{n}\beta_1(\lambda)S_2(\lambda)\bar{x}(\lambda)\Delta\lambda_i \quad X_2 = k\sum_{i=1}^{n}\beta_2(\lambda)S_2(\lambda)\bar{x}(\lambda)\Delta\lambda_i$$

$$Y_1 = k\sum_{i=1}^{n}\beta_1(\lambda)S_2(\lambda)\bar{y}(\lambda)\Delta\lambda_i \quad Y_2 = k\sum_{i=1}^{n}\beta_2(\lambda)S_2(\lambda)\bar{y}(\lambda)\Delta\lambda_i$$

$$Z_1 = k\sum_{i=1}^{n}\beta_1(\lambda)S_2(\lambda)\bar{z}(\lambda)\Delta\lambda_i \quad Z_2 = k\sum_{i=1}^{n}\beta_2(\lambda)S_2(\lambda)\bar{z}(\lambda)\Delta\lambda_i$$

由上式可以看出，所得两物体色的新三刺激值也是不相等的，即

$$X_1 \neq X_2,\ Y_1 \neq Y_2,\ Z_1 \neq Z_2$$

这说明，由于改换了照明体，两物体颜色的同色异谱性质遭到破坏。例如，在 CIE 1931 色度系统中对标准照明体 D_{65} 为同色异谱的 100 种灰色物体色（$x_D=0.313$，$y_D=0.329$，$Y=50$），在色度图上位于同一个色度点，但当标准照明体由 D_{65} 改为 A 来评价它们时，则不再是同色异谱刺激了，在色度图上成为数个不同的色度点。其色度坐标就变为如图 2－45 所示的情形，其中椭圆是按色度坐标分布概率为 95% 画出来的，同样，该椭圆的大小从色度学上反映了标准照明体 A 和 D_{65} 的光谱分布差异。

更复杂的情况是，原来的特定观察者和特定照明体下的同色异谱颜色，当观察者和照明体两者都改变时，颜色的同色异谱性质也遭到破坏。

综上所述可以看出，物体色刺激的同色异谱性质是有条件的，它们必须是对于

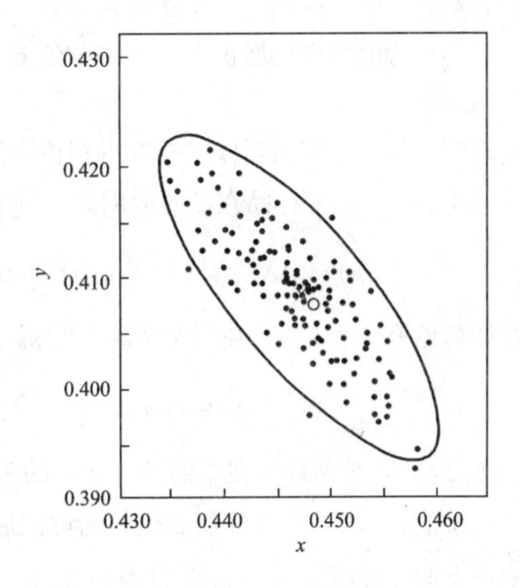

图 2－45　由标准照明体 D_{65} 变为 A 时灰色同色异谱色（$Y=50$）的失配
（"○"为标准照明体 A 的色度坐标，"×"为椭圆中心）

特定的照明体和特定的观察者才能成立。当改换照明体,或改换观察者,或两者都改变,便破坏了原来的同色异谱性质。因此,我们可以设想一种考查同色异谱颜色的简便方法。

三、颜色的同色异谱差异与修正

在生产中,为了使不同批次的新产品与原样品的颜色保持一致,通常是分析构成原样品颜色的染料或颜料成分,及各种成分的配方比例,然后再按原配方生产复制品的颜色。如果所用的原料与配方恰当,则复制品与原样品的颜色应相匹配,因为这时两者的光谱反射率因数曲线相同。但是在生产实际中,要获得与原样品完全相同的原料和配方是不容易的,甚至是不可能的。生产者可能得不到原样品颜色的原料,或不能精确地分析出原配方的组成,或是有更好的原料可供利用等。这时生产者必须用新配方实现同色异谱匹配。经常是新产品与原样品的光谱反射率因数曲线虽然形状大致相同,但两曲线的高低不同,如图2-46中的曲线1与曲线2。这种简单的光谱差异表现为明度上的差异,而色相和饱和度仍大致相同。

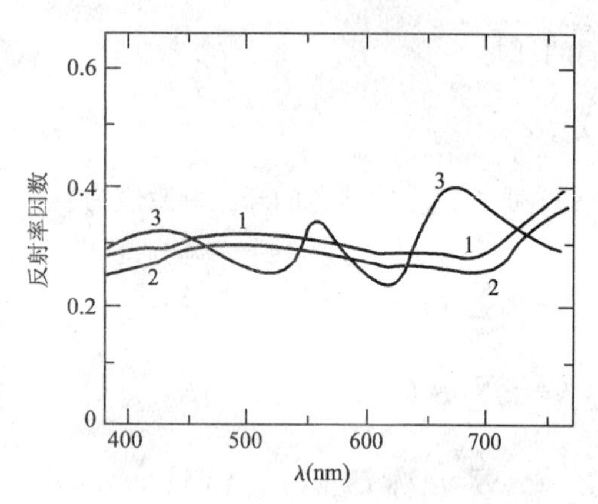

图2-46 具有同色异谱差异样品的光谱反射率因数曲线

在大多数实际情况下,精确的同色异谱匹配是很难做到的,一般只能做到近似的同色异谱匹配。在特定光源下仔细观察原样品与复制品,发现它们无论在明度、色调或饱和度上都可能有微小的差异。由于复制品与原样品在参照光源下仍存在同色异谱差异,所以需要对测试照明体下试样的三刺激值进行修正[1]。三刺激值的校正方法通常有相加校正和相乘校正两种。

1. 相加校正

假设两样品在参照照明体下没有得到预定的相同的三刺激值,而是有所差异,即 $X_1 \neq X_2$, $Y_1 \neq Y_2$, $Z_1 \neq Z_2$,则两样品在参照照明体下的三刺激值之差为:

$$\Delta X = X_1 - X_2,\ \Delta Y = Y_1 - Y_2,\ \Delta Z = Z_1 - Z_2$$

在计算色差 ΔE 之前,必须对样品2的新三刺激值作如下相加校正:

$$X_2'' = X_2' + \Delta X, Y_2'' = Y_2' + \Delta Y, Z_2'' = Z_2' + \Delta Z \tag{2-45}$$

式中:$\Delta X,\Delta Y,\Delta Z$ 为两样品在参照照明体下的三刺激值之差;X_2',Y_2',Z_2' 为样品2在测试照明体下的三刺激值;X_2'',Y_2'',Z_2'' 为样品2经相加校正后的三刺激值。然后用 X_2'',Y_2'',Z_2'' 与样品1在测试照明体下的三刺激值 X_1',Y_1',Z_1' 计算色差 ΔE,最后用 ΔE 作为两个样品在参照照明体下的同色异谱差异的量度。

2. 相乘校正

相乘校正的计算程序与上述相加校正相似,只是现在需要确定的是两样品在参照照明体下

三刺激值之商,而不是它们的差,也就是先计算:

$$f_X=\frac{X_1}{X_2},f_Y=\frac{Y_1}{Y_2},f_Z=\frac{Z_1}{Z_2} \tag{2-46}$$

然后用f_X,f_Y,f_Z去校正样品 2 在测试照明体下的三刺激值X_2',Y_2',Z_2',校正后的三刺激值是:

$$X_2''=f_X X_2',Y_2''=f_Y Y_2',Z_2''=f_Z Z_2' \tag{2-47}$$

式中:X_2',Y_2',Z_2'为样品 2 在测试照明体下的三刺激值;X_2'',Y_2'',Z_2''为样品 2 经相乘校正后的三刺激值。用X_1'',Y_1'',Z_1''与样品 1 在测试照明体下的三刺激值X_1',Y_1',Z_1'计算色差ΔE,最后用ΔE作为两个样品在参照照明体下的同色异谱差异的量度。

在具体应用中,采用相加校正或相乘校正一般可以自主选择,但在某些实际情况下,相乘校正比相加校正更能得到令人满意的效果。

四、颜色的同色异谱程度的评价

同色异谱颜色在工业领域中具有重要的应用意义。在实际生产中,常常需要重现某种颜色,纺织印染的颜色匹配是最典型的例子之一。它要求再现的颜色样品,在某个选定的照明体下与标准色样的颜色外貌相同。可是在具体的颜色复现过程中,很难做到复制色样与标样的配方和染料特性完全相同,更不用说是异质媒介的颜色复制了。所以,在这样的情形下就需要对这两种颜色样品进行同色异谱程度的评价。

根据上述同色异谱的讨论可知,三刺激值相同、光谱分布不同的样品叫做同色异谱颜色,而且从光谱分布的差异可粗略地判断同色样品的异谱程度。这种根据光谱分布差异来判断同色异谱程度的方法只能作为定性描述,但在色度学实践中还是一种有用的方法。

为了对颜色的同色异谱程度做出定量的评价,CIE 在 1971 年正式公布一项计算“特殊同色异谱指数(改变照明体)”的方法。这一方法的原理是:对于特定参照照明体和观察者具有相同的三刺激值($X_1=X_2$,$Y_1=Y_2$,$Z_1=Z_2$)的两个同色异谱的样品,用具有不同相对光谱功率分布的测试照明体所造成的两样品间的色差(ΔE)作为特殊同色异谱指数M_i(Metamerism index),即$M_i=\Delta E$。

例如,有三种颜色样品,其光谱反射率因数曲线分别为$\beta_0(\lambda)$,$\beta_1(\lambda)$,$\beta_2(\lambda)$,它们对于 CIE 标准照明体D_{65}和 CIE 1931 标准观察者是同色异谱刺激,有相同的三刺激值:$X_1=X_2=X_3$,$Y_1=Y_2=Y_3$,$Z_1=Z_2=Z_3$,也就是三对刺激(0,1),(0,2),(1,2)中的任意一对的色差都是零。

当照明体D_{65}改换为 A 时,三种样品有不同的三刺激值,各对样品的色差也不再等于零。根据 CIE—LAB 确定同色异谱指数M_i的方法即可导出(0,1)和(0,2)两对样品的同色异谱指数。

在这个方法中,CIE 推荐所用 CIE 标准照明体D_{65}作为参照照明体。推荐选用的测试照明体是 CIE 标准照明体 A 或是照明体 F。照明体 F 代表相关色温约为 3000K(F_1),4000K(F_2),

6500K(F_3)的典型荧光灯，它们都具有相当高的CIE一般显色指数，根据应用目的，选择最合适的测试照明体计算同色异谱指数M_i。

参照观察者根据视场的大小可选定：CIE 1931标准观察者，或是CIE 1964补充标准观察者。

色差(ΔE)是用CIE—LAB色差公式，根据在测试照明体下物体色1的三刺激值X_1',Y_1',Z_1'和物体色2的三刺激值X_2',Y_2',Z_2'来计算的(若两个样品在某一特定的参照照明体和视场下三刺激值略有不同时则需要进行校正)[10]。

下面以一个具体的例子来说明同色异谱指数M_i的算法：表2－13所列的是三个样品的三刺激值数据，在标准照明体D_{65}下，2#样品和3#样品有相同的三刺激值，但它们与1#样品之间的三刺激值有一定的差异。那么在参照照明体下，2#样品与1#样品之间的差异程度，即同色异谱指数M_i可按如下步骤计算。

(1) 1#样品与2#样品的三刺激值在参照照明体下不完全相等，先按照前面的校正方法对2#样品在A照明体下的三刺激值进行校正：

$$X_2'' = \frac{X_1}{X_2} \times X_2' = \frac{12.13}{13.74} \times 14.66 = 12.94$$

$$Y_2'' = \frac{Y_1}{Y_2} \times Y_2' = \frac{20.38}{22.32} \times 19.46 = 17.77$$

$$Z_2'' = \frac{Z_1}{Z_2} \times Z_2' = \frac{15.32}{17.04} \times 6.13 = 5.51$$

表2－13 三个不同试样的三刺激值表

样品	指标	D_{65}照明体(2°视场)	A照明体(2°视场)
1#	X_1	12.13	12.76
	Y_1	20.38	17.59
	Z_1	15.32	5.56
2#	X_2	13.74	14.66
	Y_2	22.32	19.46
	Z_2	17.04	6.13
3#	X_3	13.74	15.25
	Y_3	22.32	19.45
	Z_3	17.04	6.53

(2)查得A照明体，在2°视场下的X_n、Y_n、Z_n，然后按照公式进行计算：

$$L^* = 116\left(\frac{Y'}{Y_n}\right)^{1/3} - 16$$

$$a^* = 500\left[\left(\frac{X'}{X_n}\right)^{1/3} - \left(\frac{Y'}{Y_n}\right)^{1/3}\right]$$

$$b^* = 200\left[\left(\frac{Y'}{Y_n}\right)^{1/3} - \left(\frac{Z'}{Z_n}\right)^{1/3}\right]$$

式中：L^* 为心理明度，a^* 和 b^* 为心理色度，X'、Y'、Z' 为颜色样品的在测试照明体 A 下的三刺激值（对于 2#样品是指经过校正后的 X_2''、Y_2''、Z_2''）；X_n、Y_n、Z_n 为 CIE 标准照明体照射在完全漫反射体上，然后反射到观察者眼中的三刺激值，其中 $Y_n = 100$。

计算得到：$L_1^* = 48.995$，$a_1^* = -36.176$，$b_1^* = 4.298$

$L_2^* = 49.216$，$a_2^* = -35.990$，$b_2^* = 4.989$

（3）由 CIE—LAB 色差式计算 1#样品与 2#样品之间的总色差，即同色异谱指数 M_i：

$$M_i = \Delta E = [(\Delta L^*)^2 + (\Delta a^*)^2 + (\Delta b^*)^2]^{1/2}$$

式中：心理明度差为 $\Delta L^* = L_2^* - L_1^*$，心理色度差为 $\Delta a^* = a_2^* - a_1^*$，$\Delta b^* = b_2^* - b_1^*$

则：

$$M_i = [(49.216 - 48.995)^2 + (-35.99 + 36.176)^2 + (4.989 - 4.298)^2]^{1/2} = 0.749$$

同理可得，1#样品与 3#样品之间的同色异谱指数 $M_i = 3.85$。

由此例可以看出，虽然在标准照明体 D_{65} 下，2#样品与 3#样品有相同的三刺激值，但在 A 照明体下测得的 2#样品与 1#样品的同色异谱程度比 3#样品与 1#样品同色异谱程度要要小得多，说明 1#样品与 2#样品的反射率曲线之间的相似性比 1#样品与 3#样品之间的相似性要好，2#样品的匹配性优于 3#样品。

CIE 方法是用有限数目的特定照明体来评价颜色的同色异谱程度。正是从这意义上才被称为“特殊”同色异谱指数（改变照明体）。从一般实用目的考虑，为了恰当地评价颜色的同色异谱程度，选用两个测试照明体（照明体 A 和一种荧光灯）就能满足需要。

第八节　孟塞尔颜色系统[1,11]

颜色系统即色序系统，色序系统是组织颜色感知的概念性体系，是描述感知色表的某些定义和法则的集合，其对应的颜色空间即颜色立体。在色序系统中，最典型的色序系统是孟塞尔颜色系统。此外，还有自然色系统、美国光学学会均匀颜色标尺系统等，其对应的颜色立体空间排列也有不同形式，如圆柱形极坐标、锥形或双锥形、八面立方体等各种结构，这些颜色空间在视觉上都是等间隔的。

一、孟塞尔颜色系统

1. 孟塞尔颜色系统概念

孟塞尔（A. H. Munsell）所创立的孟塞尔颜色系统（Munsell color system）是用颜色立体模型来表示物体色的方法之一，其立体空间表征了颜色的三个基本的视觉参数，即明度、色相和饱和度。该系统是基于心理学方法和视觉特性，将各种颜色的明度、色相和饱和度进行分类和排列，在立体模型中的每一部位各代表一特定的颜色，并采用统一标号，汇编成颜色图册。它是目前应用最广泛的颜色系统，是美国国家标准研究院和美国材料测试协会的颜色标准。

2. 孟塞尔颜色图册

在孟塞尔颜色系统中，通过颜色立体模型的颜色分类方法，用纸片制成许多标准颜色样品，汇编成颜色图册。孟塞尔图册的版本有很多。由美国1915年最早出版《孟塞尔颜色图册》(*Munsell Atlas of Color*)，1929年和1943年分别经美国国家标准局和美国光学会修订出版《孟塞尔颜色图册》(*Munsell Atlas of Color*)等。1976年出版的最新版本的颜色图册包括有光泽和无光泽两套样品，有光泽的版本共有色卡1488片，并附有一套由白到黑共37块中性色样品；无光泽版本共有色卡1277片，并附有32块中性色样品。颜色样品的尺寸有多种规格，其中最大尺寸的为18mm×21mm。

3. 孟塞尔明度值

图2-47(彩图见光盘)是孟塞尔颜色立体的示意图，其中包括孟塞尔明度、孟塞尔彩度、孟塞尔色调三维视觉属性。孟塞尔颜色立体的中央轴代表无彩色白黑系列中性色的明度等级，白色在顶部、黑色在底部，称为孟塞尔明度值。以符号 V 表示。它把亮度因数 Y 等于102的理想白色定为明度10，而把亮度因数等于0的理想黑色定为明度0。这样，孟塞尔明度值分成0~10共11个在感觉上等距离的明度等级。每一明度值等级代表了某一种颜色在标准照明体C下的亮度因数。在实际应用中只用1~9级明度值。在《孟塞尔颜色图册》中主要给出明度值从1.75(亮度因数 $Y=2.5$)到9.5(亮度因数 $Y=90$)以每0.25明度值为一级的中性色样卡。彩色

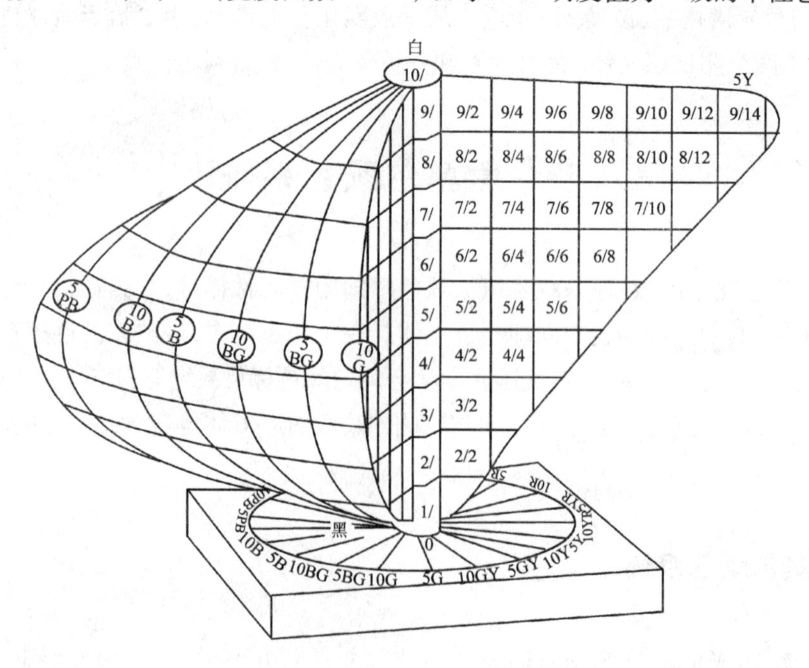

图2-47 孟塞尔颜色空间排列示意图

的明度值在孟塞尔颜色立体中以离开基底平面(理想黑)的高度来表示,并用与其相等明度的灰色来度量。

4. 孟塞尔彩度

在孟塞尔颜色立体中,一块颜色样品离开中央轴的水平距离代表样品颜色饱和度的变化,在孟塞尔颜色系统中称为孟塞尔彩度,以符号 *C* 表示。彩度表示具有相同明度值的颜色离开中性灰色的程度。彩度按照离开中央轴距离的大小,被分成许多视觉上相等的等级,中央轴上的中性色的彩度为0,离开中央轴越远,彩度数值越大。在《孟塞尔颜色图册》中,一般给出以每两个彩度等级为间隔的颜色样卡。各种颜色的最大彩度是不一样的,个别最饱和颜色的彩度可达到20。

5. 孟塞尔色调(色相)

在图2-47孟塞尔颜色立体的水平截面上,从中央轴所在的中心指向其圆周的各个方向,代表了各种孟塞尔色调,以符号H表示。如图2-48所示,孟塞尔颜色立体水平剖面的色调圆周分成10个等距离的部分,其中包括5种主要色调红(R)、黄(Y)、绿(G)、蓝(B)、紫(P)和5种中间色调黄红(YR)、绿黄(GY)、蓝绿(BG)、紫蓝(PB)、红紫(RP)。为了对色调做更细的划分,每一种色调又分成1~10共10个等级,并规定每种主要色调和中间色调的等级都定为5。在《孟塞尔颜色图册》中,对同一种色调的颜色,根据彩度的大小排成一页,成为色调页。孟塞尔色调共有100种,但在孟塞尔颜色图册中对每种色调一般只给出2.5,5,7.5,10四个色调等级,全图册共包括40种色调的颜色样卡。

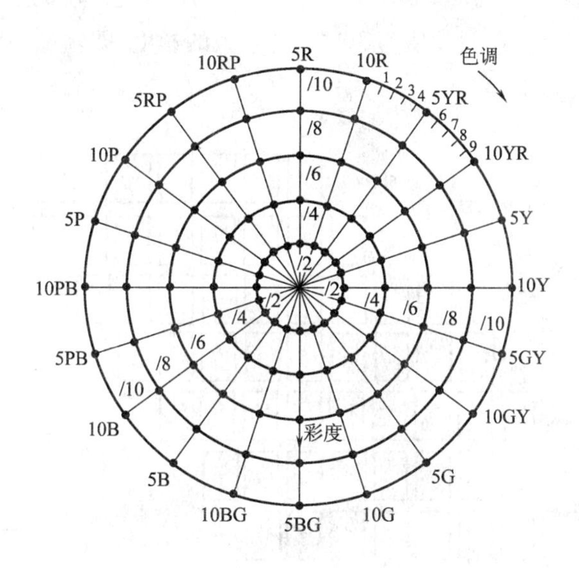

图2-48　孟塞尔颜色立体的色相——彩度图

6. 孟塞尔颜色立体三项坐标表示颜色的方法

在自然界中存在的任何颜色都可以用孟塞尔颜色立体上的色调H、明度值 *V* 和彩度 *C* 这三项坐标进行标定,确定一个唯一的位置点,并给予专门的孟塞尔颜色标号来表示,即:

$$H \quad V/C$$(色调　明度值/彩度)

例如,一个孟塞尔颜色标号为5GY8/10的颜色,它的色调5GY说明它是中间色调的黄绿色,明度值8说明亮度较高,而彩度10表示该颜色为较饱和的黄绿色。

7. 无彩色的白黑系列中性色表示方法

在孟塞尔颜色系统中,对无彩色的白黑系列中性色用符号N表示,在N后面给出明度值V,斜线后面不写彩度。其标号表示为:

$$N \quad V/$$(中性色　明度值/)

例如,明度值等于6的中性灰色写作N6/。通常对于彩度低于0.3的黑、灰、白色标定为中性色。如果需要对彩度低于0.3的中性色作精确的标定,一般采取以下形式:

$$N \quad V/(H,C)$$[中性色 明度值/(色调,彩度)]

在这种情况下,色调H只用5种主要色调和5种中间色调中的一种。例如,对一个略带黄色的浅灰色写成N 8/(Y,0.2)。用HV/C的形式标定低彩度的颜色也是允许的。

8. 孟塞尔颜色图册中样品的贴样

在《孟塞尔颜色图册》中,颜色立体各色调的垂直剖面的颜色样品列入图册的一页。全图册共40页,每页包括同一色调的不同明度值和不同彩度的样品。图2-49是颜色立体5Y和5PB两种色调的垂直面,中央轴表示1~9明度值等级,右侧是黄色色调(5Y)的颜色,在明度值9时,黄色的彩度最大,这一颜色是5Y9/14。其他明度值的黄色都达不到这一彩度。中央轴左侧是紫蓝色调(5PB)的颜色,在明度值为3时出现最大的彩度,即颜色5PB3/12。

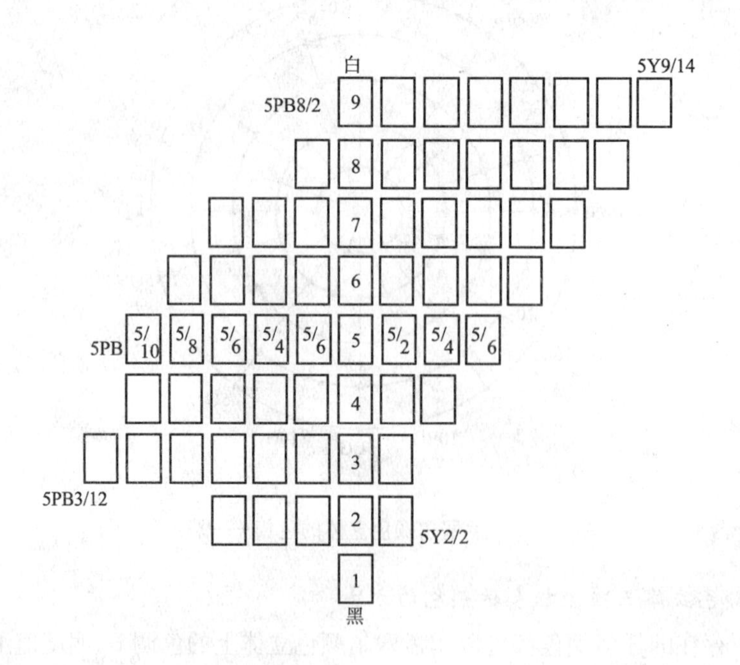

图2-49　孟塞尔颜色立体的Y—PB垂直剖面

图 2－50 是明度值为 5 的水平剖面，在这一剖面上，红色色调（R）的彩度最大，而黄色色调（Y）的彩度最小。

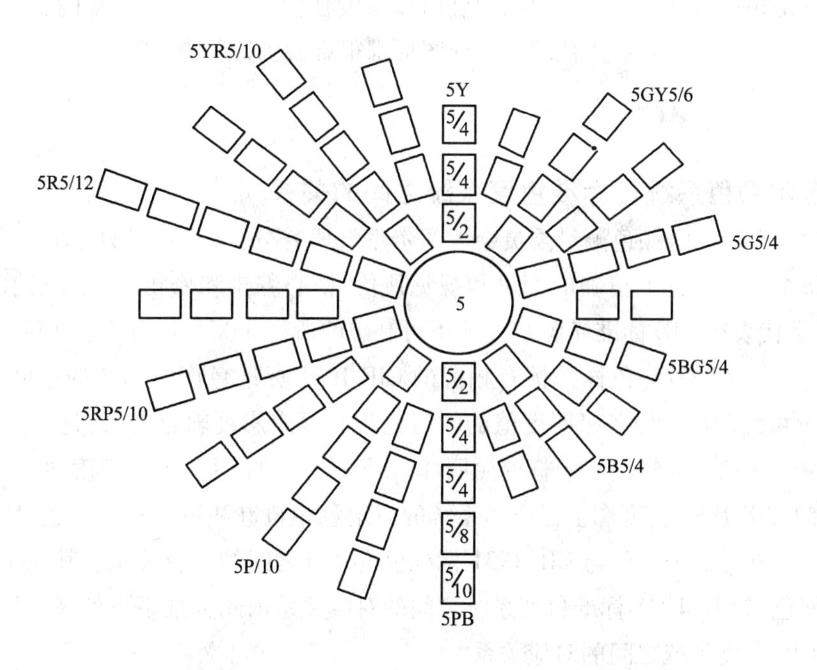

图 2－50　孟塞尔颜色立体的明度值为 5 的水平剖面

9. 孟塞尔球体

从图 2－49 孟塞尔颜色立体的 Y—PB 垂直剖面与图 2－50 孟塞尔颜色立体的明度值为 5 的水平剖面可以看出，孟塞尔球体是一个凹凸不平的立体球体，如图 2－51 所示。

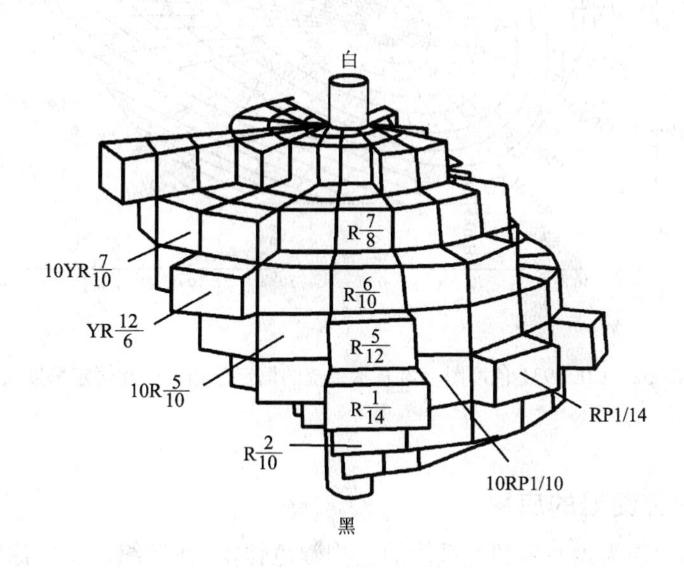

图 2－51　孟塞尔球体

10. 孟塞尔颜色的视觉差异

一个最理想的颜色立体应该是在任何方向上,任何位置上各颜色样品之间的相同距离在视觉上的差异也是相等的,即无论在色相、明度值或彩度任何方向上相同等级的变化也应代表相同的视觉差异。但是任何表示颜色的立体或图形都很难做到这一点,孟塞尔系统也没有完全做到这一点。

二、孟塞尔颜色系统与标准色度系统之间的关系

美国光学学会(OSA)颜色测量委员会孟塞尔系统研究分会,经过了数年的研究,对孟塞尔颜色系统的每个色卡进行了精确的测量和视觉评价,精心编排和修正增补孟塞尔图册中的色样,使颜色样品代表在CIE标准光源C照明下可制出的所有非荧光材料的表面色。

对孟塞尔图册中的每一色样都标有相应的CIE 1931标准色度学系统的色度坐标:在CIE 1931色度图上可绘制出对应各级明度值的恒定色相和恒定彩度轨迹曲线,进一步推导出孟塞尔颜色图册中每一色卡标号在CIE标准照明体C下所对应的CIE 1931色度值x、y及Y值[1]。例如,图2-52 CIE 1931色度图上孟塞尔系统的恒定色相轨迹和恒定彩度轨迹,从中得到明度等于5的孟塞尔标号的表面色与CIE 1931标准色度系统之间的对应关系。其他明度值的孟塞尔标号的表面色与CIE 1931标准色度系统之间的对应关系依此类推不再列举。从而建立了孟塞尔系统与CIE色度系统之间的对应关系。

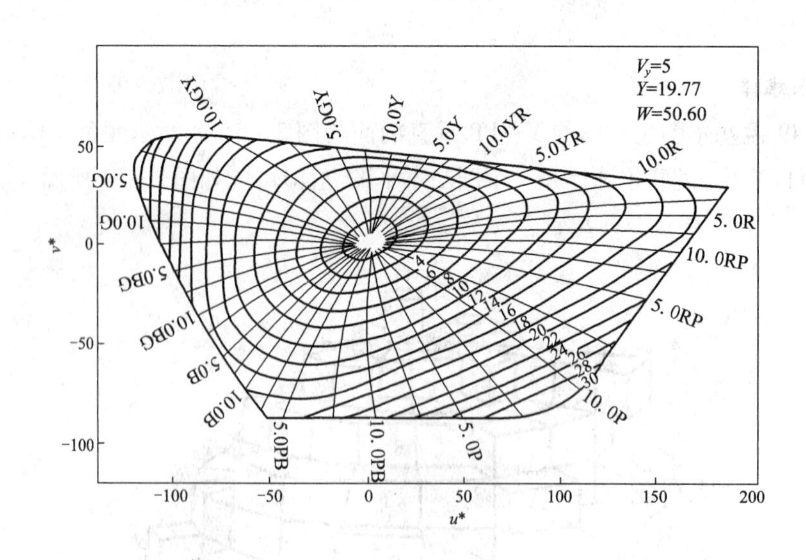

图2-52 CIE 1931色度图上孟塞尔系统的恒定色相轨迹和恒定彩度轨迹

三、孟塞尔颜色图册的应用

孟塞尔颜色图册作为孟塞尔颜色系统的实物颜色样本,在纺织、染料、涂料、油墨、医学、化学、摄影和彩色电视等各种与颜色相关产业以及颜色科学研究中得到了广泛的应用,在颜色的

表述、交流、传递等信息技术领域,以及对色貌的视觉比较与评价心理物理学工程实践方面,均具有重大的科学价值和实用意义。

1. 确定物体表面色的孟塞尔标号

利用《孟塞尔颜色图册》可以确定任何表面色(纺织品、塑料制品、染料涂料、医药和化学制品等)的孟塞尔标号。在匹配孟塞尔标准样品与待测样品时,用 CIE 规定的 45/0 或 0/45 标准照明和观测条件。光线从样品表面法线的 45°方向照射孟塞尔标准样品和待测样品时,观察者从样品表面的上方(大约垂直于样品表面)进行观察。根据需要,照明和观察角度可以倒换过来。在北半球地区,一般在室内北面窗口自然光下进行匹配(光源用来自北方的间接日光或标准人工日光),找出在色调、明度和彩度上与待测样品相同的孟塞尔色样,从而给出待测样品的孟塞尔颜色标号。如果待测样品与孟塞尔色样近似,可用两个与待测色样近似的孟塞尔色样,通过线性内插得到样品的孟塞尔标号。用目视匹配方法确定颜色样品的孟塞尔标号的误差不大于 0.5 色调等级、0.1 明度值等级和 0.4 彩度等级。在远程染色贸易中提供染色标样时,可提供孟塞尔标号和色度坐标,进而求出该色的三刺激值,利用染色 CAD 系统直接求出染色配方(见第三章),染出的染色样品还可与对应孟塞尔标号的色样进行比较,评价染色样品的附样程度,从而为世界贸易提供了统一的颜色样品标准。

2. 实现 CIE 标准色度系统与孟塞尔系统的相互转换

孟塞尔颜色图册中的每张色卡既有孟塞尔标号又有对应的 CIE 色度参数(Y,x,y)值,因此可以利用 CIE 标准色度系统与孟塞尔颜色系统之间的对应关系,进行相互转换。根据不同明度值给出对应的 CIE 1931 色度图上的恒定色调和恒定彩度轨迹,可以将孟塞尔标号的色样通过内插换算成 x,y 色度坐标和亮度因数 Y。或者,将已知 x,y,Y 的表面色换算成孟塞尔系统的颜色标号[1]。在纺织产品的国际标准(ISO)和国家标准(GB)中,同时用孟塞尔颜色系统与标准色度系统进行标定,并用标准色度系统的参数进行计算,在纺织品色貌的视觉比较与评价方面得到广泛的应用。

3. 检验各种不同颜色空间的均匀性

为了进行色差计算常常需要把不均匀的 CIE—XYZ 颜色空间转换成均匀颜色空间,而颜色空间的均匀与否,是与对色差的评价结果密切相关的,因此,人们都努力争取建立均匀的颜色空间,而颜色空间均匀与否的评价,则可以用孟塞尔系统来检验。其检验的方法是,将相同明度而色相和彩度不同的孟塞尔色卡,根据每一色卡的(Y,x,y)表色值求出孟塞尔表色系统的表色值,然后将其绘于孟塞尔表色系统的坐标上,根据图形的形状则可以大体判断出新颜色空间的均匀性。如图 2-53 为 CIE 1976—$L^*a^*b^*$ 颜色空间的 $a^*—b^*$ 图上的孟塞尔恒定色相和彩度轨迹。图 2-54 为 CIE 1976—$L^*u^*v^*$ 颜色空间的 $u^*—v^*$ 图上的孟塞尔恒定色相和彩度轨迹。从这两个图可以看出 CIE 1976—$L^*a^*b^*$ 颜色空间的均匀性稍好于 CIE 1976—$L^*u^*v^*$ 颜色空间。因此在现有纺织品的国际标准与国家标准中,对纺织产品颜色外貌及品质评价方面,规定以 CIE 1976—$L^*a^*b^*$ 颜色空间的均匀性为评价标准。

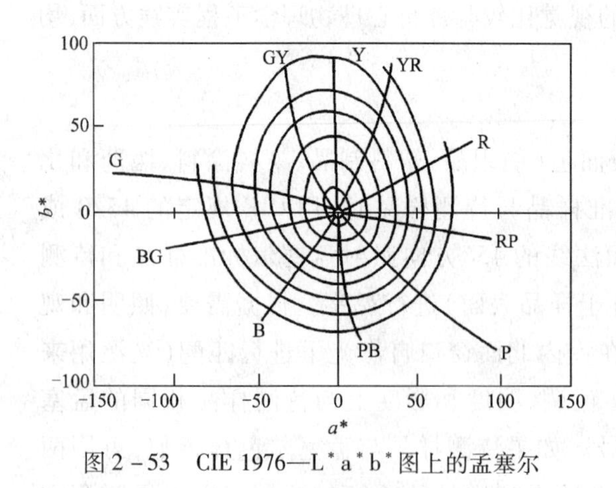

图2-53 CIE 1976—L*a*b*图上的孟塞尔恒定色相和彩度轨迹($V_Y=5$)

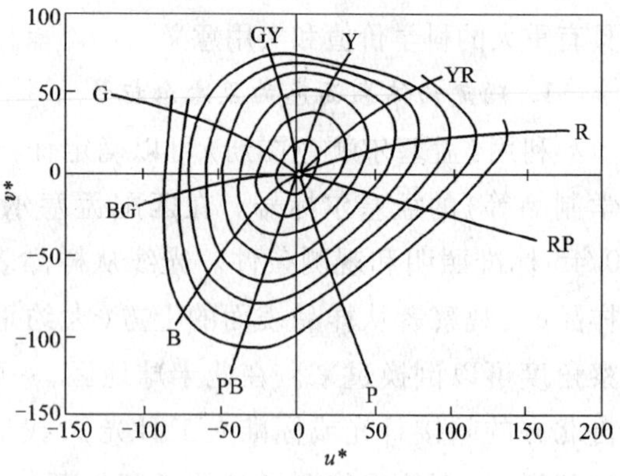

图2-54 CIE 1976—L*u*v*图上的孟塞尔恒定色相和彩度轨迹($V_Y=5$)

第九节 配 色

在印染加工中,为了获得一定的色泽,往往需将不同颜色的染料拼混起来,得到一种颜色或改变原来颜色的色光,这就是配色。所以,配色实质上就是指不同颜色染料的混合,印染行业俗称拼色。这就需要进行染料的混合和配方的预测,需要正确的选择染料或颜料,并给出所需要的染料或颜料的浓度比例,以获得要求的颜色匹配。

印染厂的配色工作,长期相传的传统的方法,都是沿用的手工打样,目测比色的方法。这就是在染色或印花生产前必须根据来样、色卡或市场流行色,参照平时积累的配色资料,结合实际经验,预测出恰当的小样配方,并根据配方进行打样试验,记下各染料的用量,逐次加入尚缺少的成分,直到配得与来样(标样)从视觉上看来等色,或与来样足够接近时,记录下各染料的用量及各染料对织物质量的百分比(owf),就是配方。然后分析染色小样与大样的相互间的有关因素,校正配方进行大样染色。若发现与来样仍有色差,需再进行调整,直到获得与来样在允许误差范围之内。以上配色方法很直接,但需要丰富的专业知识和实际配色经验,否则由于染料的品种繁多,既不经济效率又低。特别是配色工作者的经验需要长时间的培养、积累和提高,且存在人员素质的差别,直接影响了配方质量的重现性与可靠性。

为了提高配色效率,避免人眼视觉上的误差以及得到良好的重现性,在测色学和计算机及外围设备发展的基础上,特别是大容量、高速度的数字计算机及输入、输出设备的不断开发和升级,为配色预测的计算机控制及其快速发展提供了物质基础和技术手段。计算机自动配色的研究及其在工业控制中的应用日益广泛,极大地提高了生产效率和工业颜色控制的质量,同时又强有力地推动了颜色科学的丰富和完善。

计算机配色,即根据颜色的定量测量数据计算配色所需的染色配方。从色度学系统的角度来讲配色就是把染料配合起来,使染色物的三刺激值相等,达到色相一致。也就是说计算出与

色样三刺激值相一致的染色配方。因此,三刺激值相等配方的结果应满足下式:

$$X_S = X_M$$
$$Y_S = Y_M$$
$$Z_S = Z_M$$

式中:下角 S 为标样;M 为配色染色样。

由三刺激值计算式(2-22)或式(2-23)可得:

$$X_M = k\sum_{i=1}^{n} S(\lambda)\bar{x}(\lambda)\rho(\lambda)\Delta\lambda_i \quad Y_M = k\sum_{i=1}^{n} S(\lambda)\bar{y}(\lambda)\rho(\lambda)\Delta\lambda_i$$

$$Z_M = k\sum_{i=1}^{n} S(\lambda)\bar{z}(\lambda)\rho(\lambda)\Delta\lambda_i \quad k = 100/\sum_{i=1}^{n} \rho(\lambda) \times \bar{y}(\lambda) \times \Delta\lambda_i$$

式中:$i=1\sim n$,等于 $\lambda=380\sim780$nm 按间隔分割后的个数;$S(\lambda)$为标准照明体或标准光源的分光功率分布(查表可得);$\bar{x}(\lambda)$、$\bar{y}(\lambda)$、$\bar{z}(\lambda)$ 为波长按间隔分割后对应的标准光谱三刺激值(查表可得);$\rho(\lambda)$ 光谱反射率是未知参数,根据染料的结构及组成不同发生相应的变化;$\Delta\lambda$ 可根据仪器的精度而定,可选其一:$\Delta\lambda=20$nm、10nm 或 5nm 。

因此,配色计算实际上就是解析标样与染色物(配色结果)三刺激值相一致的三元一次方程,计算的关键在于求得像拼色后的染色物分光反射率分布或者三刺激值相等的配色处方。

要达到此目的,最好能在反射率和浓度之间建立一个过渡函数,它既与反射率呈简单关系,又与染料浓度呈线性关系。也就是需要了解单一染料的染色浓度和它们的染色物的分光反射率之间的关系,以及各种单一染料染色物的分光反射率和拼色染色物分光反射率之间的关系。

一、染色物可测参数与染料浓度的关系

从染料的发色原理已知,不同的染料具有不同的吸收特性,不同的光谱组成,导致染色织物形成各种颜色。同时染料的用量越多反射出来的光越少,可见染料及染料的浓度与反射之间存在着某种必然的关系。关键是找出一个数学的模型来表征。

1992 年 6 月国际颜色学会(AIC)在美国的 Princeton 专门召开了以“计算机配色(Computer Color Matching)”为主题的专门会议,交流世界各国在这个领域中所做的工作,进一步推动计算机配色的发展。发现自 1960 年第一台计算机颜色预测模拟系统以来,应用得最广泛、最普遍、最成功的光学模型是由 P. Kubelka 和 F. Munk 于 1931 年提出的二光通理论,即通常所称的库别尔卡—姆克(Kubelka—Munk)理论。该理论用 K 和 S 两个参数(分别称为 Kubelka—Munk 吸收系数和散射系数)将测得的反射比值与染料的浓度相关联,并假设在染料混合物中用 K 和 S 的加和性来表征染料混合时的光学行为。原函数本来有相当复杂的关系,对于不透明的纺织品的配色,一般只引用推导公式的简化形式[12]:

$$\rho_\infty = 1 + \left(\frac{K}{S}\right) - \left[\left(\frac{K}{S}\right)^2 + 2\left(\frac{K}{S}\right)\right]^{1/2} \quad (2-48)$$

求解此方程可以得到以 ρ_∞ 表示的$\frac{K}{S}$，该方程式也称 Kubelka—Munk 方程式，即：

$$\frac{K}{S}=\frac{(1-\rho_\infty)^2}{2\rho_\infty} \tag{2-49}$$

式中：K——染色物的吸收系数；

S——染色物的散射系数；

ρ_∞——染色物（厚度无穷大时）的反射率。

一般情况下，分别求出 K、S 值是很麻烦的，因此，不单独进行 K 值和 S 值的计算，而是计算$\frac{K}{S}$的比值，也称为$\frac{K}{S}$值。

（一）单一染料（单色样、只用一种染料染色）染色物浓度与染色物反射率及$\frac{K}{S}$值之间的关系

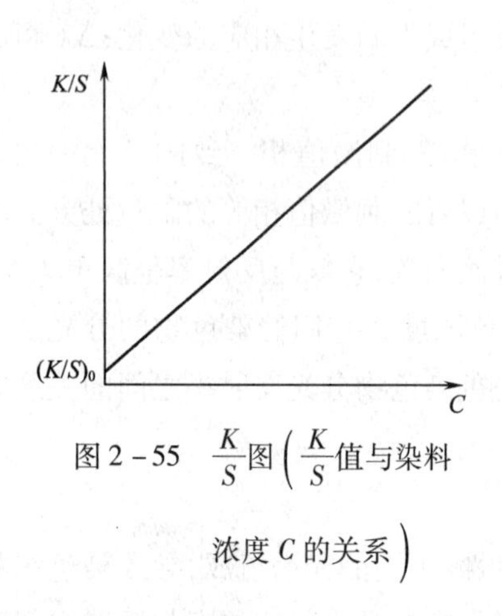

图 2-55　$\frac{K}{S}$图$\left(\frac{K}{S}\right.$值与染料浓度 C 的关系$\left.\right)$

如果以$\frac{K}{S}$或$\frac{(1-\rho_\infty)^2}{2\rho_\infty}$值为纵坐标，以染料浓度为横坐标作图，得到近似的直线。如图 2-55。就是说在某一波长 λ 的单色光照射下染色物$\frac{K}{S}$值与单一染料浓度成正比。事实上此直线与$\frac{K}{S}$轴相交于未染色之物$\left(\frac{K}{S}\right)_0$处。用数学式来表示：[7]

$$\frac{K}{S}=\frac{(1-\rho_\lambda)^2}{2\rho_\lambda}+\frac{(1-\rho_0)^2}{2\rho_0}=k_\lambda\times C+\left(\frac{K}{S}\right)_0 \tag{2-50}$$

式中：ρ_0——未染色织物的反射率因数；

k——比例常数$\left(\text{单位浓度的}\frac{K}{S}\text{值}\right)$；

C——染料的浓度。其值为按染色物重（owf，%），也可以是染液的浓度 g/L（每升染液含染料的克数），还可以是每百克含染料的克数，每千克含染料的克数（印花仿色）等。

如果将某一染料以一定的浓度染色，测出染色织物的分光反射率和未染色织物的分光反射率，则根据上述公式，便可求出比例常数 k，求出 k 后，如果染色织物的分光反射率是已知的，则同样可求出染料的浓度。

式（2-50）中的第二项，即 ρ_0 对应的$\left(\frac{K}{S}\right)_0$值，有时候是可以省略的。例如，当 ρ_∞ 值较小时或比较两样品相对表面深度时，为简单起见则可以省略。计算式（2-50）时 ρ_∞ 常常取最大吸收波长的值，即具有最低反射率波长下的值。计算出的结果，$\frac{K}{S}$值越大颜色越深，即染色物染料的浓度越高。$\frac{K}{S}$值越小则颜色越浅,染色物染料的浓度越低。

计算举例:图 2-56 为由分光光度计测得的两个织物染色样品(A、B)的反射率曲线,从曲线中可以知道染色样品的最大吸收波长为 625nm,在此处两样品的分光反射率因数 ρ_λ 分别为 8.0%、12.0%,将这两个值代入式(2-49),得:

$$\left(\frac{K}{S}\right)_A = \frac{(1-\rho_\lambda)^2}{2\rho_\lambda} = \frac{(1-0.080)^2}{2\times0.080} = 5.290$$

$$\left(\frac{K}{S}\right)_B = \frac{(1-\rho_\lambda)^2}{2\rho_\lambda} = \frac{(1-0.120)^2}{2\times0.120} = 3.227$$

从结果可知,$\left(\frac{K}{S}\right)_A > \left(\frac{K}{S}\right)_B$,所以样品 A 的颜色比样品 B 深。

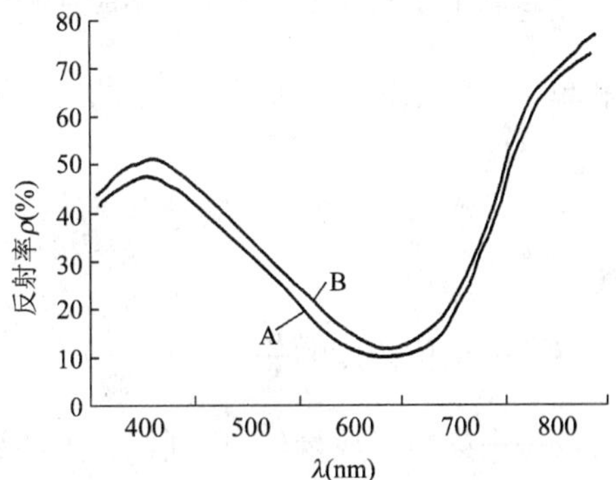

图 2-56 $\frac{K}{S}$函数的比较

A—样品 A 的反射光谱曲线

B—样品 B 的反射光谱曲线

$\frac{K}{S}$函数是计算表面深度常用的方法,也是计算机配色中处方预测计算的理论基础。

(二)单一染料基准浓度染色物的反射率与拼色染色物反射率之间的关系

单一染料基准浓度染色物的反射率与拼色染色物反射率之间的关系,反映了拼色染色物的$\frac{K}{S}$值与参与拼色的各染料染色物的$\frac{K}{S}$值之间的关系。

根据 Kubelka—Munk 理论,其吸收和散射系数适用加和性的原理,不透明体的吸收系数 K 和散射系数 S 具有加和性,对于染色纺织品,则$\frac{K}{S}$值表示如下:

$$\frac{K}{S} = \frac{K_0 + \sum_{i=1}^{n} K_i}{S_0 + \sum_{i=1}^{n} S_i} \tag{2-51}$$

式中:K_0,S_0——未染物的吸收系数和散射系数;

K_i,S_i——各染料的吸收系数和散射系数。

由于上染于纤维的染料粒子太微小,其散射系数 S_i 与纤维散射系数 S_0 相比差异很小,可以忽略不计,用 S 表示 S_0,则式(2-51)变为:

$$\frac{K}{S} = \frac{K_0 + \sum_{i=1}^{n} K_i}{S_0 + \sum_{i=1}^{n} S_i} = \frac{K_0 + \sum_{i=1}^{n} K_i}{S_0} = \frac{K_0}{S_0} + \frac{\sum_{i=1}^{n} K_i}{S} \tag{2-52}$$

若只有一种染料,则式(2-52)变为:

$$\frac{K}{S}=\frac{K_0}{S_0}+\frac{K_1}{S} \tag{2-53}$$

在一定的染色浓度范围内,纤维上染料的上染量与染浴中使用的染料浓度 c 成正比,即染料浓度越高上染量越高,经分光光度计测得分光反射率值就越低,在某一波长的单色光照射下 $\frac{K}{S}$ 和单一染料浓度成正比,呈一定的线性关系。

$$\frac{K}{S}=k\times c \tag{2-54}$$

式中:k——单位浓度的 $\frac{K}{S}$ 值;

c——染料投放量(上染到织物上的染料量与染液残留量之和)。

可见单一染料染色物浓度与反射率之间的关系是单一染料基准浓度染色物的反射率与拼色染色物反射率之间的关系形式之一。

(三)拼色染色物反射率或 $\left(\frac{K}{S}\right)_M$ 与拼色的各染料单位浓度的 $\frac{K}{S}$ 值、及浓度之间的关系

根据上面的推理,对于多个染料配色 $\left(\frac{K}{S}\right)_M$ 关系式可得:

$$\left(\frac{K}{S}\right)_M=\left(\frac{K}{S}\right)_0+\sum_{i=1}^{n}k_i\times c_i \tag{2-55}$$

上式反映了染料拼色时,各种染料以单独基准浓度染色物的反射率与染料混合染色物的分光反射率之间的关系。同时又反映了各染料单位浓度的 $\frac{K}{S}$ 值、拼色物各染料的浓度与 $\left(\frac{K}{S}\right)_M$ 以及拼色物反射率之间的关系。

式(2-55)在可见光范围内(400~700mm)每间隔20nm测量一个点,共16点。以通式表示为:

$$\left(\frac{K}{S}\right)_{M,\lambda}=\left(\frac{K}{S}\right)_{0,\lambda}+\sum_{i=1}^{n}(k_i)_\lambda\times c_i \tag{2-56}$$

式中:k_i——第 i 种染料基准浓度染色物的单位浓度的 $\frac{K}{S}$ 值;

c_i——第 i 种染料的浓度;

λ=400nm,420nm,…,700nm。

此式为一个变量的电子计算机配色方程。

由式(2-56)可得由16个方程组成的方程组,染料浓度是未知数,在这个方程组中,由于方程数远多于变量数,所以应有无数组解,即可得无数组配方。一般可用标准样与配方样间的反射率差最小时来求得配方染料浓度,或获得最佳三刺激值配对的配方浓度。

由式(2－49)推导出：

$$\rho(\lambda)=1+\left(\frac{K}{S}\right)_\lambda-\left\{\left[1+\left(\frac{K}{S}\right)_\lambda\right]^2-1\right\}^{1/2} \qquad (2-57)$$

再根据式(2－56)、式(2－57)由最初获得的配方浓度计算出理论上的反射率值，根据式(2－22)或式(2－23)计算出三刺激值 X、Y、Z。然后应用三刺激值可算出理论色样与标准色样之间的色差是否在设定允许范围内，若是在允许范围内，则计算在不同光源下的色变指数和成本，打印出结果。若不是在允许范围内，则先计算三刺激值差 ΔX、ΔY、ΔZ，再由相加法或相乘法修正，重新规定染料浓度。

c_1、c_2 及 c_3 是最初预测配方染料浓度，c'_1、c'_2 及 c'_3 是调整后的配方染料浓度，即：

$$c'_1=c_1+\Delta c_1$$
$$c'_2=c_2+\Delta c_2$$
$$c'_3=c_3+\Delta c_3$$

将调整后的配方浓度，再经由式(2－56)、式(2－57)、三刺激值计算公式及色差公式计算，比较 ΔX、ΔY、ΔZ 或色差，若 $\Delta X=0$、$\Delta Y=0$、$\Delta Z=0$，或色差是在允许范围内，则打印出结果，若 $\Delta X\neq0$、$\Delta Y\neq0$、$\Delta Z\neq0$，或色差仍不在允许范围内，再经式(2－56)、式(2－57)、三刺激值计算公式及色差公式计算比较，如此的重复计算比较直到三刺激值相等或色差符合要求为止。

Kubelka—Munk 理论适用于纺织印染等工业的自动配色，且广泛成功地应用在涂料、塑料、油墨、印刷、纤维混合物、食品等许多工业配色预测中。因为该理论给出了色料混合的本质，该理论中包含的简单原理，对于非专业人员也很容易理解，所以很自然地成了色料工业研究的基础。事实上，由 Kubelka—Munk 理论近似条件所引起的误差，比染色中染料的称重误差、配色基础数据误差、测色误差以及其他各种因素造成的误差小得多。因此，可以认为 Kubelka—Munk 理论在一般场合下已足够精确。

二、建立数据库与参数的修正[13]

染色配方预测要用到所选染料的$\frac{K}{S}$值，所以在进行配方计算前，必须首先确定表征色料特性的$\frac{K}{S}$值，这通过定标着色完成，并由此建立自动配色的基础数据库。

定标着色包含整个计算机配色系统的重要基本资料。制作定标着色基础色样时，必须采用与用于生产配制颜色配方相同的方法和基质(或称底材、织物、纤维)材料，不存在不依赖于基质材料的特殊染料数据。

在进行定标着色时，每种类型的每种染料单独对每种基质材料分别以一定的浓度等级进行梯度着色，即该定标染料的单独染色。浓度梯度等级则根据应用要求具体确定。从理论上说，通常分成 5～8 个级差就可以了，但实际应用中一般采用 6～12 个浓度梯级。再分两步来分别确定基质材料和定标染料的$\frac{K}{S}$值。

第一步获得浓度反射比:对基质材料样品的“模拟染色”,就是让基质样品经过完全的染色工艺过程,但不加入任何染料,测出基质样品的光谱反射比ρ_0,对定标染料的不同梯度浓度c的着色样品,按上面相同的方法测量光谱反射比ρ_c得到浓度反射图,也称$\frac{K}{S}$文件,如图2-57所示。

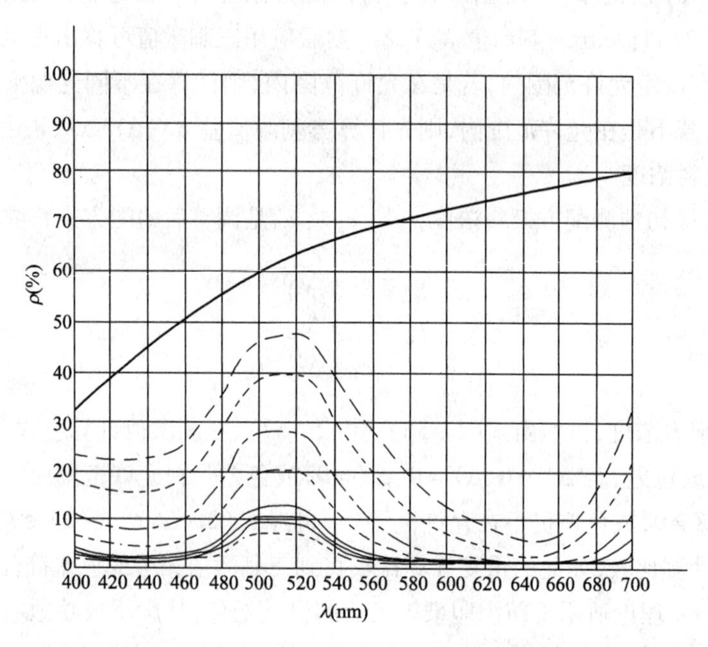

图2-57　浓度反射图$\left(\frac{K}{S}\text{文件}\right)$

第二步获得各浓度下的$\frac{K}{S}$值:由基质样品的光谱反射比ρ_0,按下述方程转换为基质样品的$\left(\frac{K}{S}\right)_0$值:

$$\left(\frac{K}{S}\right)_0=\frac{(1-\rho_0)^2}{2\rho_0}$$

对不同浓度梯级c的着色样品测得的光谱反射比ρ_c,按下述方程转换成该定标染料在对应定标浓度c下的$\left(\frac{K}{S}\right)_c$,即:

$$\left(\frac{K}{S}\right)_c=\frac{(1-\rho_c)^2}{2\rho_c}$$

得到线形控制图,也称$\frac{K}{S}$图,如图2-55、图2-58所示。

由于定标着色每次只采用一种染料进行单独染色,根据Kubelka—Munk理论加和性原理,可有:

$$\frac{K}{S}=\left(\frac{K}{S}\right)_0+k_c c \tag{2-58}$$

从理论上说，式(2－58)表示染色样品的$\frac{K}{S}$值与对应染料浓度c之间的关系，应是斜率k为染料的单位浓度$\left(\frac{K}{S}\right)_c$值的一条直线，但实际上得到的却往往是向下方凹的曲线。图2－57为纺织品基础色样的$\frac{K}{S}$值与染料浓度c之间的关系，曲线上的点为未经修正的测试值，而直线是由修正后的值得到的。

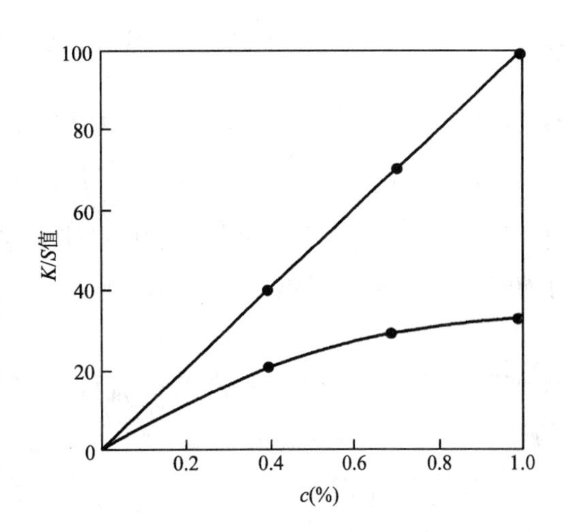

图2－58 色样的$\frac{K}{S}$值与染料浓度c的关系$\left(\frac{K}{S}图\right)$

以下针对纺织印染的应用，造成这种误差的两个主要原因作一简要分析。

(1)存在纤维的表面反射。即使已加入足够多的染料，使纤维的光吸收能力增大到最高程度，但仍有一部分光从纤维表面反射出。这种反射的存在，显然与$\rho_M=\rho_\infty$的近似条件有误差，其解决方法为：从测得的反射比(ρ_M)中减去表面反射的小常量反射比值，即：

$$\rho_\infty=(1-p)\rho_M \tag{2-59}$$

通常取$p=1.0\%$。事实上，经过这样处理，一般都能将曲线修正为直线。图2－58中的直线就是由对应的曲线经过1.0%修正后得到的。

(2)定标着色时，染料没有完全上染到纤维上。随着染料浓度的增大和上染量接近纤维染色饱和值，可能有越来越多的染料会留在染槽中。解决的方法是：

①控制染色过程和分析染槽溶液，使染料的上染率尽量增大，并保持一致；

②通过对$\frac{K}{S}$值与浓度c的关系曲线进行适当的数学处理，修正这种效应。一种典型的方法是改写式(2－58)为：

$$\left(\frac{K}{S}\right)^\rho=\left(\frac{K}{S}\right)_0+k_c c \tag{2-60}$$

式中：ρ为稍大于1的乘方指数。另一种数学处理方法是采用多项式，即把式(2－58)写作：

$$\frac{K}{S}=a_0+a_1c+a_2c^2+a_3c^3 \tag{2-61}$$

式中：常量a_0即$\left(\frac{K}{S}\right)_0$，$a_1$近似地代表单位$\frac{K}{S}$值，常量$a_2$和$a_3$用来修正曲线的凹陷。一般不需要使用高于三阶的多项式。式(2－60)和式(2－61)中的常量均可通过适当的回归程序拟合得到。

比较上述各种修正方法，并结合实际染色生产工艺状况，实用配色系统一般可以通过优化控制染色工艺过程，提高和稳定染料的上染率，并在具体分析造成定标着色基础光学数据误差的基础上，选用上述关于$\frac{K}{S}$值与c关系的修正方法中的一种或多种结合，来处理ρ_∞和ρ_M之间的关系，以达到单位$\frac{K}{S}$值对定标染料的精确表征。

对每种所用染料都经过上述染色、光谱光度反射比测试及数据处理，就获得了计算机自动配色的基础光学数据。由此结合软件可建立相应的定标着色基础数据库，在实际的配色计算中可随时调用，以进行染料配方的自动预测。

三、计算机自动配色的简单流程[13,14]

(1)测量来样(标样)与所要染色底材的光谱反射比，建立预测配方的依据。

(2)根据选定的染料组合和配色技术条件预测初始配方各染料浓度。

(3)由配方各染料浓度与标准色样的色差ΔE决定是否进一步修正配方。

(4)如果ΔE没有达到色差阈值，则进一步计算修正的配方。

(5)当配方各染料浓度与标准色样的色度参数或色差ΔE小于色差阈值时：

①计算配方各染料浓度的同色异谱指数M_i以评价该配方的光谱异构程度；

②给出配方各染料浓度；

③如果为手工选择染料组合模式，则存储配方并返回上一层模块，否则(即为自动组合染料模式)进行下一个染料组合的配方计算。

当符合配色技术条件，且色差ΔE满足预定阈值，最后提供配方给用户选用。具体过程如图2-59计算机配色流程图。

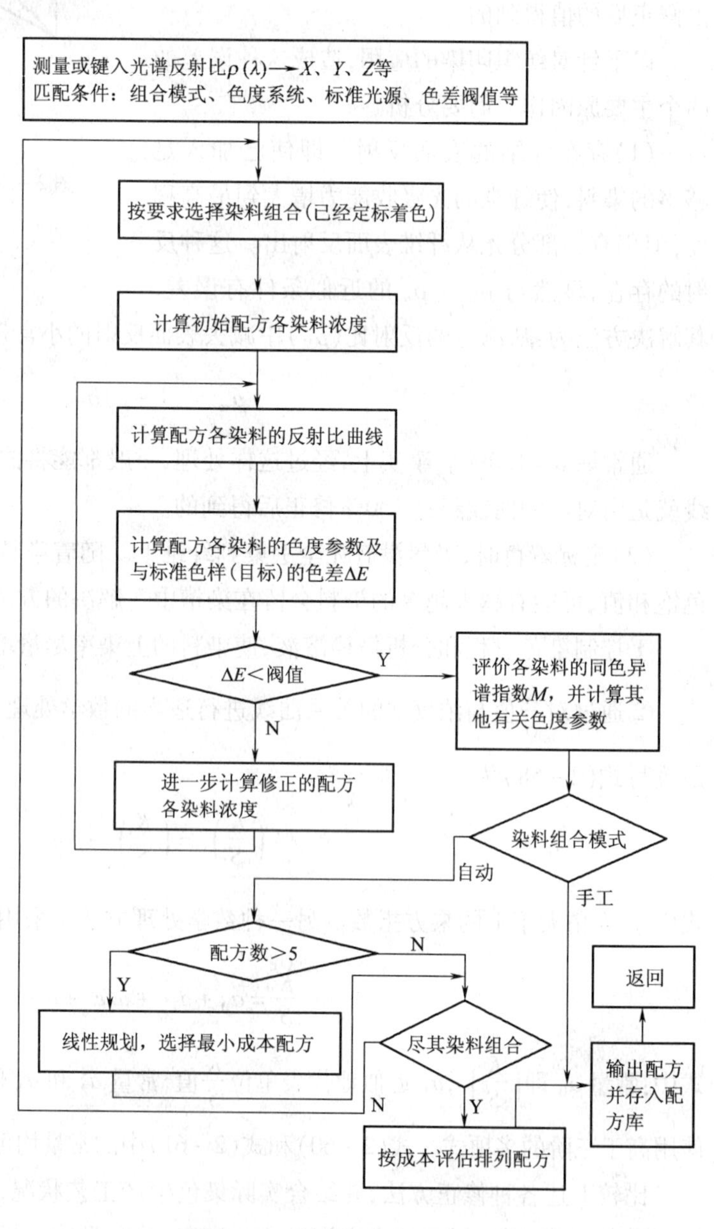

图2-59 计算机配色流程图

☞复习指导

要想全面掌握印染 CAD/CAM,必须要掌握影响颜色的相关因素,光的物理性质,光与颜色的关系,光源、照明体的概念,颜色的分类, 色的基本特征及三者之间的关系;加法混色和减法混色的基本原理、定义以及各自的三原色。

明确色的表示方法,熟悉分光光度曲线的种类、定义以及作用,如何表示颜色的基本特征;掌握 X、Y、Z 三刺激值表色方法的有关概念:①颜色匹配,②三刺激值,③颜色方程,④颜色相加原理,⑤色度坐标;理解颜色匹配的原理及标准色度学系统;掌握标准观察者的含义,在系统中如何表示颜色及三个基本特征。

掌握三刺激值 X、Y、Z 计算方法,等波长间隔法和选择坐标法的定义和计算公式,了解颜色相加计算。

掌握色差的定义常用的色差式,CIE 1964 色差式及 CIE 1976—$L^*a^*b^*$ 色差式。了解其他几种色差式及色差式的用途。

熟悉颜色的测量,掌握 CIE 规定测色参照标准,光谱反射及透射的参照标准,CIE 标准照明和观测条件。

理解对于非荧光材料物体表面光谱反射率因数 $\beta(\lambda)$ 的测量,根据 CIE 推荐的标准照明和观测条件仿生学的测量原理,掌握分光光度测色仪器的概念、组成、主要部分的作用;了解分光光度测色仪器的种类及其他测色仪器。

掌握同色异谱颜色的概念、成立的条件、差异程度的定量评价及其差异修正。

掌握孟塞尔颜色系统、孟塞尔明度、孟塞尔彩度和孟塞尔色相的概念,用孟塞尔颜色立体三相坐标来表示颜色及中性色,根据孟塞尔新标系统汇编的颜色图册在与颜色有关的纺织印染等领域中的应用。

通过色度学的理论,颜色的数字化:如颜色的表示、计算、色差计算、测量的应用等,根据库别尔卡—姆克理论,找出颜色的计算、测量与染色配方即浓度之间的关系从而建立计算机测色配色的理论基础与计算过程。

☞思考题

1. 光具有哪些物理特性?

2. 纺织染色物为什么具有不同的颜色?

3. 什么是光源、照明体,国际上通用的标准光源有哪些?

4. 物体的颜色如何分类?

5. 色的基本特征有哪些? 颜色的基本特征之间有什么联系?

6. 什么是加法混色? 加法混色的三原色是指哪三种颜色?

7. 什么是减法混色? 减法混色的三原色是指哪三种颜色?

8. 阐述以下名词:分光反射曲线,最大吸收光波长,三刺激值,色度坐标,颜色匹配,颜色方程,颜色的相加原理,CIE 1931、CIE 1964 标准观察者。

9. 阐述以下规律:分光光度曲线与颜色的色相、亮度和饱和度的关系。

10. 三刺激值的计算方法有哪两种？写出其定义与计算公式。

11. 什么是“均匀色彩空间”？试说明 CIE 1976 均匀颜色空间的特点。

12. 分别写出 CIE 1964、CIE 1976 色差公式。

13. 反射率与透过率的测量参照标准是什么?

14. CIE 在 1971 年正式推荐了哪四种用于反射样品测量的标准照明和测量条件？什么是反射率因数?

15. 试述分光光度测色仪器的概念、组成、主要部分的作用。

16. 什么是同色同谱色？什么是同色异谱色?

17. 同色异谱颜色成立的条件?

18. 对同色异谱差异的校正方法有哪两种?

19. 如何对同色异谱差异做出定量的评价?

20. 阐述以下名词:孟塞尔颜色系统、孟塞尔明度、孟塞尔彩度和孟塞尔色相。

21. 如何用孟塞尔颜色立体三相坐标来表示颜色及中性色?

22. CIE 标准色度系统与孟塞尔系统能否相互转换?

23. 什么是配色及配方?

24. 什么是计算机配色及计算机匹配配方?

25. 写出 Kubelka—Munk 方程式。

26. 写出染色物的可测参数与浓度之间的关系。

27. 为什么计算机配色要建立数据库?

28. 叙述计算机自动配色的简单流程。

参考文献

[1]荆其林,焦书兰,喻柏林,等. 色度学[M]. 北京:科学出版社,1979.

[2](德国 MUT 光谱产品)Photonics[EB]. Colorimetry Kit p90 http://www.boiflabbj.cn/boiflabbj_Article_4118.html.

[3]徐海松. 颜色技术原理及在印染中的应用(十二)颜色的测量[J]. 印染,2006(5):43-46.

[4]吴继宗,叶关荣. 光辐射测量[M]. 北京:机械工业出版社,1992.

[5]大田登. 色彩工学[M]. 东京:东京电机大学出版社,1994.

[6]徐海松. 颜色技术原理及在印染中的应用(十四)光电积分式测色仪器及荧光材料的颜色测量[J]. 印染,2006(7):40-43.

[7]董振礼,郑宝海,轺桂芬. 测色及电子计算机配色[M]. 北京:中国纺织出版社,1996.

[8]徐海松. 颜色技术原理及在印染中的应用(十三)[J]. 印染,2006(6):41-44.

[9]徐海松. 颜色技术原理及在印染中的应用(七)同色异谱颜色及光源显色性的评价[J]. 印染,2005(24):42-44.

[10]姜恒军,胡开堂．纸张的同色异谱现象及其评价[J]．中华纸业,2003,24(11):35.
[11]徐海松．颜色技术原理及在印染中的应用(十)色序系统[J]．印染,2006(2):46－48.
[12]徐海松．颜色技术原理及在印染中的应用(十五)计算机自动配色原理[J]．印染,2006(8):39－43.
[13]徐海松．颜色技术原理及在印染中的应用(十六)计算机自动配色 在纺织印染工业中的应用[J]．印染,2006(9):36－38.
[14]徐海松．计算机测色及配色新技术[M]．北京:中国纺织出版社,1999.

第三章 染色 CAD/CAM 系统

利用染色 CAD 系统协助染整工程技术人员完成染色配方设计过程中测色配色工作，是目前在染整工艺准备工作中使用的重要的手段。可用于纺织品浸染、轧染和印花仿色的配方预测。该系统的应用不仅提高了工作效率，亦可提高小样染色的一次性成功率。使用染色 CAM 系统协助染整工程技术人员完成由染色 CAD 输出配方以后的一些工作，是目前染色工艺准备及生产过程中必备的现代自动化的技术装备。

现常用的 CAD/CAM 系统包括以下几种：

(1)荷兰斯托克(STORK)公司研制的用于印花仿色 CAD/CAM 系统。

(2)意大利奥林泰克斯(ORINTEX)公司研制的测色配色 CAD/CAM 系统。图 3－1(彩图见光盘)为 ORINTEX 染色 CAD 系统(测色配色系统)，图 3－2(彩图见光盘)为 ORINTEX 染色

图 3－1 ORINTEX 染色 CAD 系统(测色配色系统)

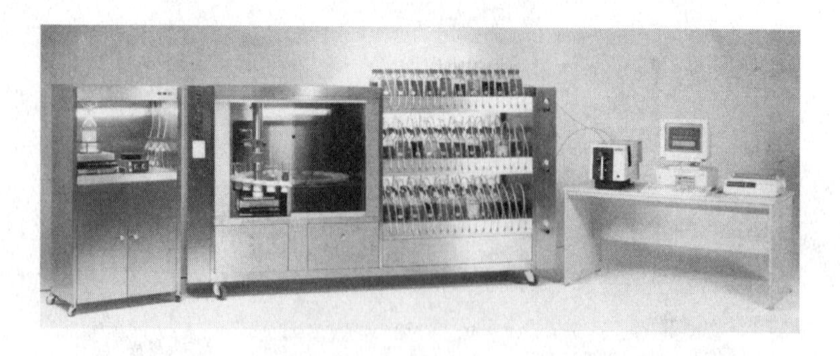

图 3－2 ORINTEX 染色 CAM 系统(COLORADO 实验室自动配液系统)

CAM 系统(试验室自动配液系统)。

(3)美国爱色丽(X—RITE)公司生产的测色配色 CAD 系统。

(4)美国 ACS 电子测色配色系统。

(5)瑞士汽巴精化公司可立配(Colibri)电脑测配色系统,也可用于油漆、色浆的测配色。

(6)瑞士 CMC -2000 测色配色系统。

(7)北京金色彩机电设备有限公司金色彩自动调浆系统。

(8)荷兰万维公司(VANWYK)印花色浆调配输送系统。

(9)杭州开源电脑技术有限公司开源全自动电脑调浆系统。

(10)沈阳化工研究院思维士公司生产的测色配色 CAD 系统。

(11)无锡丝绸研究所研制的测色配色 CAD 系统等。

第一节 染色 CAD 系统工艺流程及组成

一、染色 CAD 系统工艺流程

染色 CAD 系统的工艺流程为:

实物→分光光度计→计算机→输出小样染色配方

图 3 -3 为染色 CAD 系统的组成。若 CAD 系统与 CAM 系统(图 3 -3 中的虚线框所示)集成即可输出到自动配液系统、自动配料系统、生产一体化系统。用于印花仿色时还可与自动调浆系统集成。CAD/CAM 的集成是指信息和物理设备两方面的集成,从而建立配方设计与自动配液两个环节在信息提取、交换、共享和处理上的集成。这种信息的集成性能够使 CAD 和 CAM 的功能得到更大可能的发挥,从而取得更好的经济效益。

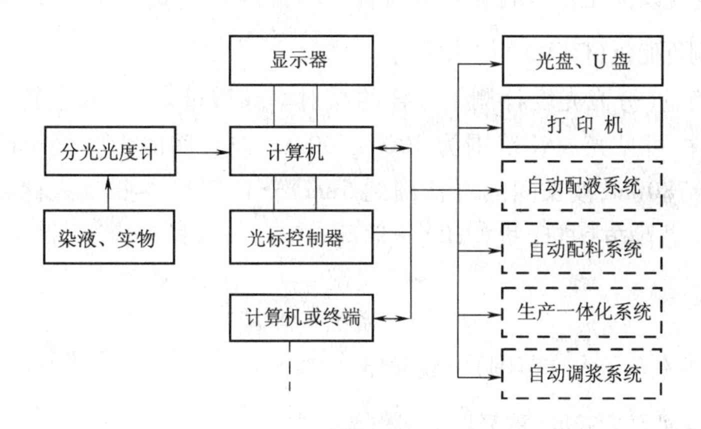

图 3 -3 系统组成(及流程)

二、染色 CAD 系统各组成部分的功能

(1)分光光度计:它是专门的测色装置。能将人眼对颜色的印象转变为数字化的透射或反

射曲线(光谱反射比)。测色通常在可见光范围内进行(400~700nm),测量波长间隔一般为10~20nm。精密仪器可测量380~780nm,波长间隔可精确到5nm。

(2)计算机:它是对色彩进行科学计算的基本装置,进行数学计算分析、优化设计和数据库操作,它储存各种各样的数据群,并与各式各样的测量装置接口。

(3)打印机:打印染色配方。

(4)软件:用于色度测量、计算代替肉眼及大脑配色,生成配色处方,使打样更完美。它的功能由各个功能模块组成,即建立数据库、仪器校正、建立标准、预测配方、配方修正、测量样品、分析色差、打印报告。各功能模块又由各自的子菜单组成。

三、人工与计算机测色配色工作程序

CAD系统既然可以协助工程技术人员完成产品设计过程中各阶段的工作,下面将人工与计算机测色配色的工作程序进行比较。

(一)人工(浸、轧染)测色配色的工作程序

目测色(条件:北窗光源)→参照积累资料→大脑→产生工艺配方(手写)→称量→配液→打样→目测(符样否)→认可→放大样→认可→批量生产

(放大样→修正→放大样)

(符样否)↓

否→返回到第二步重复以上工作进行修正至认可

注意:称量配液可采取配置母液,进行移取的方式;打样的方式可采用浸染和轧染,并按各自仪器设备和工艺要求进行。

印花测色配色的工作程序与染色类似。

目测花样颜色(条件:北窗光源)→参照积累资料→大脑→产生工艺(小样)配方(手写)→称量→调制色浆→刮色标→后处理(蒸、洗、熨干)→目测→符样否→符样→试样→认可→批量生产

(试样→修正→试样)

返回到第二步重复以上工作进行修正至符样←不符样←(符样否)

(二)计算机测色配色(CAD)的工作程序

仪器校正→测量(分光光度计测量标样的反射率或透过率,将颜色转换为计算机认识的数字信息。条件:可见光波长范围为400~700nm,波长间隔10~20nm,精密仪器可测波长范围为380~780nm,波长间隔可精确到5nm)→计算机参照输入储存的各种数据群进行计算→输出工艺配方(打印机打印)→称量→配液→打样→检测(同一台分光光度计)

(输出工艺配方→自动配液系统→打样)

符样否→认可(误差在色差允许范围)→放大样

(符样否)↓

否→修正(返回到第三步)重复以上工作至符样

从上面的比较看,计算机的测色配色过程就像仿生学一样,仿制了人工进行测色配色的整个过程。

第二节　染色 CAD 系统的使用操作

一、应用步骤

(一)连接仪器

选择不同的仪器类型设置。如选择分光光度计的类型,不同的仪器类型,对应各自测量数据建立的数据库。

(二)仪器校正

作为配色应用所需光谱数据提供者的测色系统在用于实际颜色测量之前必须首先进行校正,其中包括光谱校正和光度校正。

(1)光谱校正:即光谱或波长定标通常是在仪器出厂时已经完成,除非系统使用时间很长或受到意外损伤才需要重新进行光谱定标,一般来说,系统的波长标尺一旦校正就不会发生变化。

(2)光度校正:光度校正又分为零点(或黑筒)定标和标准白板定标两部分。零点定标给测色系统提供了光谱反射比的“零线”基准,通常采用作为仪器附件之一的黑筒来校正仪器的零点。标准白板定标是校正仪器的光度“百线”基准,由测色系统附带的标准白板(已知其精确光谱反射比数据的标准白色反射样品)来校正。

测色系统最后实测结果的精度在很大程度上取决于该系统校正的准确度和可靠性,所以这是非常重要和关键的一个环节。

每天使用前要校准仪器,这样可获得更高的精度和性能。仪器还会每隔 12 ~ 24h 自动要求校准(根据使用的仪器类型)。仪器需要校正或仪器不需要校正都会出现提示的对话框,然后参考仪器操作手册,按仪器提示的具体指令完成操作。在完成校准之前,不能进行任何测量。

在仪器下拉菜单中选择校正。系统会提示进行所需的测量及有关仪器操作指令。

例如:爱色丽 8000 系列台式机:点击“仪器”下拉菜单,点击“校正”选项,如图 3 - 4(彩图见光盘)仪器校正。

(1)校正白板:按提示将白板放入样品夹,点击“下一步”,如图 3 - 4(a)(彩图见光盘)校正白板,按提示完成校正。

(2)校正黑板:按提示将黑板放入样品夹,点击“下一步”,如图 3 - 4(b)(彩图见光盘)校正黑板,按提示完成校正。

注意:若校正“包含镜面”及“排除镜面”两种状态,需校正两次,方法同上。同时包括两种状态,只需校正一次,过程反复两次。

校准准则:

(1)镜片上保持清洁,脏物和灰尘在校准过程中会导致读数不准确。如何清洁仪器请参阅仪器操作手册。

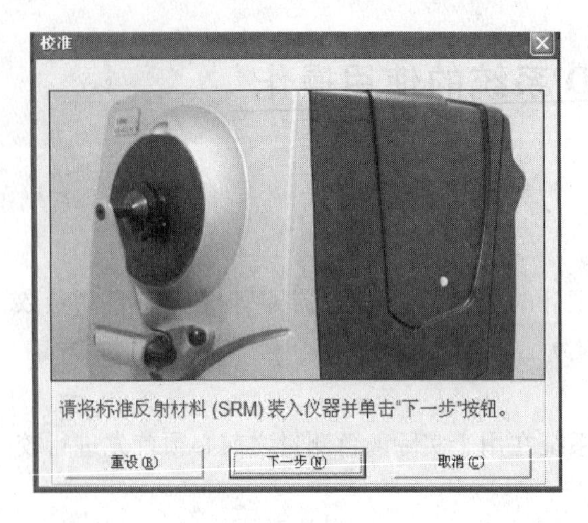

(a)校正白板图

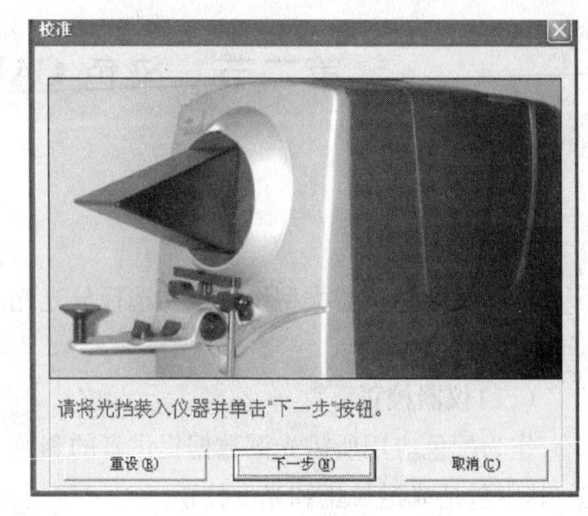

(b)校正黑板图

图3-4 仪器校正

(2)标准白板上不能有污迹、油迹、灰尘和指印,否则会极大地影响白色反射标准,应定期清洁。使用中性肥皂和温水溶液清洗,然后充分冲洗并用不起毛的软布擦干。在测量前要让标准白板完全变干。

(3)在进行校准时不要移动仪器,否则就会中止测量。

(三)建立数据库

自动配色系统进行配方计算时所采用的染料数据,来源于数据库的建立。

1. 确定数据库的类型

(1)选择纤维及制品:选择哪类纤维及制品,根据企业的生产主流,可选择棉、毛、丝、麻、涤纶、锦纶等。如选择纤维素纤维的棉织物,还要选择织物组织,一般选用产量大的,具有代表性的。因为,织物的组织不一样,厚薄不一样,都会影响配方的准确性。

(2)确定适用的染料类型:根据客户的要求,可选择还原、活性、不溶性偶氮染料、可溶性还原染料等。若选择活性染料,还应选择染料的性能,高温型、中温型、低温型,单活性基还是双活性基。也就是说染色的性能要一致。

(3)确定染色的方式:浸染、轧染、印花等。

这样可以建立如:B型(或中温型)活性染料浸染棉的数据库,初建的数据库不一定达到要求,还要区别建立相同的数据库,如日期不同等。

2. 选择染料的量及浓度

(1)选择参与配方的染料的量:要想对任意标准样用计算机计算配方,首先要选择用哪种染料及哪些颜色较为适当,染料的选择应该是用最低限度的数目的染料,获得最大范围的色泽。平均每种被染物仅用10~15种染料或更少。染料可选用品红、黄、青,红(枣红)、黄、蓝(湖蓝)两组三原色,再加黑等。相关资料显示,采用下列11种色光的染料为宜:大红、蓝光红、黄光红、橙、绿光黄、红光黄、红光蓝、绿光蓝、紫、绿、黑。少数染料具有以下优点:

①技术人员易记住染料的染色特性,有利于配方的选择(计算机给出多个配方以供选择)。

②有利于染料的储备,大批购买较实惠,资金周转快。

③大大减少了计算机数据处理的时间。因为参与制作配方的染料越多或每个配方的染料数目越多,其组合数目越多,计算机计算配方的时间就越长。表3-1列出配方染料数目与组合数目的关系。[1]

表3-1　配方的染料数目与染料的组合数目关系

染料数目	组合数目		
	3个染料组合	4个染料组合	5个染料组合
6	20	15	6
8	56	70	56
10	120	210	252
12	220	495	792
15	455	1365	3003

(2)选择染料的浓度梯度:所用染色浓度的浓度梯度,根据不同染料的最大上染量,视各染料具体情况而定,一般在实际使用范围内选定若干不同浓度(一般6~12个),浓度在0.01%~5%。例如:浸染浓度(owf),可选0.05%、0.1%、0.3%、0.6%、1%、1.3%、1.6%、2%、2.3%、2.6%、3%、4%,轧染浓度(g/L)可选0(空白染样)、0.1g/L、0.5g/L、1g/L、2g/L、4g/L、8g/L、16g/L、32g/L。

3.制订定标样品染色工艺与制作

(1)制订定标样品染色工艺:实验室小样与大生产的染色方法条件应尽可能一致。定标样品的制作包括空白染色织物的定标着色和各染料梯度浓度的定标着色样品的制作。

(2)空白织物的定标着色:空白织物的定标着色就是所谓的"模拟染色",将所要染色的织物在不加染料而只用助剂的溶液中以同样的染色条件进行染色,从而制成空白染色织物。

(3)定标小样的制作:定标小样的制作应由专人负责制作,减少人为的误差。要在同一台小样机上制作。减少系统误差。要在连续的一段时间内完成,保持定标着色样品的染色工艺一致性,发现有误,及时重新制作,直至结果正确。

定标着色样品的制作直接关系到基础数据库的精度和可靠性,在整个配色工艺过程中至关重要,要高度重视染色过程每一环节,因此还要严格操作规范,染料母液的量取或称量要准确,保持染色过程的一致性,且织物在前处理后的白度、毛效要一致。

4.光谱数据的测量和有关参数的输入

(1)光谱数据的测量:在建立数据库的功能模块子菜单中选择创建数据库,编辑数据库的名称,测量底材的反射比ρ_0,存入计算机。然后,编辑色种,输入染料的名称。选择其子菜单数据库数据,添加每只染料定标样品的浓度,选择全部测量,依次测量对应定标样品的反射比,输入计算机。

测量时应注意:样品染色要均匀,测量布纹方向要一致,折叠布样不透光;开启数码相机,检查检测部位,样品应完全遮盖测量孔;测量孔的大小应与校正、测量布样时的大小相一致;转换部位测量2~3次求平均值;定标样品的光谱数据应在同一台分光测色系统上测量输入计算机,避免系统误差。[1]

将基础色样所求得的分光反射率输入计算机,换算成K/S值,与空白染色织物的$(K/S)_0$值一起,利用$K/S=k\cdot c$求得各染料的单位浓度下的K/S值,即k值。如定标样品制作不准确,其分光反射率及所求得的值也就不准确,结果影响计算机预测配方的准确性,为保证数据的准确无误,应对定标色样进行分析检测:

①分光反射率ρ(%)对波长λ作曲线图。查看各染料在不同浓度下各样品的分光反射率曲线,一般各浓度的分光反射率曲线应呈有规则平行分布,若某曲线有部分不规则现象,如低浓度(反射率高)与高浓度(反射率低)的分光反射率相互交错,应将该曲线对应的定标样品重新制作。定标样品的分光反射率曲线如图3-5(a)所示。

②由输入计算机的分光反射率求得K/S值,分析线性控制图,如图3-5(b)把不在线上的点,即该点的浓度剔除,得到近似的直线。把有价值的数据存入数据库,作为预测配方的基础数据。一般所选择的K/S值是在最小反射率处,这样换算成K/S值就最大,可降低相对误差。

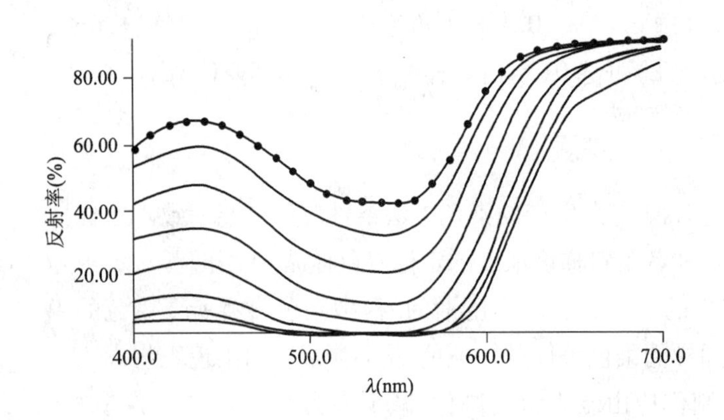

图3-5(a) 某一染料不同浓度样品的分光反射率曲线

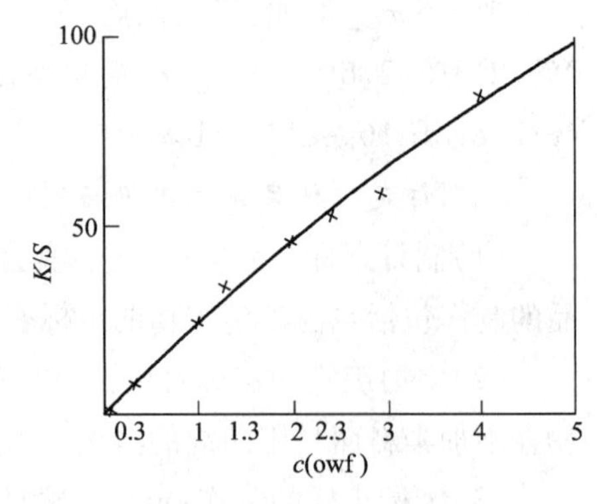

图3-5(b) K/S值与染色浓度的关系(线性控制图)

依次将每一种定标染料的不同梯度定标样品的光谱数据$\rho_M(\lambda)$输入计算机,由基础数据库管理模块将$\rho_M(\lambda)$修正为$\rho_\infty(\lambda)$,再结合浓度梯度,计算出对应染料的K/S值,存入基础数据库文件中。

(2)直接输入光谱数据:为了既能从样品直接测得光谱数据,又能在仅有色样的光谱数据而无法得到实际色样的情况下获取色样的光谱信息,在建立定标样品基础数据库和输入标准色样光谱数据时,实用的配色软件应该设计两种输入信息的途径供用户选择,一种是通过快速测色系统,直接将样品的光谱数据测量输入计算机的常规途径;另一种则是提供一个全屏编辑窗口,由用户从键盘直接输入色样的光谱数据。

(3)有关参数的输入:把定标着色染料的对应的价格、力份、染料的各种牢度、染料的相容性等信息同时输入计算机。

(4)数据库的验证分析:对建立的数据库是否可信,可以用以下的方法进行验证分析。

①分光反射率曲线的分布如图 3-5(a)某一染料不同浓度样品的分光反射率曲线,查看各染料在不同浓度下分光反射率曲线,是否呈规则平行分布,低浓度与高浓度的分光反射率是否相互交叉,确定定标样品是否重新制作。

②线性控制图或者说 K/S 图,如图 3-5(b)K/S 值与浓度 c 的关系是否呈线性关系,把不在线上的点剔除,看是否得到近似的直线,若线性较好,把有价值的数据存入数据库,作为预测配方的基础数据;若不理想,则重新制作不符合要求的定标样品。

③把已知配方的样品作为标准样,测量其反射率数据,然后预测配方再与已知样品的已知配方比较看误差范围的大小,判断基础数据的准确性,否则要重建数据库。

④预测未知配方的样品的染色配方,打样看符样的程度,修正的次数,若判断的结果不理想,应重新建立数据库,或对认为误差较大的染料品种,进行重新打样输入反射率数据。

基础数据库的管理也是配方预测软件的重要组成部分,可以对编辑数据库的内容进行数据库的修改和补充完善。

(四)建立标准

对标样进行测量,测定标准色样的分光反射率(光谱反射比)值,输入计算机。计算标样的三刺激值、K/S 值,作为颜色配方预测的依据。

1. 建立标准

点击"标准向导"按钮或从仪器菜单选择创建标准,按提示完成操作。

建立标准色样文件,创建客户,在客户文件中,分类输入每个样品的名称,测量相应的分光反射率值,存入计算机。

2. 编辑标准

可以将实验样品(预测配方的染色样)替换为标准样,剔除客户或样品标准。

(五)编辑容差

计算机菜单中已有几种色差可选,如 CIE 1976—LAB,CMC 等。容差设置的范围可根据相应的标准或客户的要求自行编辑。

(六)染料配方的预测与配方选择

1. 染料配方的预测

在完成了测色系统的光谱定标和光度校正并建立了染料的定标样品基础数据库后,还要设定配方预测的色度环境参数(包括标准色度系统、配色及同色异谱评价光源、光谱范围与波长间隔、染色工艺、染料组合模式以及染料配方色差容限等),然后在输入标准色样光谱数据的基础上进行初始配方的预测。

用户可以按照使用的具体要求选择标准色度系统(CIE 1964 或 CIE 1931)、标准照明体(如 D_{65}、A、C 等)、光谱范围(如 400~700nm 或 380~780nm 等)、波长间隔(如 20nm、10nm、5nm

等)、染色工艺(如浸染、轧染等,应选择对应的数据库)、配色底材(如纯棉、涤/棉、涤纶、仿丝、真丝等织物)、染料组合模式(如手工或自动等)、色差阈值 ΔE(CIE—LAB)等。

当然,自动配色系统软件包的核心是配方计算模块,包括初始配方预测和配方修正计算,这是预测和评价染料配方的关键部分。

计算获得染料配方可分为两步,首先计算染料配方近似值。将定标样品所求得的分光反射率换算成 K/S 值,在与空白染色织物的 $(K/S)_0$ 值一起利用 $K/S=k\cdot c$ 求得各染料的单位浓度下的 K/S 值,即 k 值。

设染色样的 $(K/S)_M$ 等于标样 $(K/S)_S$,根据吸收和散射系数加和性的原理及公式进行初始配方预测。

$$\left(\frac{K}{S}\right)_{M,\lambda}=\left(\frac{K}{S}\right)_{0,\lambda}+\sum_{i=1}^{n}(k_i)_\lambda\cdot c_i$$

进一步求得光谱反射率值:

$$\rho(\lambda)=1+(K/S)_{M,\lambda}-\{[(K/S)_{M,\lambda}+1]^2-1\}^{1/2}$$

利用三刺激值的计算公式,以获得的三刺激值。利用反射光谱匹配或三刺激值的匹配的方法,进行反复修正,以获得最佳匹配的颜色配方。

即:若初始配方的三只染料的浓度为 c_1、c_2、c_3,进一步计算出标准与配方的三刺激值之差 ΔX、ΔY、ΔZ,然后利用相乘或相加修正公式使三刺激值相等,进一步求出三只染料的浓度差 Δc_1、Δc_2、Δc_3,重新调整配方浓度可计算新的反射率值和三刺激值,然后再与标准样的三刺激值比较,若还不够接近,再利用同样的方法修正,直至反射光谱匹配或三刺激值的匹配。对预测的配方进行光谱异构的评价以及修正,达到同色异谱的指数最小,至获得最佳匹配的颜色配方。

预测配方时,数据库中染料的基础数据参与的范围可以人工干预,如果配色人员具有丰富的经验,便可以参与其中。

对配色软件的要求,整个配色软件应该可靠而高效,具有友好、灵活和生动的界面,尽量降低对用户的专业化要求,操作简便而实用,关键是输出的配方能经得起考验。

2. 配方选择

根据用户设定的配方预测色度环境参数和作为配色目标的标准色样数据,按照软件采用的配色光学模型及计算法,计算出满足要求的一个或者若干个预报染料配方。例如,图3-6(彩图见光盘)为意大利 ORINTEX 公司研制的测色配色(染色 CAD)系统提供配方选择的窗口。图3-7为美国爱色丽 X—RITE 公司生产的测色配色(染色 CAD)系统,提供50个配方供选择的窗口同时给出相应的评价参数,如色差(DE、DELTA E)ΔE,同色异谱指数(metamerism index)M_i,MCT/MICRISM,配方成本 PRTCE,强度(固色度)SOLIDITY,曲线拟合指数 CFI,该数字越小越好,校正率指数 CRI,加填充剂 LD% 等。供用户结合实际情况进行选择使用。

应选择色差 ΔE 最小,同色异谱指数 M_i 最小,曲线拟合程度最好的配方。技术人员还应根据专业知识与经验,在达到成品的要求的前提下,选择重现性好的配方。如果在生产中返工

Formulation

FORMULA #	38	11	28	27	29	17	20
DELTA E	0.001	0.000	0.001	0.001	0.000	0.000	4.899
METAMERISM INDEX	0.995	1.019	1.030	1.056	1.069	1.114	1.664
PRICE	46.242	57.518	46.039	51.134	60.165	47.456	14.039
SOLIDITY	0.000	0.000	0.000	0.000	0.000	0.000	0.000
7 RED SUM SUPRA3	0.386	0.412	0.343	0.404	0.402	0.309	
15 BLACK SPCOMC	0.077						
1 YELLOW SUM	0.335	0.378	0.329	0.358	0.383	0.358	0.080
3 BLUE SUM BRF		0.898					
13 BLACK SUPRAG			0.103				
12 BLUE SUMSUPRAB				0.069			
14 BLUE SUMIFIXSPE					0.264		
5 BLACK SUMPLV150						0.051	
6 BROASILENEAR							1.070
11 TOURQ. SUPRABGF							0.036

图3－6　ORINTEX染色CAD系统配方供选择的窗口

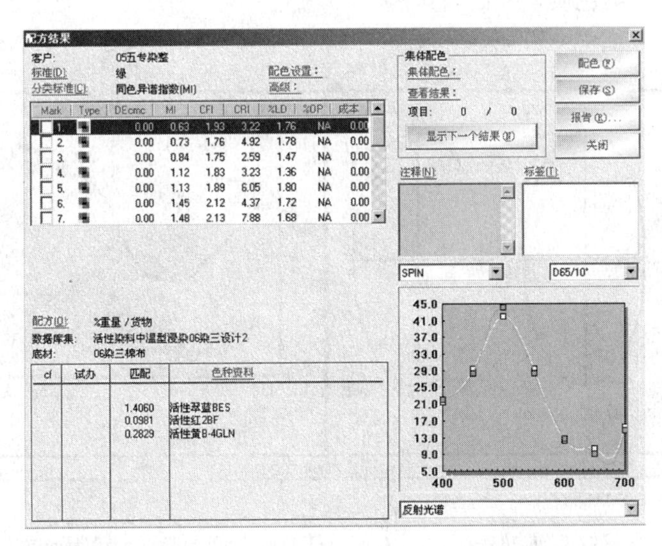

图3－7　X—RITE染色CAD系统配方供选择的窗口

(回修),会造成人力、物力的浪费,延误交货期,甚至造成退货或索赔。另外,在保证质量的前提下,应选择成本较低的配方。

(七)预测配方的小样试染

选择一个合适的配方,进行小样试染。试染小样的底材和染色工艺应与大生产相同,以验证该配方能否与标准色样真正匹配。由于计算机配色软件以有条件的光学模型和算法来进行配方计算,而实际情况却是千差万别,与理论适用的假设前提难免有些出入,从而使所预测的配方难以实现一次性100%的准确率。因此,在预测新配方时,必须进行小样试染工序。

(八)配方修正

根据小样试染的结果,比较配方与标样的色差是否达到既定的色差容限,否则该配方不符合要求,需要进行配方修正。修正的方法是将小样试染的色样在同一台分光测色系统上进行光谱测量,然后选择运行配色软件中相应的配方修正功能,计算机配色系统将立即输出修正后的浓度。用新配方染色后,其色样与标准色样是否在可接受的色差范围内,若是,则此新配方就是所需的染色配方;若不是则需要重新修正,直到取得合乎要求的染色配方为止。

一般而言,预报配方在小样试染后再经过一次修正就能得到实用的染料配方,但在某些情况下也有不需要修正,或者需要两次甚至多次修正的配方。

(九)质量控制

1. 颜色容差控制窗口

如图3-8(彩图见光盘)是意大利ORINTEX公司研制的测色配色(染色CAD)系统提供的染色质量控制窗口。如果表示色度点在屏幕上的椭圆之内,表示色差在容差范围之内,反射光谱的拟合程度,也呈现出色样符合的程度。

图3-9(a)、(b)、(c)、(d)(彩图见光盘)为美国爱色丽X—RITE公司生产的测色配色(染色CAD)系统,提供的染色质量控制窗口。

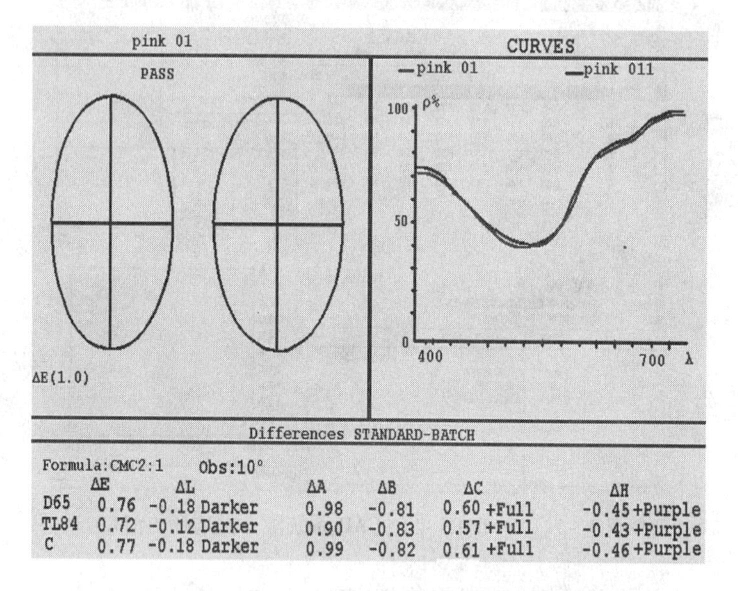

图3-8 ORINTEX染色CAD系统染色质量控制窗口

2. 色差分析

按实际的生产需要,可根据这些L*a*b*图、视觉效果、Lab数据、反射率数据等分析色差。简要说明如下:

(1)根据Lab数据、ΔE的大小及L*a*b*图分析色差。

L^*代表明度,也就是颜色的深浅,a^*代表红绿值;b^*代表黄蓝值。

ΔL^*为"+"表示颜色偏浅;为"-"表示颜色偏深。

Δa^*为"+"表示颜色偏红或少绿;为"-"表示颜色偏绿或少红。

Δb^*为"+"表示颜色偏黄或少蓝;为"-"表示颜色偏蓝或少黄。

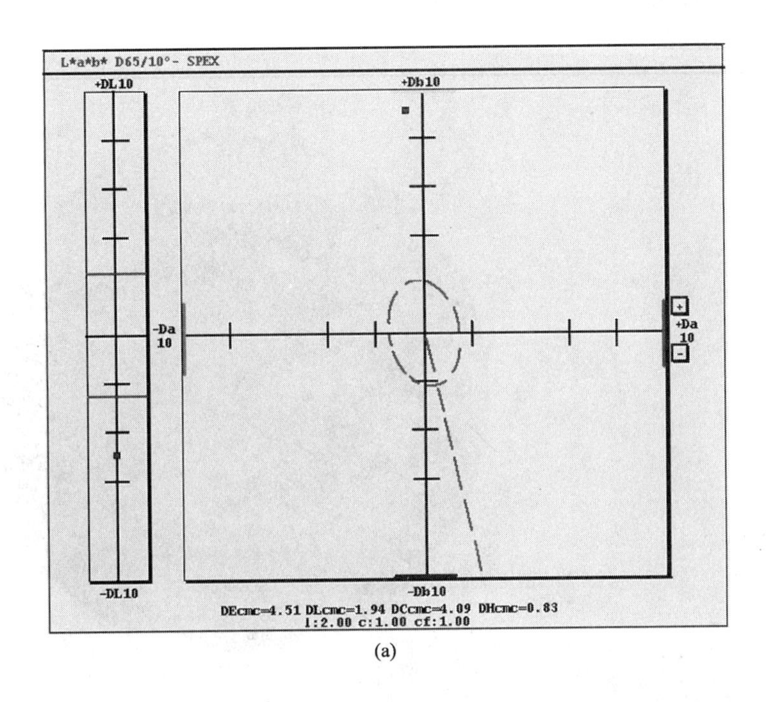
L*a*b* D65/10°- SPEX
+DL10
-DL10
+Db10
-Db10
-Da
10
+Da
10
DEcmc=4.51 DLcmc=1.94 DCcmc=4.09 DHcmc=0.83
l:2.00 c:1.00 cf:1.00

(a)

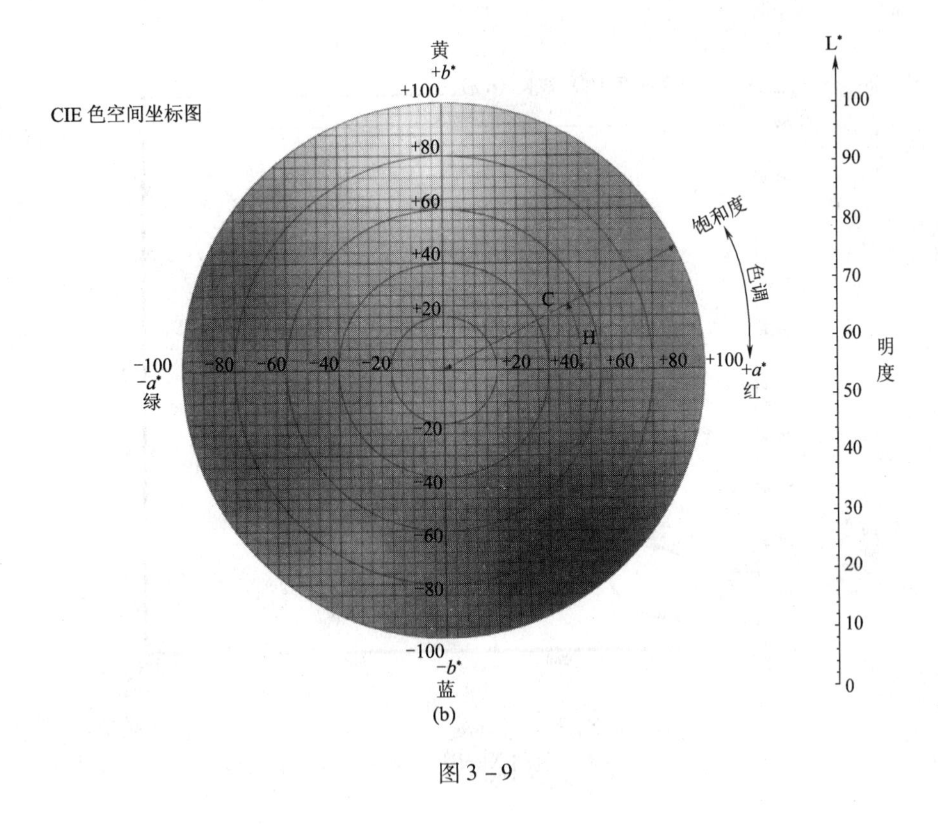
CIE 色空间坐标图
黄
+b*
+100
-100
-b*
蓝
-100
-a*
绿
+100
+a*
红
饱和度
色调
C
H
L*
明
度

(b)

图 3－9

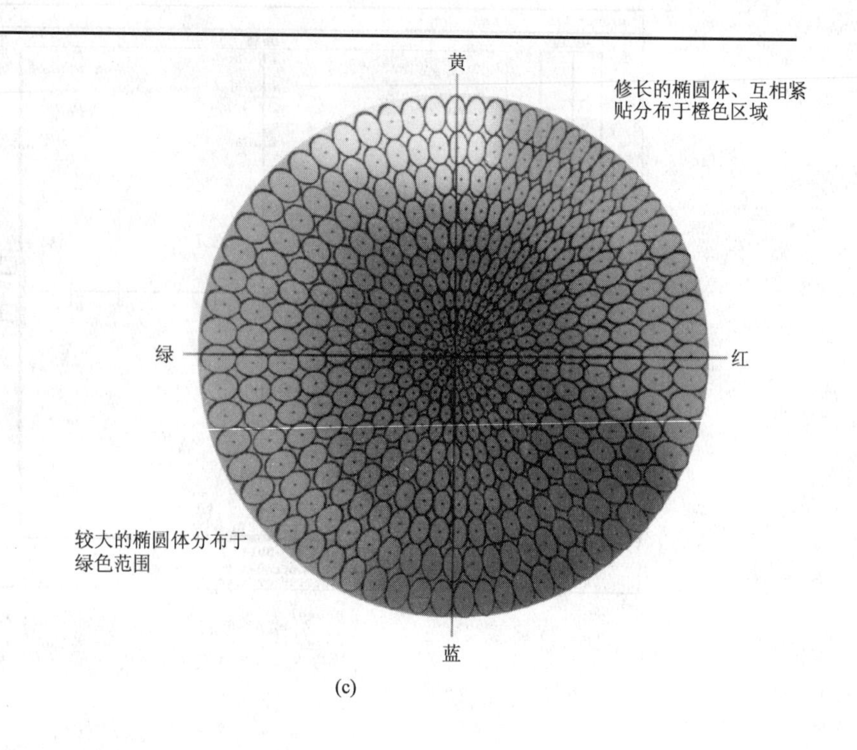

(c)

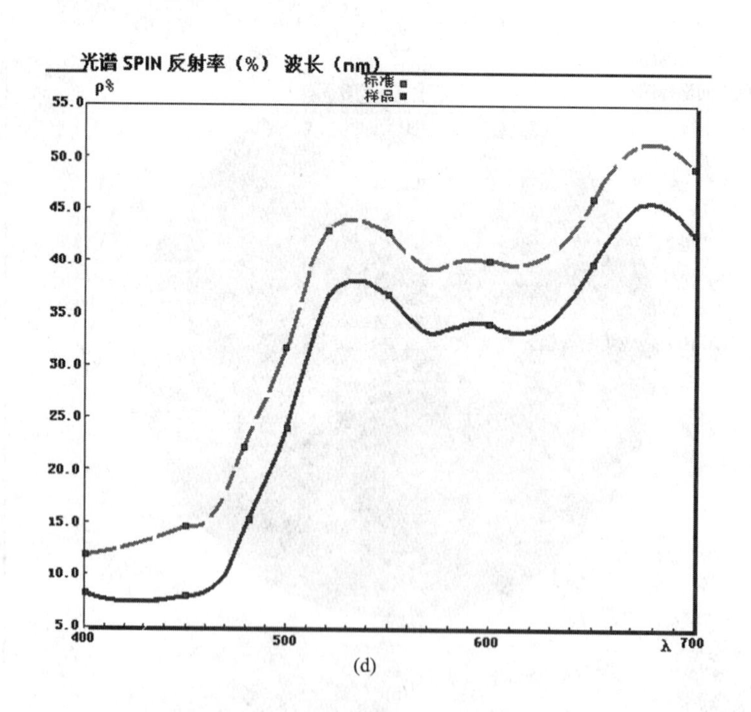

(d)

图 3-9 美国爱色丽 X—RITE 染色质量控制窗口

ΔE 代表色差,用户可根据自己的需要设定允许的色差值。

在图 3－9(a)的 $L^*a^*b^*$ 图上,中心点的位置为建立的标准,以中心点为圆心的椭圆为用户所设定的容差范围,测得的样品点在这个范围内就是合格的。所测得的样品点在容差范围外,为不合格。就明度值 L 来说,样品位置在中心点的下方,即偏深;在 a^*—b^* 坐标图中,样品点在标准点的左上方,就是说颜色偏绿偏黄,偏绿的成分很少,总体来说就是颜色偏深偏黄。如图 3－9(a)～(c)所示,为在 $L^*a^*b^*$ 图上不同的位置上显示不同的颜色偏差。

(2)反射光谱曲线图:如图 3－9(d)所示,白线为标样的光谱曲线,所测样品的光谱曲线与标样的光谱曲线越接近、重合得越好,说明色差越小。红线在下,说明染色样比标样深,红线在上,说明染色样比标样浅。

(十)打印出配方结果

一般计算机打印出的结果包括标准样名称、底材种类、染料编号、染料名称、不同配方组合、染料浓度、成本及在不同照明条件下的色差(同色异谱指数)等。系统软件还可以测白度、黄度、质量评定中的色差级别、沾色级别、力份,选择最接近的配方、计算得色率等。

(十一)管理数据

进行数据的管理,文件的检索,打开、保存、选择文件的格式、定期备份数据库、恢复数据库、删除文件等。

(十二)其他情况的配色[1]

1. 混纺织物的计算机配色

以染聚酯纤维/羊毛(40/60)织物为例来说明混纺织物的配色过程。

(1)制作100%的纯聚酯纤维织物和100%纯羊毛织物的基础色样,分别由分光测色仪测定其反射率值,再输入计算机。

(2)将客户色样与所要染色的混纺纤维材质的反射率值输入计算机。

(3)计算机依据资料计算出染100%聚酯纤维的配方与染100%羊毛的配方。

(4)染聚酯纤维的配方染料量的40%与染羊毛的配方染料量的60%为试染配方。

(5)试染织物包括所要染色的混纺织物、一块只剩余羊毛纤维的织物(聚酯纤维被溶剂处理掉)及另一小块只剩余聚酯纤维(羊毛纤维被溶解)的织物。

(6)如果所试染的混纺织物的颜色不符合客户色样,比较只剩羊毛纤维的织物与客户色样的颜色,若不符合,由计算机来计算修正配方。

(7)如果所试染的混纺织物的颜色符合客户色样,则试染配方即是染混纺织物的配方。

(8)此两小块(羊毛和聚酯纤维)染色经修正后的配方,即为试染的配方,如此继续(5)、(6)、(7)、(8)步骤可得到染混纺织物的配方。

2. 不同组织织物的计算机配色

其他所需染色的织物的组织与基础色样的织物组织不一样,一般可按照混合色样的修正,精确地转换到所要染色的织物组织上。混合色样是任选红、黄、蓝色的三种染料,依同样浓度混合,如红、黄、蓝色染料的浓度为0.1%,0.3%,0.6%,1.0%四种不同浓度来染所要染色的织物,染后织物的色彩一般为不同深浅的灰色或褐色。为求精确起见,将这些混合色样隔天或隔缸再染一次,以检查其稳定性和再现性。经分光光度仪测定反射率值,输入计算机,利用基础色样资料,计算此混合色样的配方,再由此计算配方与已知配方比较,可得到修正系数,如果三色的修正系数几乎相同,则三色修正系数的平均值可适用于档案内的所有资料。

二、染色工艺要求[2]

计算机自动测色与配色系统应用得成功与否除了测色系统和配色软件的水平之外,在很大程度上取决于应用该测色配色系统的人员素质及染色工艺的标准化程度。对染色工艺总的要求是选择合适的操作人员,工艺流程稳定,一致性好,最好具有先进的自动控制系统。具体地说,主要包括以下几个方面:

(1)测色配色操作人员素质要高:测色配色操作人员应具有中专及以上的文化程度,工作认真、负责,具备较强的染色专业知识和操作技能,积极上进,勤学肯干。

(2)染色设备先进完备:仪器的各项性能指标准确、稳定、工作状态良好,有关检测系统测量精确、结果可靠。

(3)所用染料性能稳定:所用染料各项染色性能指标一致或接近,质量稳定,供货渠道畅通。

(4)测色配色系统操作正确无误:定标着色样品制作精密细致,基础数据库完整、准确,标准色样测量数据正确可靠,配色预测过程严密可信。

(5)染料及有关助剂的用量要科学:染料及有关助剂的配比科学合理、称量准确,染液混合均匀、各项指标符合规定要求,配方实施客观、可靠。

(6)染色过程严格规范:工艺参数的编排科学合理,确保染色过程中每个环节定量控制,其中包括水质、上染时间、焙烘的温度和时间等工艺参数的精密控制,并严格执行规定的工艺流程。

三、配色误差的分析

一个实用配方的获取往往要经过初始配方的预测及其小样试染、配方的修正与重新染色等过程。但并非每次配色操作都能得到满意的配方,而每个初始配方到最后也不一定都能经过修正而达到用户的要求。造成这种情况的原因很多,也很复杂,很难做出全面而准确的论断。这里就根据作者的有限分析从测色配色系统和染色工艺两方面作一简单分析:

(1)测色误差:在基础数据库的建立过程中,基准浓度色样和标准色样光谱数据的输入,都需要对颜色样品进行分光测量。因此,测色仪器的颜色测量误差使基础数据库变得不可靠;标准色样光谱测量的精度降低,于是使配方预测失去了正确的方向,由此给出的配方必然难以达到用户要求。

(2)国产染料特性一致性较差:来自不同染料生产厂或同一生产厂生产的同一品种不同批号染料其特性均有变化,使自动配色过程对染料的基础数据库的建立与管理更为复杂,需随时进行修正和更改，无形增加了工作量，否则可靠度和有效性会受到影响，无法显示系统的优越性。

(3)定标着色基础数据影响配方的实用性：在染色时同一配方中各种染料的力份、相容性、上染率等因素的不一致，同时又难以精确测定每种染料在不同浓度梯度时的上染率等指标，使定标着色基础数据难以严格修正，直接影响配方的实用性。

(4)染色工艺难以标准化：制作染料的定标色样和按预测的配方进行染液配料时，对染料的称重、选用的水质、染色工艺过程等控制不够严格，整个染色工艺尚欠稳定，难以标准化。

总之，测色配色系统的准确性是在系统的选择时应注意的问题。

四、系统操作

操作一般为人机交互式，激活功能模块下拉菜单式操作。各系统的具体操作各不相同，但应用的步骤是一样的，例如：必须先建立数据库，建立标准才可预测配方。要求输出配方一致，即输出的配方越准确，调整的次数越少越好。

具体应用操作见各商家操作说明书，且各商家都进行技术操作培训。本书附带了美国爱色丽(X-RITE)公司生产的测色配色(染色 CAD)系统的操作演示盘。

五、远程测色配色(染色 CAD)系统[3]

当前测色配色(染色 CAD)系统，特别是纺织品测色配色系统，都是以单机开发的，所以要想使系统配方准确，就要不断的对系统进行升级和维护(软件的升级周期为半年)，这就导致了后期投入的费用大，给用户带来了较大的经济负担。现在科技开发人员已致力于远程测色配色(染色 CAD)系统的研制开发，该系统能够有效解决单机系统面临的上述问题，用户只投入基本的测色硬件设施即可，其余的软件系统、数据库的建立等工作都可以通过网上互动操作完成，或者提供给系统服务商相关的要求，让服务商完成，用户只要将配色所需的数据通过测量仪器测量完成后，就可以在服务商提供的网站将数据利用互联网传到服务商的服务器上，然后服务商通过用户提供的数据进行分析和计算，得出用户所需样品的染料或颜料的配方并反馈给用户。在运行过程中服务商要确保用户的信息和商业秘密的安全。

第三节　染色 CAM 系统

CAM 系统如图 3-3 系统配置流程框图(虚线框所示)，与 CAD 系统集成为 CAD/CAM 系统，完成了信息和物理设备两方面的集成，从而建立配方设计与自动配液等环节在信息提取、交换、共享和处理上的集成。这种信息的集成性能够使 CAD 和 CAM 的功能得到更大的发挥，自动化的水平进一步提高，从而取得更好的经济效益。染色 CAD 的信息可输出到以下 CAM 系统。

一、实验室自动配液(CAM)系统

(一)COLORADO实验室自动配液系统

图3-2(彩图见光盘),为意大利ORINTEX公司生产,它和测色配色系统联在一起,按CAD系统预测的染色配方进行自动配制染液,管理配方。代替了人工配制母液,按配方移取母液配制染液的过程。功能特点如下:

1. 染料母液的制备

配制一定浓度的染料溶液:称取一定量(浆状)染料于容量瓶中,最大允许误差为0.001g;自动计算添加相应的水,保证溶液的准确性;染料溶解时,瓶子放在带有电磁搅拌器的加热器上,可以自行设定搅拌的速度和温度,保证染料与溶剂的充分混合与溶解。

把配好染液的容量瓶放在CAM的瓶架上与引液管连接好,计算机能记忆每一种染料的全部有关信息:染料名称、瓶子位置、溶液浓度、搁置期限等。

瓶子的容量为1L,添加助剂的瓶子可更大。

2. 溶液分配

染料溶液的分配为分配器根据记忆的染料溶液的信息,由溶液分配单元根据染色配方精确地吸取相应染料并放入相应的烧杯中。

(1)COLORADO按60mL、80mL、120mL、180mL规格配备瓶子。用户也可以根据需要设定。

(2)烧杯放在转盘的操作台上,转盘的操作台将空烧杯转到相应的开关龙头下接受物料。操作台上可放置24个烧杯,利用转换接头防止溅液。

(3)分配操作。从瓶中吸取物料通过引液管至开关龙头流(滴)入烧杯中。根据被染物的质量,计算机按配方中的比例进行计算,精确度为0.01g。物料分配速度根据所要求的质量差值而变化,以保证记录准确(操作人员将配置的染料溶液调整至染浴规定量,备染色仪器染色用)。

(4)磁力搅拌器使溶液运动,以免溶液在吸取前产生沉淀。清洗器及缓冲器可保证计量结果的准确,提高操作水平。缓冲器位于计量头,可以避免在计量前后不必要的染液滴入。清洗器可以清洗所有从瓶子到计量头的管子,是在计量前或工作一段时间后必须进行的一项工作,操作软件能自动控制清洗并进行废料收集。

(5)操作人员通过操作键盘或测色软件的界面,可自动计量分配溶液进行混合,自动记录配方,并能按规定时间和日期进行分配操作。对每批溶液持续监测,对瓶中的一些或全部溶液进行逐日检测,测出搁置时间并提醒操作人员检查,检测溶液变化和变质。把实际测得的数据与标准样比较,决定是否继续使用此溶液,以便及时配制新溶液进行更新。

3. 配方、文件及染料的管理

本软件可以统计分析实验配方所用的染料及添加剂的成本,对实验室配方文件分类、归档的集中管理,更新、修改及打印。

当染料进厂后,对其进行逐日监控,当染料标准值超出允许限时,对测色系统的配方进行系统控制和更新。

系统分配染液程序化操作,溶液制备与分配准确无误;具有良好的操作重复性和连续性。改善了实验室管理,有利于提高印染厂,染料厂的质量管理水平,提高生产效率及经济效益。

（二）宏益染液调制机

图 3 - 10（彩图见光盘）为宏益染液调制机（母液配制机），是台湾省台北市宏益科技股份有限公司生产，型号为 CAMS90。

图 3 - 10 宏益染液调制机（实验室自动配制母液系统）

它具有以下的特点：

（1）母液的调制迅速精确：通过系统中精密天平的称量与水量的精确控制，使母液的配置既快速又精确。

（2）调液方式设定灵活：调液的流程可依染料特性的需求而设定，冷水、热水、加水量、搅拌时间等，建立标准配制程序，降低人为配制错误。

（3）手动、自动自由切换：配合某些作业需要，设有手动或自动加水切换功能，各种状况考虑周全。

（4）自动搅拌快速均匀：附有六组独立电动机磁石搅拌器，速度快慢可以调整，能将母液搅拌均匀无沉淀。

（5）中文视窗作业系统操作简单：使用中文视窗作业系统，界面操作容易，不需长久训练，即可熟练操作。

（三）新兴的无管路染液滴定机

新兴无管路染液滴定机[图 3 - 11（彩图见光盘）]，与宏益染液（母液）调制机，为实验室自动配制染液系统，为新兴的无管路染液滴定机。型号有 CADS MG 72/00、CADS MG96/00、CADS108/00（即有 108 个染料母液杯）。它把染料母液杯放在能旋转的转盘上进行旋转，将相应的染料母液直接放在下方转盘上的染杯中。它有以下的特点：不需清洗管路，无管路阻塞之虑，再现性好；不需管路注液，操作方便；更换母液容易，不污染，扩充性好；助剂可同时计量加入；采用 Windows 操作系统操作简单；功能设计更符合实际需求。

图3-11　新兴无管路染液滴定机

(四)STDYJ无管路全自动滴液机

STDYJ无管路全自动滴液机为杭州三拓印染设备技术开发有限公司生产,如图3-12所示。

图3-12　STDYJ无管路自动滴液机

它的主要特征:

(1)无管路设计,无沉淀,不需清洗管路。

(2)独特的抽屉式搅拌设计,维护方便。

(3)XYZ三维机械手控制。

(4)316不锈钢注射器,不变形,耐腐蚀。

(5)配备国际品牌电子秤Mettler Toledo。

(6)气动元件全部采用Festo产品。

(7)低压电器全部采用Schneider产品。

(8)自主开发企业软件,可与企业 ERP 链接。

(9)采用 Windows 中文界面,简单易学,使用方便。

(10)吸液精度 ±0.01g。

机型规格见表 3－2。

表 3－2　STDYJ 无管路自动滴液机机型规格

机台型号	DY60	DY80	DY100	DY120	DY140
母液瓶数量	60	80	100	120	140
助剂瓶数量	按需要	按需要	按需要	按需要	按需要
母液瓶容量(mL)	1000	1000	1000	1000	1000
配方平台数量	1	1	1	1	1
一次最大滴液杯数	>30	>30	>30	>30	>30
称重平台数量	1	1	1	1	1
最大称重量(g)	4200	4200	4200	4200	4200
天平分辨率(g)	0.01	0.01	0.01	0.01	0.01
计量精确度(g)	±0.0015	±0.0015	±0.0015	±0.0015	±0.0015
操作电压(AC V)	220	220	220	220	220
操作频率(Hz)	50/60	50/60	50/60	50/60	50/60
总消耗功率约(kW)	2	2	2	2	2
是否包含母液调制功能(Y/N)	Y	Y	Y	Y	Y

(五)印花仿色的实验室自动调浆系统

可用于实验室自动配液系统,亦可用于印花仿色的实验室的自动调浆。

二、用于生产的 CAM 系统

(一)染色自动配液系统

该系统国外有意大利 ORINTEX 公司、荷兰 STORK 公司、荷兰 VANWYK 公司等生产,国内有北京金色彩机电设备有限公司、杭州开源电脑技术有限公司生产。杭州开源电脑技术有限公司生产的 ALICK 染色/印花、配液/调浆系统[(图 3－13)(彩图见光盘)]。现以该系统为例介绍如下:

该系统按生产种类不同分为染色配液系统或印花调浆系统。自动配液系统将配好的染料母液储罐按要求输送到染液桶内备用,即完成自动配液的过程。印花和染色的染料在纤维上的染着作用是相同的,故印花可以看成是局部染色。只是染色和印花具有不同的介质,在染色和印花中,染色加工用的是染料水溶液,而印花用的是色浆。色浆是在染料溶液或分散液中加入糊料所调成的具有一定黏度的浆状物,因此印花自动调浆系统是在配好的染液的基础上加上原糊及助剂搅拌而成。制作原糊的原料是糊料,可用糊料准备系统制备,把准备好的糊料储罐按要求输送到色浆桶内,与按要求配制的染液一起搅拌备用,即完成自动调

图 3-13　染色/印花、配液/调浆系统

浆的过程。

染色配液系统主要用于染色车间的染液调配,适用于还原染料、活性染料、分散染料等染料的轧染、卷染、喷射染色工艺等。可以按照设定的配方,自动、连续地控制各部分物料的计量投料、搅拌和出料。同时对数据进行浏览、查询、统计、打印等一系列管理功能。

系统功能特点如下:

1. 生产工艺准备

小样实验室工作人员通过网络服务器中的订单信息,使用染色 CAD(测色配色)系统确定小样的配色初方案,亦可在配方库中寻找相近色,直接使用或稍作修改得到新的配方,并将小样的配色方案及相关信息输入计算机中,以建立计算机小样库。小样经上车试样系统打样认可后整理存入数据库,数据库内数据可由生产车间、工艺室、机台操作共同调用。配方管理模块根据生产过程中的订单信息进行排单、生产、统计及整理各类生产数据,以保质保量交货。

2. 染液配制

生产部门根据计算机数据库的信息进行共享调用,染色配液系统及印花调浆系统(含糊料准备系统)根据配方的要求通过发料模块的控制,完成自动称量、计算、调制、分配染液等工作。

(1)精确称量:系统配置德国赛多利斯电子秤,保证最小称量精度为 +0.1g。

(2)高精度分配:系统采用四种不同流量控制的分配头,根据配方的要求高精度、快速地分配染液。

(3)准确重现:由于调制的母液来自储液罐,Color 发料控制模块可准确控制母液的混合比例,以保证配方及色光的稳定。

(4)保证母液质量及泵的寿命:系统在母液分配,循环过程中设置了二次在线过滤器,过滤器采用高达 78 网孔数/cm(200 目)以上的不锈钢网,将不符合生产的大颗粒物质除去,保证了母液的质量。同时,通过泵内的隔膜,将料液流动与泵的内部结构分开,以保证料液不与泵的内部结构接触,延长了泵的使用寿命。

(5)智能化的母液自动循环:为保证染料母液的稳定性、均匀性、一致性,系统可根据生产需要设定母液循环的时间和循环时间的间隔。

(6)信息标签打印功能:系统配备有打印机,提供生产用相关信息,标签信息包括小样处方信息、误差信息(指实际生产上使用和小样配方所提供的信息之间的误差)、订单号、色号、机台号等。在打印完之后,将标签粘贴在相应的桶上,以方便生产管理,提高生产效率。

(7)储罐自动清洗功能:开源公司自动配液/调浆系统特别设置了 ABS 输送管路和进口气动隔膜输送泵,用于支持母液罐的自动清洗功能,使客户能够方便、快速清洁地进行清洗工作。

3. 母液的配制及母液储罐配置

染料母液由称粉、化料子系统完成,称粉、化料子系统将粉状染料称量、溶解、稀释后送至母液储存罐,该系统由称粉计量、供水计量、输送管路及开料控制软件组成。称粉计量由高精度电子秤控制,供水计量由高精度流量计自动控制,溶解器采用标准配置,搅拌化料可自动或手动完成。

用户可根据生产类型和规模,选配符合需要的中试分配系统、大样分配系统,最多配置 32 个母液储罐的储存系统,基本参数见表 3-3。

表 3-3　母液储罐配置基本参数

基本参数	规　格	基本参数	规　格
储罐数量(3 种规格)	32 只、26 只、20 只(其中 2 只备用)	过滤器数量(3 种规格)	32 只、26 只、20 只(其中 2 只备用)
储罐容积	200L、330L、1000L	过滤网网孔数	78 网孔数/cm(200 目)不锈钢网
分配头(3 种规格)	32 只、26 只、20 只(其中 2 只备用)	隔膜泵	34L/min 0.4MPa,67L/min 0.4MPa

4. 色浆的调制

色浆的调制由糊料准备子系统和自动调浆子系统完成。

糊料准备子系统可根据印花工艺要求,通过工控机和 PLC 控制,自动加水,自动搅拌,管路过滤输送,具有配料自动称量和黏度控制功能。

自动调浆子系统是大系统的核心部分,根据工艺配方要求,通过过滤、配料、称量、搅拌完成印花色浆的调制。子系统由调浆分配头、电子秤、配料工作站、色浆搅拌器、母液罐、母液输送管、自动输送轨道等组成,在系统软件的控制下,可确保每桶色浆的准确性和色光重现性。系统具有改色自动计算,残浆合并、回用,母液自动循环,色浆黏度自动控制以及料桶标签自动管理等功能。

技术参数如下:

(1)平均分配速度:100kg 色浆/3min;

(2)生产用电子秤:150kg 分度值 1g;

(3)中样电子秤:32kg 分度值0.1g;

(4)分配阀数量:21(数量可调);

(5)母液储罐数:18(数量可调);

(6)母液储罐容积:100L、300L、500L;

(7)过滤器:78 网孔数/cm(200 目)不锈钢网;

(8)配料泵:进口气动隔膜泵。

5. 网络化的工艺管理

通过内部局域网,使技术、生产、管理部门实现资源远程共享。实现处方数据、原始环境参数等静态数据的共享与修改,淘汰陈旧繁重的手工操作,实现印染配液/调浆过程的完全自动化,提高产品的质量和工艺水平。解决了印染行业沿用传统的配液/调浆方法存在速度慢、效率低、劳动强度大、工作环境污染和原料浪费严重等问题。

(二)配料系统

染色不仅需要染料自动化准确称量配液,相应的助剂配套供应也同样重要。

(1)意大利 ORINTEX 公司的产品[图 3 - 14(彩图,见光盘)]:P—DOS 粉状染料与 LI—DOS 液(浆)状染料自动配料操作系统。

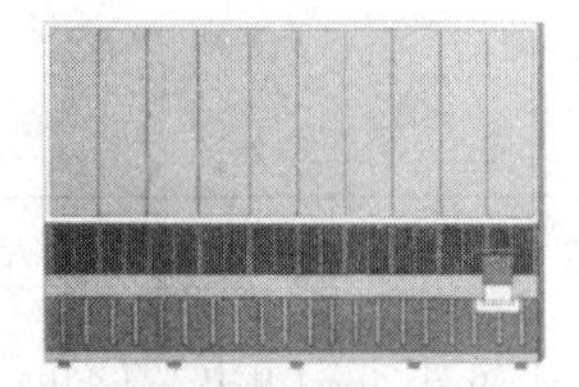

P—DOS粉状或粒状染料的自动配料操作系统

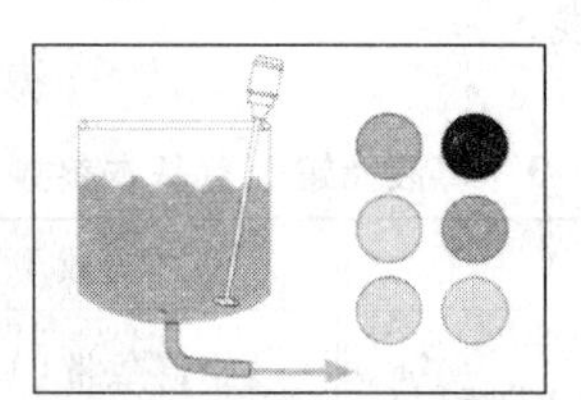

LI—DOS溶解系统和系统输送

LI—DOS助剂等液状料的自动配料操作系统

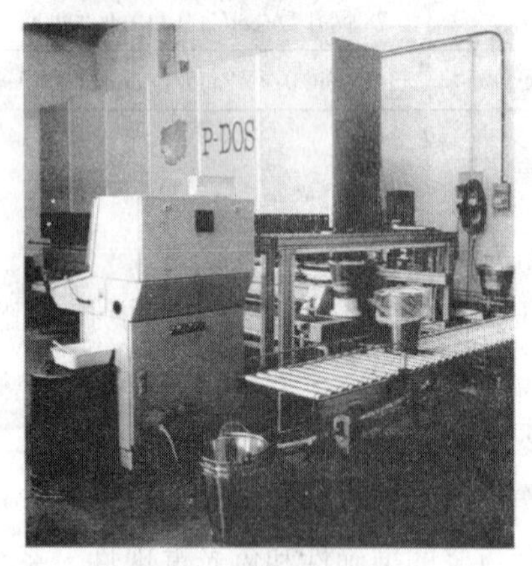

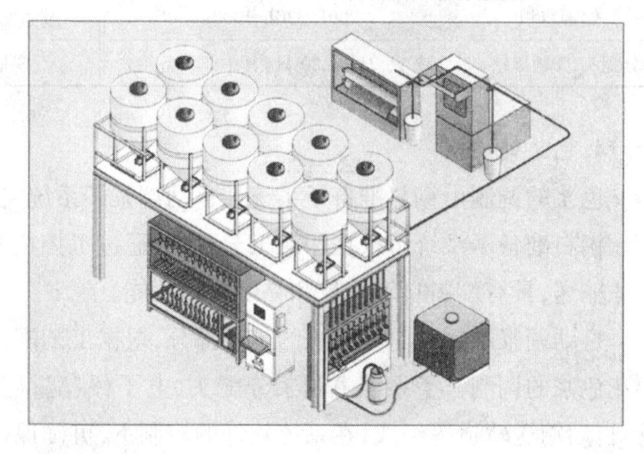

图 3 - 14　P—DOS 粉状染料与 LI—DOS 液状染料自动配料操作系统

P—DOS 粉状自动配料操作系统,用该公司获得专利的下料及称量方式配料,从而避免粉状染料结块等问题,并与溶解染料和输送染液的设备连为一体。把配好的染料或助剂溶解好输送到机台。

LI—DOS液状物料自动配料及输送系统，可把液状的物料直接送入机器，与染浴自动控制的程序连成一体化。

(2)国产有常州宏达科技集团生产的前处理助剂配送系统和杭州开源电脑技术有限公司生产的DISPENSE SYSTEM助剂自动配送系统[图3－15(彩图见光盘)]。

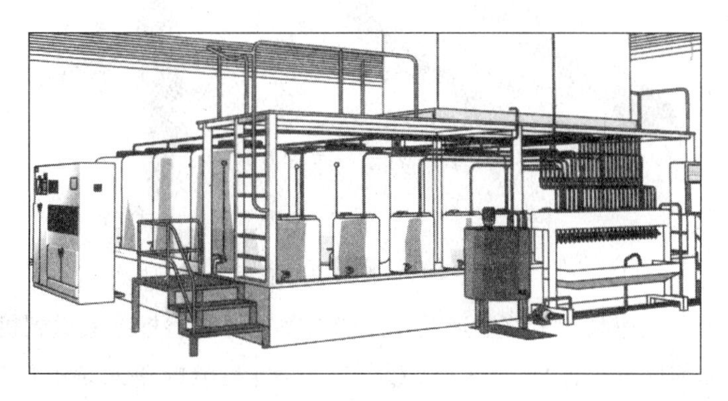

图3－15　助剂自动配送系统

DISPENSE SYSTEM助剂自动配送系统，是将固体或粉末的助剂加水，通过搅拌器充分搅拌溶解后配制标准溶液配送到机台。该系统具有以下的特点：节能、高效、保障印染前处理及染色产品的高品质且一致性好；操作简单标准化；节约人力、降低成本；可以与开源公司的爱普企业资源管理系统连接，通过网络口实现集中监控，实现资源管理自动化，提高竞争力。

DISPENSE SYSTEM助剂自动配送系统各部分的功能如下：

①存储单元：采用特殊材料的罐体存储助剂，罐内安装有传感器和报警装置，库存情况可以通过计算机严格控制，并能实现报警功能。

②上料单元[图3－16(彩图见光盘)]：主要是根据存储情况添加固体或粉末的助剂，通过搅拌器充分搅拌后再由隔膜泵送到与助剂相对应的罐内，液体直接由隔膜泵输送。各助剂的存储量可以通过液位指示报警装置得知，当处于低液位时报警装置发出报警声并提醒用户及时加料，处于高液位时，报警装置高液位指示灯亮并实现报警，告知用户停止加料。

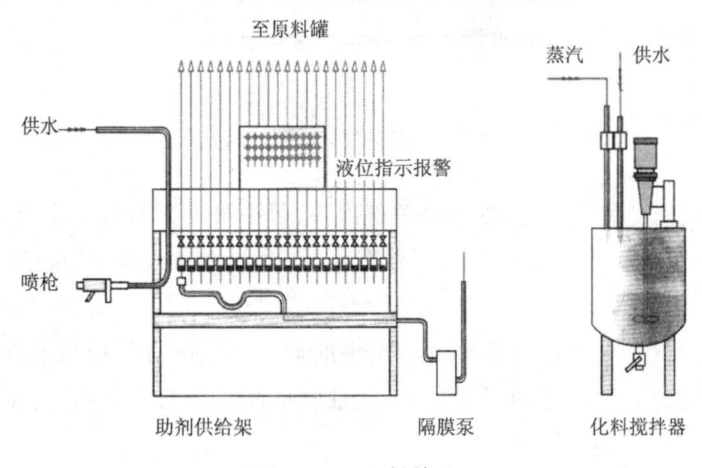

图3－16　上料单元

③管路控制单元[图3-17(彩图见光盘)]:所有管路均采用不锈钢材料,且管道内部均经

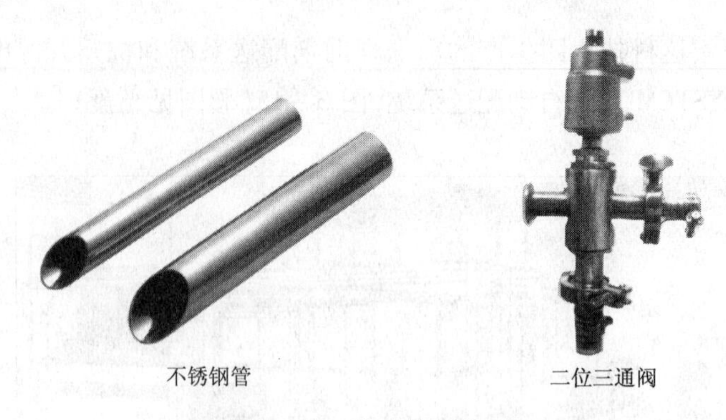

图3-17　管路控制单元

抛光工艺处理,采用高流速泵和单路管道及特制的二位三通阀将标准液送到机台。

④分配单元、助剂计量装置[图3-18(彩图见光盘)]:分配单元是本系统的核心,由合成分配器、流量计、输送泵、变频器等组成,结构紧凑、扩展和安装方便。流量大小由德国进口的高精度电磁流量计计量并通过网络进行集中管理。

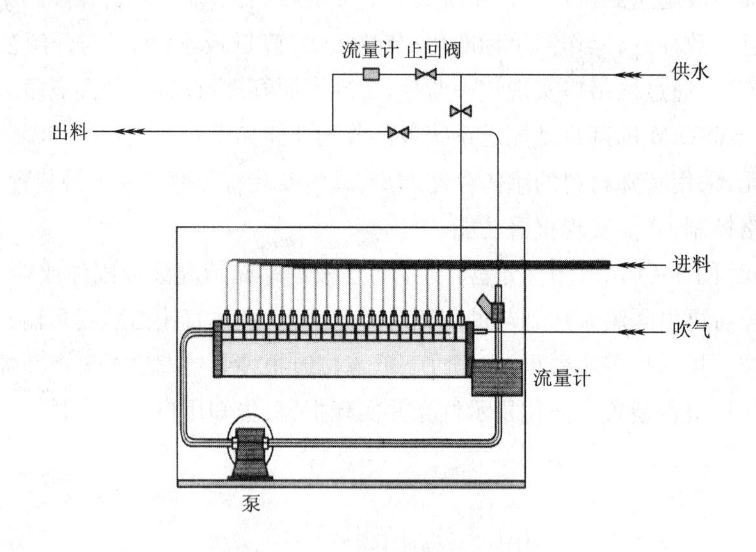

图3-18　分配单元、助剂计量装置

图3-19(彩图见光盘)合成分配器是关键部件,每一种助剂对应一个合成分配器,是自行开发的一个核心部件之一。主要特点是不存在死区,助剂不易残留,计量精度高,阀体材料为316L,耐腐蚀。

⑤服务器端软件(系统控制软件)功能:实现助剂、设备、配方等信息的管理,包括修改、录入、信息发布等功能;助剂、配方的报表功能;计量信息在线自动采集功能;互联网和远程监控功能。

⑥触摸屏功能:采用30cm(12英寸)真彩液晶触摸屏及人性化界面,能动态模拟显示发料状态,及时对各个功能菜单进行操作。

⑦全闭环控制系统:该系统采用传感器技术,实时在线检测浸渍槽内的浓度,根据传感器反馈的数据,经过软件分析比对,调整各助剂的流量和比例,达到与配方要求的浓度一致。全闭环单元原理见图3-20(彩图见光盘),全闭环单元逻辑图,如图3-21(彩图见光盘)所示。

图3-19 合成分配器

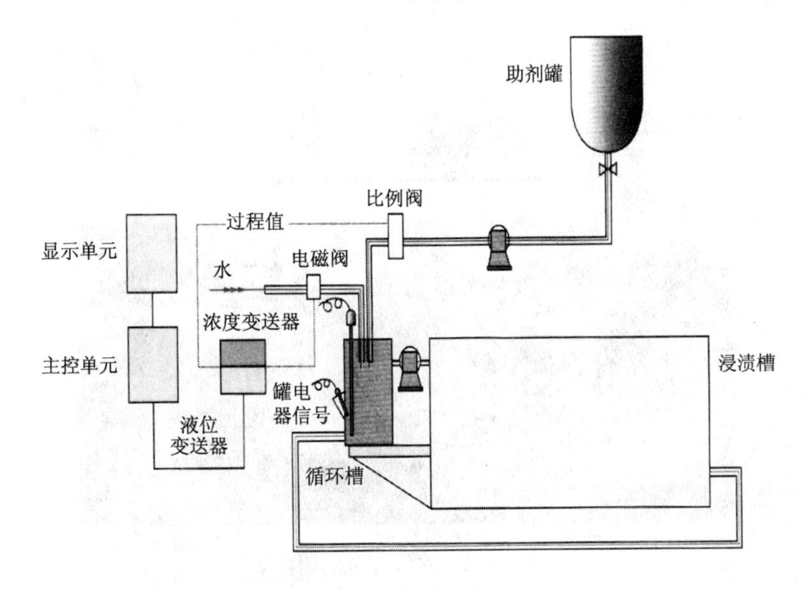

图3-20 全闭环单元原理

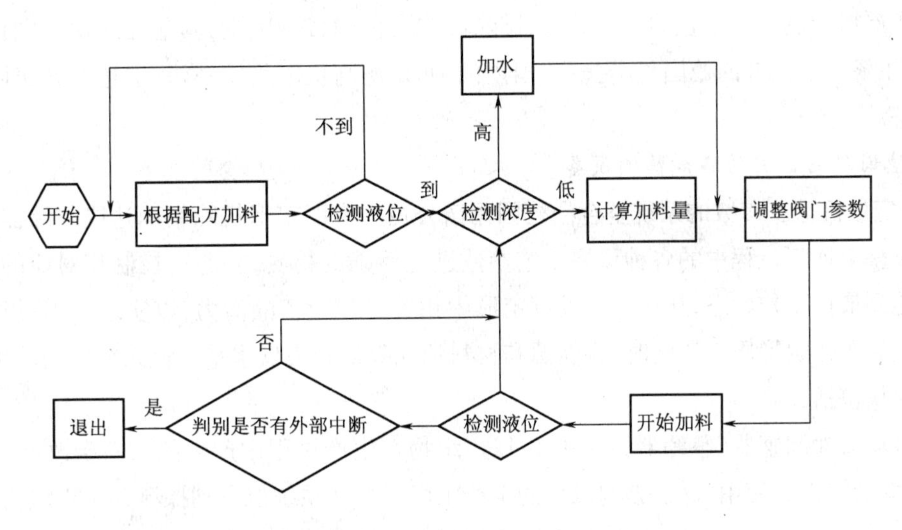

图3-21 全闭环单元逻辑图

三、在线检测

(一)在线颜色的测量(MAP—CONTROL)

图3-22(彩图见光盘)为意大利ORINTEX公司的产品,它把分光光度计直接用于连续生产线上,按国际标准规范测量。进行布边与中心的测量,色差合格与不合格的判定。批量形成和统计。依据特殊要求以人为设定方式进行检测。

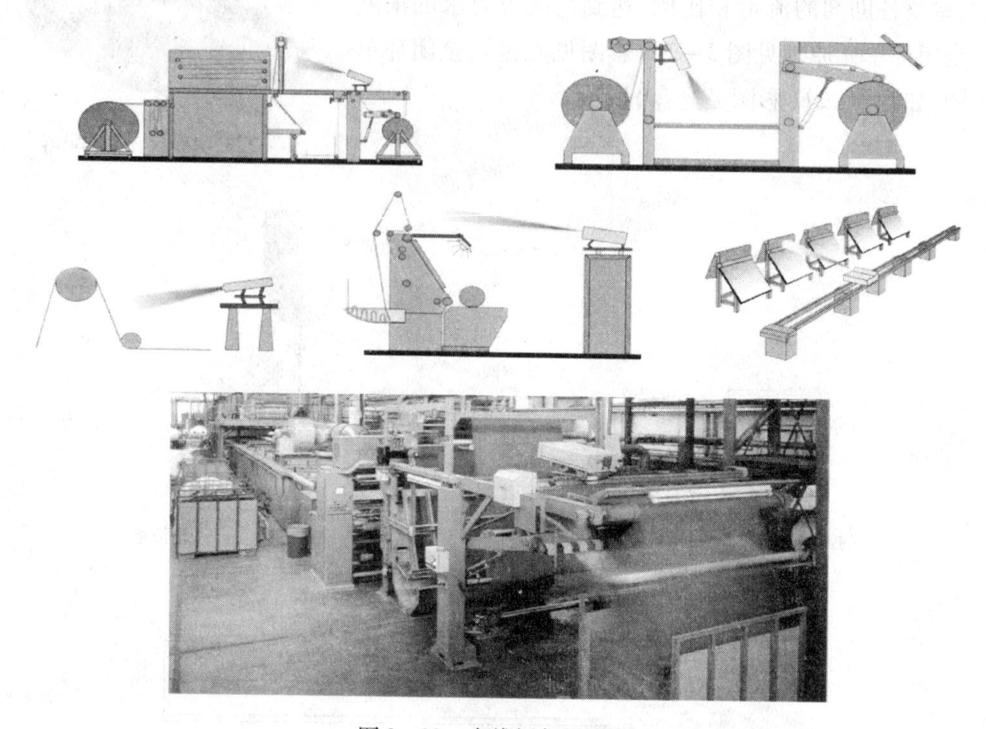

图3-22 在线颜色的测量

(二)其他在线检测

为了严格控制生产过程的工艺参数,排除影响染色的各种因素,其他在线检测同样十分重要,这里了解一下国外的德国玛诺公司,国内的DGE德高机电集团、常州宏达科技集团生产的系列设备。

1. 德国玛诺公司的在线检测设备

(1)定形机重要参数的系统整合。德国玛诺公司生产的定形机除精确达成整纬需求,同时对定形机整个加工流程中的各种重要工艺参数进行精确的检测,并通过控制相对应的变量,使定形机达到最佳工作状态,从而充分发挥定形中相关机械设备的潜力,以实现加工过程的最优化。在提高布匹定形质量的同时,将能源和材料消耗降低到最低水平。该系统检测的主要参数及功能模块包括:

①自动纬纱调整器(整纬器)RVMC-12。织物在生产过程中产生的纬斜会改变其基本组织结构,降低织物的使用价值,影响以后的生产工序。整纬系统能自动探测并矫正织物的纬斜,属世界领先水平,若单独引进该单元,可大大提高整机的性能水平。

②纬密检测与控制模块 PMC。PMC 是一套准确的非接触式测量系统,通过计算纬密或线圈数,可监控重量、牵伸或缩率等重要参数,并自动将纬密调整至设定值,从而提升产品质量、降低生产成本。

③定形时间控制模块 VMT。VMT 检测织物升温曲线,控制车速。不同织物因其原料成分、组织结构、厚薄不同,在定形过程中有着不同的升温曲线,如何在不同的升温曲线下达到最佳的定形效果是一重要课题。VMT 定形时间控制系统通过对织物本身温度变化的测试(不是烘房温度),用调节定形机车速来控制定形时间,从而精确有效地控制织物的定形效果,以确保在最佳的定形效果下使生产效率达到最高。

④定形温度控制模块 OMT。OMT 检测布面温度以控制布匹剩余湿度。在定形机末端的适当位置安装一个红外线温度传感器以检测布匹表面温度,系统即可根据客户设定值而控制定形机车速,以使布匹出定形机后达到所需的剩余湿度。

⑤废气湿度模块 AML。AML 控制定形机排气含湿率,如何使有限的能源得以发挥最大的效率是一个重要的课题。在织物烘干过程中产生的蒸汽必须及时排除,烘干过程中的成本取决于所需的新鲜空气用量以及排出空气中的水分含量。AML 模块可以在线实时检测废气的含湿率,进而根据用户需要,利用变频电机自动控制排气风扇的风量大小,从而使烘干过程能达到最经济的状态。根据客户的使用经验,控制并使烘干过程达到合适的废气含湿量可以节约 20% 的烘干能源费用。

⑥织物含水率模块 RMS。RMS 检测控制织物剩余含水率。其测量原理为:加工流程控制系统中的 RMS 模块以被测量织物的导电性为基础,测量传感器间的织物电阻值,由电脑计算并直接显示出该织物的现时相对湿度百分比。该模块可以在线检测织物的现时湿度,并可按照用户的设定而对生产线车速进行自动控制,使布面湿度保持稳定一致。

导电性与织物的剩余含水率关系最为密切,百分之几的含水率的差异可以反映出数十倍的导电性能的变化。而且织物的重量、水的性质、织物的厚度、整理液的成分等因素均不会影响其导电性和测得的含水率。对于各种导电性相同的不同织物,其实际含水率却不尽相同,因此系统内储存了绝大多数织物的修正曲线。因此测得的织物导电率可以转化为衡量其含水率的指标。

智能型模块式控制系统,可自行根据用户的需要对定形相关参数进行调整,使加工流程变得更加可靠而且高效。

(2) Atmoset SMT－12 烘筒烘干机蒸汽用量优化系统。该系统可以根据不同织物克重及生产车速要求,来控制烘筒烘干机的蒸汽用量而达到所需的织物剩余含水率。

由多个钢制烘筒组成的烘筒烘干机,用蒸汽加热,对包覆在烘筒表面的湿织物进行接触式烘干。烘干机设计需确保厚重织物在特定处理时间(车速)下获得有效烘干。但是在产品较轻薄或车速较慢时,产品会被过度烘干。造成产品品质下降与能源的浪费。

其工作原理为:烘筒烘干机是一个反应非常滞后的系统,在烘干机出口处尚未检测到含水率有所改变前,烘干机能源需求量已改变,而冷凝水温度立即跟着改变。通常冷凝水温度下降代表能源需求量增加。相反地,冷凝水温度增加代表能源需求量降低。实际上就是控制冷凝水的温度,织物剩余含水率就可以间接地得到控制。

把烘筒烘干机分成几个烘筒组,可以使反应时间更短。分别对每组烘筒的冷凝水温度进行检测。为了能够迅速而准确地控制,可以分成不同筒数的组,筒数多的组,可以进行快速反应,筒数少的组可以进行精确控制。

不同克重的织物,都可以做到最理想的烘干效果。这样就很好地保证了加工流程的连续性和产品质量的重现性。使烘筒烘干机的蒸汽消耗量大幅度下降。

2. DGE 德高机电集团生产的系列设备

(1)浓碱浓度在线检测控制系统(CMS—100N)。本系统适用于印染前处理和丝光工艺过程,对碱液浓度进行在线检测及连续控制,使碱液浓度稳定在工艺要求的范围之内。功能及特点如下:

①友好的人机界面,采用大尺寸彩色液晶触摸屏,显示直观,操作方便。

②利用专用的测量传感器,实现非接触测量,耐用,免维护。

③采用高性能嵌入微控制器,实现高速运算,系统响应速度快。

④高精度的在线测量,碱液浓度得到精确控制,质量稳定,且不受气泡和细毛影响,使得后续染色均匀,工艺重现性好。

⑤通过 PID 调节,将液量控制在最佳状态;且停工后具有自动清洗功能。

⑥显示浓度、温度数据记录及实时、历史的曲线。

⑦预存多种工艺方案,方便在线校准。

⑧标准的通信接口,实现与计算机调试系统及其他系统连接。

本系统框图(Diagram)如图 3-23(彩图见光盘)所示。

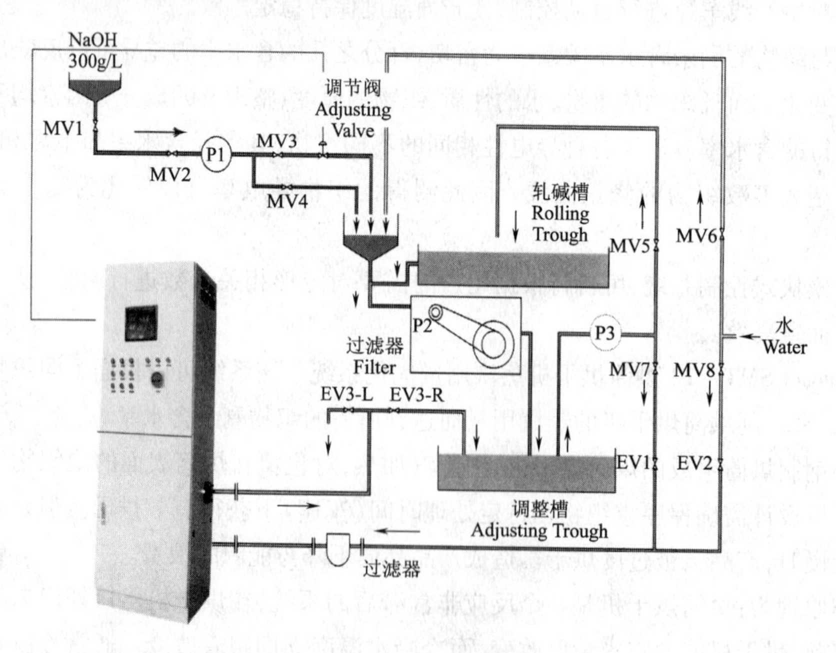

图 3-23 浓碱浓度在线检测控制系统(CMS—100N 系统)框图

本系统的原理简介:工作时,控制器自动打开电磁阀 EV1,关闭电磁阀 EV2,三通阀打到常开一侧,使工作液取样流过传感器,实现测量;控制器根据设定值和测量值的误差,通过PID 运算,输出 4 ~20mA 电流,调节 AV 的开度,控制来碱的流量,以控制轧碱槽中烧碱的浓度。停工清洗时,控制器自动打开电磁阀 EV2,关闭电磁阀 EV1,三通阀打到常闭一侧,使水流过传感器,实现冲洗。设定的清洗时间到达时,控制器自动将各开关阀打到工作状态下的位置。

本系统克服了采用人工滴定法来控制丝光机碱液浓度变化所存在的以下问题:

①碱液浓度波动大,测量精度低。

②不能连续在线检测,从测定到改变碱液浓度所需时间过长。

③后续染色工艺重现性差,次品率高。

(2)淡碱浓度测量控制系统。本系统适用于印染前处理的退浆、煮练和丝光水洗后碱液的浓度测量控制,对碱液浓度进行在线检测及连续控制,使碱液浓度稳定在工艺要求的范围内。功能及特点同浓碱浓度在线检测控制系统。图 3 -24(彩图见光盘)为淡碱浓度测量控制系统的系统组成。

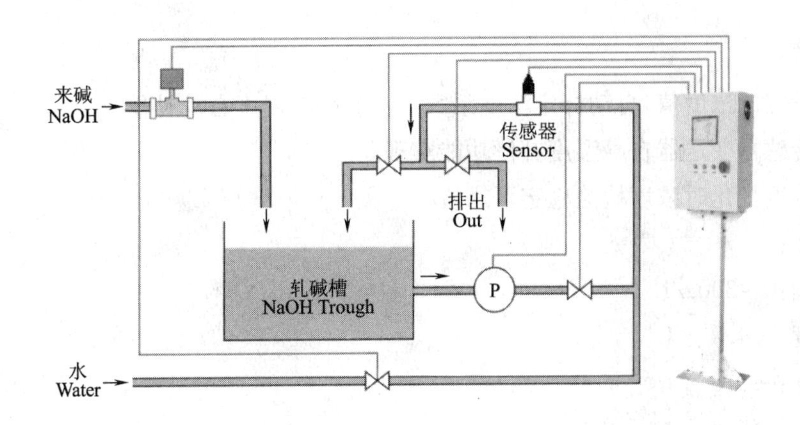

图 3 -24　淡碱浓度测量控制系统组成

(3)pH 测量控制系统。本系统适用于染整加工的丝光水洗等对 pH 控制有要求的环节,通过对 pH 准确测量,控制加酸或加碱,将 pH 控制在设定范围以内。

功能及特点:

①由微处理器控制,操作简便,安全可靠。

②pH 电极具有抗堵塞针孔隔膜作用,测量精度高,使用寿命长。

③控制执行部件采用精密电磁驱动计量泵,手动、自动控制,计量泵由高耐腐蚀材质制成,即使在恶劣的环境下也可安全工作。

④在线实时测量监控。

⑤结构精巧,安装方便。

系统组成如图 3 -25(彩图见光盘)所示。

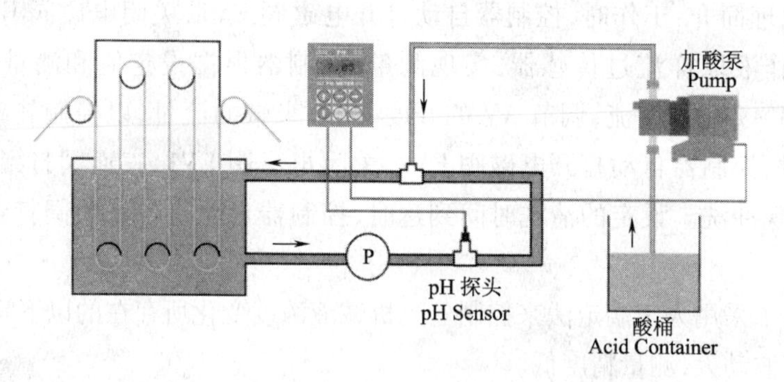

图3-25　pH测量控制系统组成

3. 常州宏达科技集团生产的系列设备

常州宏达科技集团生产的系列设备中的丝光浓碱、淡碱浓度及pH检测控制系统同上述德高机电集团生产的控制系统,下面介绍该集团生产的其他设备的控制系统:

(1)独具特点的MAX-400丝光浓碱浓度在线检测及自动加减系统。该系统采用先进的专利技术,专用于牛仔布丝光、色织布丝光、含浆料布丝光、回用碱丝光等特种丝光环境。

系统特点:

①通过设定的浓度值,自动标定浓度系数,自动存储,温度自动补偿。

②利用传感器变送器自身温度补偿功能实现。

③保证温度变化时浓度检测稳定可靠。

技术参数:

测量范围:0~300g/L

测量精度:±4.0 g/L

控制精度:±5.0 g/L

温度:5~8 ℃

(2)HD-100双氧水浓度在线检测控制系统。该系统是专门分析多组分助剂中双氧水含量的在线自动检测仪。系统能自动进行测量装置清洗、补液、自动测量、计量检测、结果数据分析及网络传输。

系统特点:

①高精度测量传感器,保证系统安全可靠。

②总线式管路设计,采用特殊管路接头,拆装维修方便。

③连续在线高精度、高稳定性控制。

④通过PID调节实现不过量的最佳控制,进一步提高白度。

⑤可扩展为其他助剂,同时在线按比例添加控制。

技术参数:

测量范围:0~100g/L

检测精度：±0.02g/L

(3)轧液率在线检测控制系统。通过对均匀轧车的三点轧液率的检测，解决了长期以来染色机轧液率难以检测的难题，大大提高了染色的均匀性、可控性，为生产高档产品提供了关键的保障条件。

技术参数：

轧液率的范围：10% ~40%；40% ~85%（根据不同机台，不同用途进行选择）

左中右三点误差检测精度：≤1%

(4)精确耗水在线检测控制系统。用水计量是印染企业管理和生产经营中的一个重要组成部分，做好用水计量工作，对节约水源，加强经济核算，提高经济效益以及促进企业升级都具有十分重要的作用。

本系统有效实现了水洗流量的在线检测与控制，实现了水洗流量值由人工测量到定量控制的转变，提高了水洗用水值的控制精度，在保证工艺稳定的前提下，使用水量控制在合理的范围内。使用该系统能帮助企业节约用水 15% ~30%。

以一天耗水量 5000 吨的企业为例，节水 15%，则每天节水 750 吨，以每吨综合成本 5 元计算，每天可节约 3750 元，一个月节省 11.2 万元，一年按 10 个月计算可节省 112 万元。

(5)HD－F 缝头在线检测控制系统。该系统为智能检测，新型传感方式，不损伤被测织物，检测可靠，其指标达到国际先进水平。

该系统有效用于检测织物接缝部位，控制轧光机、磨毛机、验布机等印染设备卸压、加压，且保护轧辊，便于连续生产。

系统特点：

①采用新型传感检测缝头，更换无须调整。

②检测装置结合内部计算机判别功能同时检测。

③微型计算机智能测控，与织物厚度无关。

④检测灵敏度可调，可靠、精确。

技术参数：

电源：AC 180 ~240V，50 ~60Hz

功耗：5W

输出：光耦输出 30mA DC 50V

检测范围：小于 6mm 厚的各类纺织品缝头

(6)MSC－U 织物湿度（含潮率）在线检测控制系统。该系统可分别对布面左中右三点测湿，三点分别显示，选取一点或三点的平均值作为控制信号，调节蒸汽供给量、织物工艺过程布身的含水率、介质的相对温度及落布的回潮率，对于清洁生产、节约能耗极为重要。

测量范围：

纯棉：3% ~20%

涤/棉：1.5% ~6%（T/C 65/35）

黄麻：6% ~30%

马海毛:9% ~38%

技术参数:

环境温度:最高200℃

电源:220V/110V ±10%

动力消耗:约55VA

出口信号:4 ~20mA,DC 0 ~10V

(7)MSC - U1织物湿度(含潮率)在线检测控制系统。该系统采用非接触红外测量传感器,并采用高速处理器,使系统更加稳定可靠,高精度AD处理芯片采集更加准确,友好的人机界面,添加了系统故障分析画面,可直接提示用户在使用过程中出现的任何问题,优化的传感控制信号,避免对布面产生轧辊压痕。

技术参数:

输入电压:单相220V ±10%,50Hz ±2%

消耗功率:65W

测温范围:0 ~200℃

测量范围:3% ~20%

测量精度: ±0.3%

控制精度: ±0.5%

环境温度:0 ~50℃

环境湿度:≤95% RH(无凝露)

工作方式:连续

输出方式:变速输出0 ~10V(对应0 ~25%)

(8)MSC - X气份湿度在线检测控制系统。纺织、染整工业中对环境的气份湿度有严格要求。如织物印染后整理过程中,染色机打底部分的烘房以及蒸化机等的气份湿度是影响织物成品质量不可或缺的重要参数之一。因此,生产过程中,需要经常对烘房中的气份湿度进行调节。

该系统可对烘房内的气份湿度进行在线检测,并对排风风机或者蒸汽阀等进行控制调节,以达到稳定气份湿度和节能的目的。

技术参数:

输入电压:单相220V ±10%,50Hz ±2%

消耗功率:50W

输出方式:0 ~5V、0 ~10V、4 ~20mA,继电器信号

工作环境: -5 ~55℃,0 ~99% RH,不结露

测量范围: -40 ~85℃或者 -50 ~220℃,0 ~100% RH

测量精度: ±1.5% RH, ±0.3℃

(9)HD - M门幅在线检测控制系统。该系统由光学系统、标准光源、线阵数据及处理系统等部分组成,是典型的光、机、电一体化产品。

该系统已应用在预缩整理机、丝光机、定形机等染整设备上，根据不同工艺品种调节门幅，检测精度高，可有效提高产品档次和附加值。

系统特点：

①高灵敏度、高精度、高速、高可靠性。

②低噪声、低功耗、长寿命。

③体积小、易于和计算机接口。

技术参数：

适应门幅：1.6～3.6m

精度：±2.5mm；±1.5mm（根据客户需要可有两种选择）

输出方式：a）配7.6～12.7cm（3～5英寸）大屏数显仪

b）双位式控制触头

c）RS 485输出

（10）智能织物纬密在线检测及控制系统。该系统可广泛应用于预缩机、热定形机、印花机以及丝光机等后整理中进行织物纬密测量。

该系统是具有连续、实时在线检测和控制功能的织物纬密在线检测控制系统，可在纺织机上直接测量出织物的纬向密度，从而提高织物纬密的测量和控制精度，减少操作人员的劳动强度，提高产品的档次和竞争力。

系统特点：

①解决了织物纬密在线检测过程中的数据记录及实时打印问题。

②创建了系统快速响应方法，织物在高速运行时也能保证精确的测量结果。

③提出了一种将图像传感器、特殊光源、高速电子快门和机械转动系统紧密配合，共同实现在线纬向密度测量的动态图像测量方法。

④通过特殊的光源设计，使得系统能够排除色彩和图案的影响，即便是彩色有图案的样品，系统也能给出精确的测量结果。

⑤采用新型CCD激光光学检测器，集合最新光电子技术，关键部件采用进口产品，保证整套系统性能稳定，运行可靠。

技术参数：

电源：AC 220V，50Hz

测量范围：8～300根/cm（20～762根/英寸）

测量精度：±1%

可适应布速：0～2m/s

防护等级：IP 66

（11）XLW－新力威超强过滤箱。该系统解决了工作液中的诸多问题，极为有效地去除毛绒、杂质，从而提高了工作液过滤清洁度，是新一代环保型过滤装置。

该系统已广泛成功应用于印染前处理设备中毛绒以及其他杂质的过滤，也可用于环境污水的处理。

系统特点:

①采用独特的专利技术设计,有效去除工作液中的多种杂质。

②全封闭式机械结构主件均为优质不锈钢精密制造。

③运行稳定可靠,专为印染设备量身定做。

技术参数:

过滤网数目:40~120目

最大处理流量:15~50m³/h

总重量:约200kg

环境温度:0~50℃

总电源:3PH 380V±15%,50Hz±2%,<2.5kVA

(12)针织布图像整纬机。采用CCD摄像头作为整纬装置的检测传感器,对运动中的针织布进行检测,通过一系列图像处理过程得到当前针织布的纬斜、纬弯状况,并由整纬装置的纬斜、纬弯矫正控制器来完成针织布整纬,从而得到高质量的纺织品。

系统特点:

①采用工业级相机照明光源,功耗低、寿命长。

②采用先进的工业级工控计算机,挡车工电脑化操作。

③利用触摸屏技术,具有友好的人机界面对话功能。

④实时的图像检测及结果显示,直观方便。

⑤快速的实时调整,提高产品的合格率。

⑥独特的光源照明系统,确保系统检测的稳定性与适应性。

⑦高速工业相机进行图像数据采集,满足检测精度和速度。

技术参数:

检测的类型:针织布纬斜、纬弯

整纬能力:纬斜<20%,纬弯<10%

机械幅宽:1800~3600mm

织物速度:2~120m/min

(13)预缩率自动检测控制系统。该系统采用新近的传感器、计算机及电子驱动技术,实现全闭环控制,有效控制直接影响预缩率的因素如车速、承压辊压力、温度、织物含潮率等。并采用当今纺织工业中最可靠的全自动传感控制系统,对预缩过程中进、出布量直接检测并显示。当织物超出预缩范围时,信号灯就会显示警告信号。

技术参数:

适应车速:5~80m/min

预缩率误差:±0.5%

(14)布面温度在线检测控制系统。该系统采用非接触测温技术,不需要接触布面,直接接收反映布面温度的红外光能量,通过高精度红外探头,采集信号。利用AMR 9嵌入式系统通过友好的人机界面设定温度,并通过控制比例调节阀,调节烘筒蒸汽量,以达到控制表面温度的功效,实现环保节能的目的。

系统特点:

①触摸屏显示两组温度真实值及设定值。

②两路控制输出和超限报警。

③数据自动显示,可设定容差。

④数据记录和曲线显示。

⑤系统操作简单、使用方便。

技术参数:

测量范围:0~300℃

测量精度:±2℃

(15)HD-pH-52T 型织物 pH 自动萃取仪。服装面料的布面 pH 是客户要求的一项重要指标之一,是一项强制性的物理指标。由于人的皮肤表面 pH 一般呈现微酸性,但生产过程中布面 pH 往往显微碱性,客户对布面 pH 要求越来越严格。

国内服装面料生产厂家普遍采用的标准有美国标准、我国国家标准,美国标准采用的测量方法为 250mL 蒸馏水煮沸 10min,放入 10g 剪碎的布,再煮 30min,冷却后测 pH;我国国家标准采用的是 100mL 蒸馏水,放入 2g 剪碎的布。各种标准衍生出的检测方法与设备都有一个缺点:检测工序繁琐,周期长,且因检测周期长,不宜用于生产过程的监控。

HD-pH-52T 型织物 pH 自动萃取仪,依据强力吸附原理,实现对织物 pH 的简便、快速、精准萃取检测。大大节省了萃取时间、成本,降低了劳动强度,为企业创造更大价值。

系统特点:

①简化繁琐萃取及等待过程。

②只需 2min,轻松自动完成萃取过程。

③智能安全机制贴心为您服务。

④全程一键化,轻松便捷操作。

⑤无需等待,速得精准数据。

⑥多重模式测试,始终保持稳定性能。

⑦融合多种标准,设定精准可靠参数。

⑧萃取完成自动待机,大大节省时间。

技术参数:

萃取面积:$52cm^2$

样品尺寸:≥100mm×100mm 或≥φ82mm

织物厚度:0.1~3mm

萃取温度:20~95℃

气源压力:0.6MPa

萃取压力:0.4MPa

萃取时间:1~5min

萃取液量:5 ~15mL

功耗:≤1kW

使用环境:0 ~50℃

电源:AC 220V, ±20% ,50Hz

(16)影像智能验布系统

本系统主要用于生产过程智能验布和成品布自动验布,检测布匹的布面疵点缺陷、门幅大小、经密、纬密、纬斜、纬弧、花型循环等各种人眼可见的相关信息。

其工作原理为:基于机器视觉的自动验布系统在检测时采用CCD摄像头作为装置的检测传感器,对运动中的布匹进行检测,图像数据经以太网进入工控机,通过一系列图像处理过程得到当前布匹的门幅大小、经密、纬密、纬斜、纬弧、花型循环以及各种人眼可见的布面疵点缺陷等相关信息,通过人机界面在线实时显示检测结果,并保存在数据库中,可根据客户要求存储或上传,当超出范围时自动报警。

系统特点:

①相比于人眼,机器视觉能够更快地检测产品,同时机器视觉的重复性、客观性以及长时间工作的稳定性都远远好于人眼检测。

②将机器视觉应用于织物疵点检测,可以减少生产过程的批量性疵布。

③减少因出厂产品质量问题造成的损失,减少企业用工数量。

④机器视觉在很大程度上提高了企业的经济效益。

⑤系统自动将检测结果存入数据库,构建企业数字信息化管理。

技术参数:

车速:1 ~100m/min

检测最小疵点:0.2mm ×0.12mm

经密、纬密精确度: ±0.1%

通过对退煮漂、丝光机、染色联合机、整理机智能数字信息化集成,在每台机器上加装在线检测控制设备以及流量计、远传电表、远传水表等计量器具,对每台机器的生产进行实时的监控,对生产过程中的参数进行实时的调整和控制,并对整个生产过程数据进行记录、存储、形成报表,实现对生产过程中所产生的能耗以及生产过程中的参数进行采集和管理,生产管理人员能够很清楚地了解当前机台的能耗情况,并能从实时数据中察觉可能存在的问题,从而实现对每个订单情况进行严格地检测和控制。其优点是:

①大大降低能耗、物耗成本。

②大大减少污水排放,达到清洁生产的目的。

③大大减少用工数量,减少人工误差。

④减少管理难度,提高一次成功率,提高综合效益。

⑤对印染工艺进行全面监控,提高加工适应能力。

对生产过程的工艺实施监控数字化管理、生产成本的自动结算,对水、电、气、能耗、产量、成品率进行有效的管理,实现印染过程的数控。

4. 染整参数网络监控系统

染整生产过程工艺复杂，需要对大量的工艺过程参数进行精确测量和控制，生产管理者需要实时了解每一个参数及其变化。染整参数网络监控系统，为生产管理者提供了便于了解所有工艺参数和设备状态的平台，帮助生产管理者对生产过程进行监控。系统由数据采集模块、现场总线网络、监控计算机组成，可以对染整参数进行集中显示、统计分析、存储、打印等，构建了印染企业最新的信息化生产管理平台。

四、意大利色浆回用系统(SUPERECO)

ORINTEX 公司生产，用于回收织物印花后全部剩余的色浆及续染的补充料配方的色度系统。该系统通过“微型比色皿”，用分光光度计测量液料的测定数据，并能自动装料及比色皿的自动洗涤。对全部回收的剩余色浆的配料处方进行计算及自动修正。并有生态和经济方面的效益。色浆的回用可应用透射率测量回收色浆，也可应用反射率测量回收色浆[图 3－26(彩图见光盘)]。

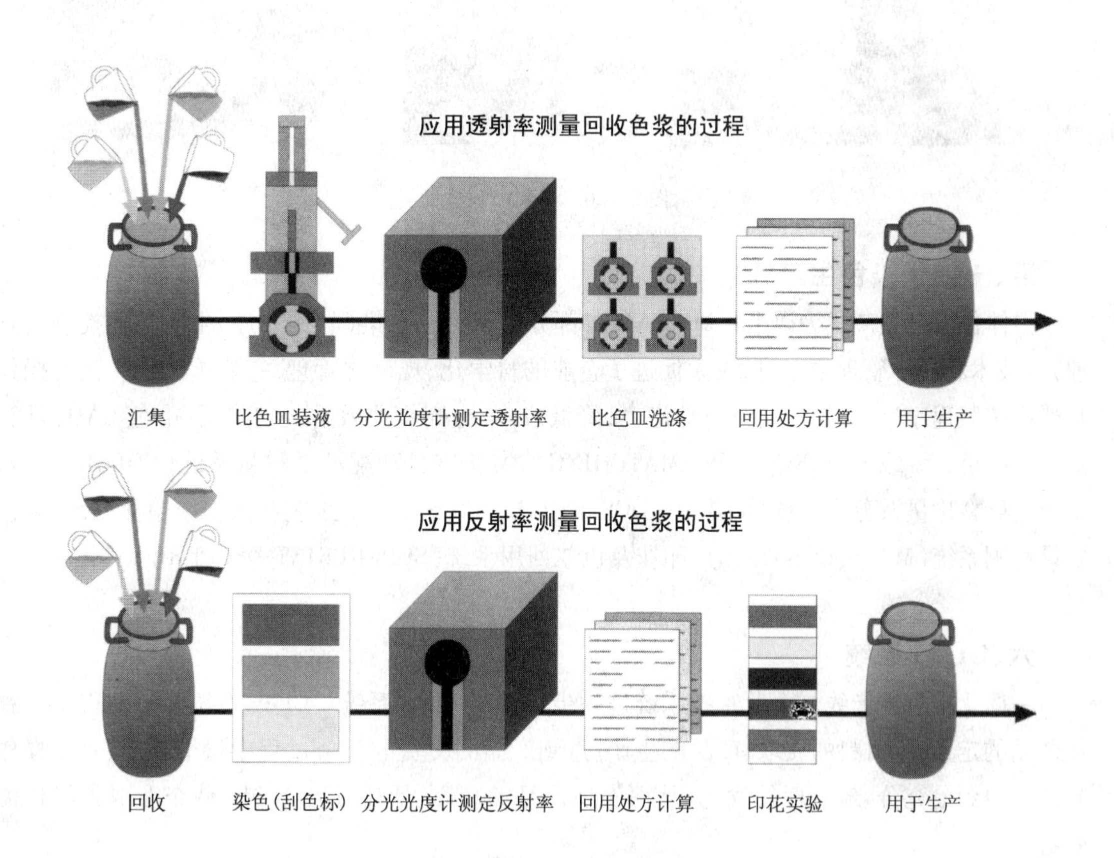

图 3－26

图3-26　色浆回收过程

五、一体化染色生产线

一体化染色生产线为以上CAD/CAM各部分的组合。它集(软件程序、生产过程控制及管理)高技术和科学管理于一身,大大促进了企业的科学化、规范化管理,它要求工作人员在操作时严格按照程序进行,发掘企业内部潜力,降低成本,提高企业效益。它包括:染色CAD(计算机测色配色)系统(SUPERCOLOR—MATCHING),实验室自动配液及称量系统(COLORADO),工业用染料称量及分配系统(固体P—DOS、液体LI—DOS),生产工艺参数在线检测系统,颜色质量检测系统(MAP—CONTROL),印花及色浆回用系统(SUPERPRINT—SUPERECO)等。

六、CIMS系统

一体化染色生产线与企业管理系统进一步集成为CIMS系统。CIMS系统能够使得企业在从产品的定义、原材料的获取、产品的生产、直到产品的交货的整个过程中每个环节、每步操作都能够得到最充分、最合理的发挥,从而实现产品的高质、低耗、迅速上市,使企业取得最佳的效益。

复习指导

通过本章的学习掌握染色CAD系统的组成及工艺流程,了解部分分光光度仪型号与性能。

掌握染色CAD系统的应用范围；各组成部分的功能；应用的步骤；建立数据库，预测配方。了解系统的操作；染色工艺的要求；配色误差的分析与讨论。

掌握各CAM系统的作用或功能。了解一体化染色生产线为CAD/CAM各部分的组合。

思考题

1. 染色系统的组成有哪些？
2. 分光光度仪一般可分哪四个档次？
3. 染色CAD系统的应用范围是什么？
4. 染色CAD系统各组成部分的功能是什么？
5. 染色CAD系统的应用步骤是什么？
6. 建立数据库的过程是怎样的？
7. 为什么要建立标准？
8. 颜色容差是怎样要求的？
9. 计算机预测配方的过程是什么？
10. 如何选择配方？

参考文献

[1]董振礼，郑宝海，轷桂芬. 测色及电子计算机配色[M]. 北京：中国纺织出版社，1996.
[2]徐海松. 计算机测色及配色新技术[M]. 北京：中国纺织出版社，1999.
[3]王国龙，廖宁放，王璇. 基于Internet的远程电脑测色配色系统[J]. 光学技术，2008，34(4)：521－524.

第四章 印花 CAD/CAM 系统

印花 CAD 部分主要是协助工程技术人员完成印花面料的设计、修改描稿、配色及其工艺处理,制作黑白稿的图像文件。这里图案的设计可以是工艺美术人员的创意,也可以是对美术素材或面料实物花样的加工。上述这些由手工操作或借助于其他设备的操作(图案连晒,要在连晒机上进行),全都可由计算机完成,而且速度和精度同时有所提高。CAM 部分主要完成制作印花黑白稿及制作花版(制网)等工作。因而,自从印花 CAD 系统问世以来,受到印染业的普遍欢迎。已把它作为提高印花面料档次,提高经济效益的一个有效手段。

随着 CAD 技术的发展,印花 CAD 系统功能也越来越全面,与 CAM 系统进一步的集成,覆盖面越来越广,功能也越来越强大。

现最具代表性的系统有荷兰的 STORK、法国的 ALOHA、德国的 CST、瑞士的 LÜSCHER 等厂商。

国产的印花 CAD/CAM 系统有:

(1)杭州喜得宝电子工程公司的 CAPST—2,技术支持是浙江大学的人工智能研究室。

(2)深圳泰格科技有限公司推出的 ZH/TG,技术支持是浙江大学化工系。

(3)杭州宏华电脑技术有限公司引进法国 ALOHA 系统,并吸收其优点,开发出了 GGS ALOHA 计算机分色制版系统及数码印花机。

(4)浙江大学光学仪器厂 CAD 工程中心,开发研制的 CAPSP—Ⅲ型印染花样设计分色描稿 CAD/CAM 系统。

(5)浙江大学杭州开源电子有限公司的 KY 印花计算机分色系统。

(6)山东华光集团照排系统公司与山东大学计算机系开发研制的 HGY—6 型电子印花分色系统。

(7)西安交通大学开发研制的用于地毯、毛巾印花的计算机印花分色描稿系统。

(8)山东宝铃纺织机电技术公司与山东建筑材料工业学院开发研制的宝铃 BLPDS 计算机印花分色描稿系统[图 4-1(彩图见光盘)]。

(9)浙江绍兴轻纺科技中心开发研制的金昌 EX6000 印花计算机设计分色系统,激光、喷墨和蓝光制网设备。

(10)杭州通信设备厂等开发生产的大幅面的激光成像机。

(11)河南化工第二胶片厂(乐凯集团)供应与激光成像机配套胶片。

第一节 印花 CAD 系统的组成

印花 CAD 系统同样由硬件、软件两大部分组成。硬件有通用和专用输入、输出的设备,软件是专门设计的应用软件，印花 CAD 系统的组成如下。

一、印花 CAD 系统的硬件配置及功能

系统硬件由三大部分组成，包括输入设备、图形工作站、输出设备。

（一）输入设备

1. 扫描仪

扫描仪是将拟处理的图案（布样或画稿）以逐行扫描的方式转换成数字信号输入计算机。一般指平板式扫描仪，如图 4－1 右（彩图见光盘）所示，或滚筒式扫描仪［图 4－2（彩图见光

图 4－1 BLPDS 计算机印花分色描稿系统

图 4－2 滚筒式扫描仪

盘)],按扫描幅面通常有A3(297mm×420mm)、A4(216mm×297mm)、A1(841mm×594mm)、A0(1188mm×841mm)等。德国CST、瑞士LÜSCHER公司的CAD系统则采用大幅面的扫描成像一体机,如图4-3左(彩图见光盘)所示。按色彩分,扫描仪可分为黑白扫描仪和彩色扫描仪,印花CAD采用彩色扫描仪,它既可扫描彩色又可扫描黑白两色。

图4-3 瑞士LÜSCHER公司的CAD系统

分辨率(Resolution)是扫描仪的主要性能指标。它是指图像在单位长度内所含的点数,一般以dpi(Dots Per Inch)作为单位,即每一英寸(25.4mm)所含的点数。按要求不同分辨率在300~960dpi选择。

2.数码相机

它是用来拍摄各种照片,以获取素材。不受平面的限制,并可以适时采集信息。其参数大致有以下要求:

(1)像素:分辨率在78万像素以上,像素越高图像越清楚。

(2)CCD面积越大越好,因为小就意味着在相同面积上要集成更高的像素,噪点等问题肯定会增加,影响成像质量。

(3)镜头:建议选购单反相机,以便能根据需要更换镜头。

(4)变焦倍数:变焦是指变化焦距,变焦倍数大的相机就可以放大物体而照得更清楚。

(5)为预防照出来的画面因抖动模糊,可选择防抖技术来减少手抖的损失。

(6)存储卡:现在比较通用的是SD卡和CF卡,可根据需要另购存储卡。

(7)电池:最好购买可充电的镍氢电池。虽然购机时价格较贵,但电池续航能力强,一次充电可照更多的照片。

(二)图形工作站

其功能为显示扫描仪输入的图像,并在相应软件控制下进行图像处理、图像编辑、设计修改、描稿、配色、三维模拟、工艺处理、制作黑白稿文件,从而获得所需要的图像文件。其配置要求为:IBM 兼容计算机,256Mb 及以上的内存,DVD - RW 光盘驱动器,USB 接口,彩色显示器一般达 48cm(19 英寸)以上。配置越高,速度越快容量越大。

在输入控制器方面,数字化仪在这里显得比较重要,它是一种实现图形数据输入的电子图形、数据转换设备,它包括数字化基板、定标器和触笔,用起来就像一支笔,随心所欲。

印花 CAD 系统一般为多台以网络组合的形式[图 4 -4(彩图见光盘)],通过局域网、共享、互转信息共同完成一项工作。

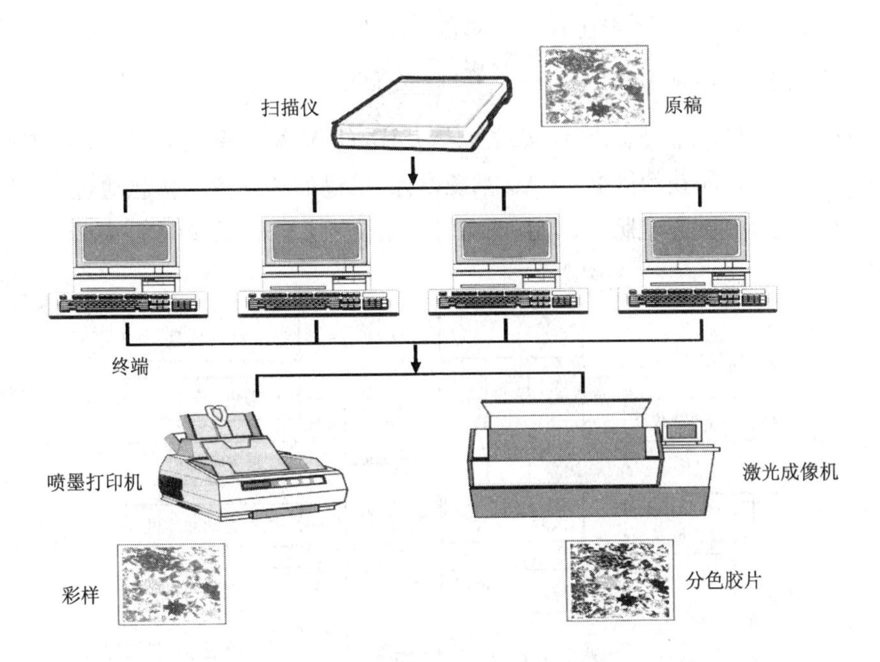

图 4 -4　多台联网的形式

(三)输出设备

1. 彩色打印机

打印机是最常用的输出设备之一。其功能是将显示器所显示的图像转录在打印纸上,以便更直观地分析、修正图案或作为资料加以保存检索及客户确认等。一般有彩色喷墨打印机和转移打印机等。其中彩色喷墨打印机按打印图幅面通常分 A3、A4 等类,分辨率按需在 360 ~ 1440dpi 选择。

2. 输出至 CAM 系统

二、印花 CAD 系统的软件配置

系统的软件为分别对输入计算机的图像进行扫描、处理、编辑、设计、修改、描稿、分色、三维模拟、工艺处理、制作黑白稿、打印彩稿和激光成像处理的软件包,是各功能及指令的集合。

在实际使用中,系统的硬件选择面较宽,用户可以根据自己的需要进行配置,而软件则是一个系统的灵魂,其质量将影响着系统功能的发挥。

根据系统的开发环境不同而有所不同,即系统在哪个系统软件下开发,其操作及文件管理就按该操作系统(视窗系统)操作。

第二节 印花CAD系统工艺流程

印花CAD系统的工艺流程

布样、彩稿等→扫描仪→图形工作站→彩色打印机

数码照片→扫描仪；图形工作站→CAM系统

从系统配置流程框图中可看出:CAD系统是CAD/CAM集成系统的基础,是数字信息的核心内容,是制稿、制版及印花的依据。CAD系统设计、描稿的图案数字信息通过CAM系统来完成黑白稿的制作、制网(制作花版)及印制花布等。系统工艺流程图如图4-5所示。

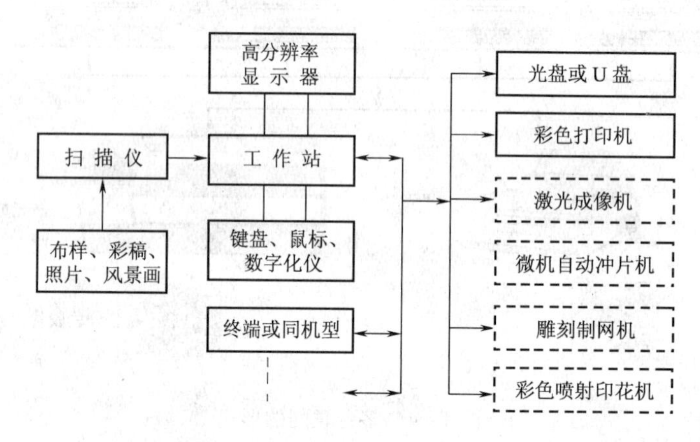

图4-5 印花CAD系统(虚线框为CAM系统)流程框图

第三节 印花CAD系统的使用操作

一、印花CAD系统的应用步骤

来样预审→图像扫描或采集→图像处理→图像编辑、设计分色描稿→配色→三维模拟→客户确认→工艺处理→制作黑白稿文件→打印彩色画稿

(一)来样预审

来样是客户的加工标样。是准备进行分色制版处理的图案,一般有布样、纸样(包括设计图案、风景画)两类,纸样的画稿比较平整、清晰,布样一般都有皱折,需要烫平,若来样是丝绸等织物,还需要用纸板加以固定,使扫描画稿平整不变样。预审时需查看来样的花回(是指组成一个有规律的图案周期的最小单元)是否完整及套色数量的印制是否可能,并找出最小的花回及花回接头(是指图案在布的经向、纬向都能周而复始连续延伸的工艺处理)的方式,同时还

必须了解客户对来样的一些要求，如颜色合并要求，泥点层次的要求，印花工艺和设备的要求及织物类别等，因他们对分色描稿都有不同的要求。

（二）图像扫描或采集

扫描仪以及数码相机都可以用来记录作为空间位置函数的颜色信息，即图像。在现代颜色科学和图像技术领域中，扫描仪和数码相机已成为最主要的彩色图像数字输入设备。

1. 图像扫描的原理、步骤及要求

（1）扫描仪的工作原理：作为彩色图像的输入设备，在印花 CAD 系统中具有至关重要的地位。它对原稿进行光学扫描，然后将光学图像传送到光电转换器中变为模拟电信号，又将模拟电信号变换成为数字电信号，最后通过计算机接口送至计算机中，以便于利用计算机对图像和颜色信息进行处理。

以最常见的 CCD 扫描仪为例：启动扫描仪后，扫描仪内的控制电路就控制机械传动机构，带动装着光学系统和 CCD 的扫描头与图稿进行相对运动来完成扫描。为了均匀照亮被扫描的稿件，扫描仪光源为长度与工作平台宽度相当的长条形，扫描时作垂直于扫描方向的运动，这样一来，每扫描一行就能得到原稿横向一行（x 方向）的图像信息。然后，照射到原稿上的光线经反射后穿过一个很窄的缝隙，形成一条横向的光带，又经过一组反光镜的折射，由光学透镜聚焦并进入分光镜，经过棱镜和红、绿、蓝三色滤色片得到的 R、G、B 三条彩色光带分别照到各自的 CCD 上，CCD 将 RGB 光带转变为模拟电子信号，此信号又被 A/D 变换器转变为数字电子信号。至此，反映原稿图像的光信号转变为计算机能够接受的二进制数字电子信号。最后通过相应的接口送至计算机。扫描仪每扫一行就得到原稿 x 方向一行的图像信息，随着扫描头沿 y 方向的移动，在计算机内部逐步形成原稿的全图。

扫描仪既反映了每一像素的颜色信息，又反映了其空间的相对位置，与测色配色不同的是：测色配色是测量某一颜色的反射率进而计算颜色的三刺激值，从而找出与颜色配方之间的关系，而求出颜色拼色后的配方。对颜色的复现要求非常严格。分色描稿是把图像中与花色对应的某一颜色提取出来，即把颜色分开来，把它通过相应的 CAM 系统转移到胶片或花版上，对每一颜色的相对位置要求较高，对每一颜色的复现要求并不严格。

（2）图像扫描的步骤及要求如下：

①设置扫描参数：扫描参数有彩色、灰度（黑白）及分辨率。可根据要求选择彩色扫描或灰度扫描，彩稿和布样一般采用彩色扫描，直接扫描黑白稿用灰度扫描等。

分辨率：根据花样的精细程度，织物的类型，分为 400dpi、300dpi、200dpi 和 150dpi 等。越精细的花样要求分辨率越高，分辨率越高，扫描的时间越长，产生的图像文件所占的字节数越大，占用的空间就越多，但图像失真也就越小。反之亦然。但有些织物印花没有必要选择高分辨率，如毛巾、地毯等。丝绸织物的印花一般选择 300dpi，大块面积的花样可稍低一些；精细化型选择的要稍高一些，可选用 400dpi，再高只会使图像文件增大而不易处理，并不能对图像的品质有所显著的改善。

②预扫描（Preview）：将图像样稿放入扫描仪后，可以选择预扫描功能来预览图像，并可以在预览窗口中拉框确定扫描范围。扫描范围为最小花回或稍大于最小花回。预扫描的速度比

正式扫描要快得多。

对于特大花回(如床单、巾被、毛毯等)需要采用分块扫描然后拼接的方法,或直接选用较大幅面的扫描仪。在扫描时每一块图像必须有一部分重复的花型,以便于拼接(把数幅图像连接成一幅完整图像)。

放大(Zoom):在预览窗口中最大限度地放大用户指定的扫描区域,以便更加容易地观察扫描的范围及区域。

缩放(Scale):在设定完扫描分辨率后,就已经决定了图像的缩放倍数。但是如果在扫描的同时想缩放图像,可以通过“缩放项”,来改变图像的尺寸,系统会利用插值法进行图像的缩放。

③扫描(Scan):在所有的参数设定完以后,单击“扫描”按钮进行扫描。

④存盘:按各系统选择的格式存盘。

2. 数码照相

对需要采集的信息利用数码相机进行数码照相,将数码照片直接输入计算机。

3. 获得图像的其他方式

印花CAD系统是一项群体性的设计描稿工作,需要由多个设计者共同参与、并进行设计描稿、协同完成。建立在开放式、分布式端点网络基础上的CAD系统,是当前的发展趋势。这种分布式的CAD系统可以克服地域的差异,在产品的开发过程中,各端点可同时参与产品的设计、制造、计划等任务,是实现并行工程的新概念和新方法,可以缩短产品设计周期,提高产品质量。

因此,花样图像既可以由自己扫描、照相得到的,也可以由从服务器或其他客户端通过网络得到的。

(三)图像处理

印花是用印染设备有限的几套版印制人们所希望的精美图案,但由于设计的图案经扫描后,各过渡色都呈现在图像上,有一二百种之多,数码照片更是如此,根本无法直接分色输出使用。因此要经过计算机软件功能的进一步编辑修改,再现设计的几套色的精美图案。对于风景画、数码照片,除采用印刷行业的四色分色外,要经过归纳提炼,描绘出有限的套色来表示原稿的轮廓与风格。因此,软件的功能及设计描稿工具就显得尤为重要。

图形工作站储存着核心软件与强大的系统功能,系统功能又分为各功能模块,为图像的设计修改提供必不可少的各种工具。视窗窗口如图4-6(彩图见光盘)所示。

1. 通过前处理得到符合要求的图像画稿

(1)进行颜色的明暗调整:对颜色进行调整可以把深色、不明显的颜色调整为视觉明显的颜色;改善图像的明亮度与对比度,更有利于编辑与描稿及分色处理。

(2)图像旋转:设有正负90°或180°旋转,任意角度的旋转,可将花样按要求在平面内旋转,将图像调整为所需要的方向。

(3)图像校斜:校正扫描输入时图案放置的歪斜及因布纹扭曲而造成花型的歪斜。当图像为矩形倾斜时,可随意采用水平校斜或垂直校斜。

水平校斜:先作图像水平基线和图像水平倾斜基线,调整图像水平倾斜基线与图像水平基线一致,若达不到要求可反复校正至满意[图4-7(彩图见光盘)]。

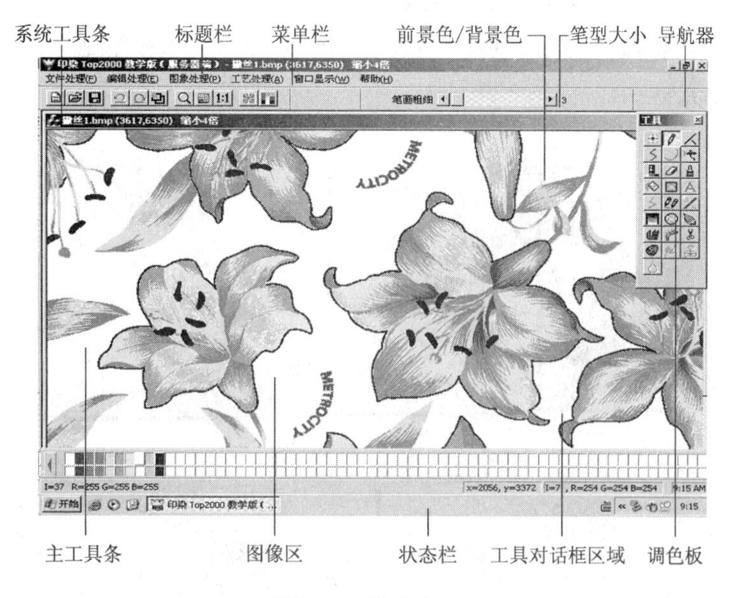

图4－6　视窗窗口

图4－7　水平校斜

垂直校斜与水平校斜的方法一样，不过校正基线、图像倾斜基线变为垂直方向。

（4）图像剪切：根据花回大小剪切，对整幅图案进行水平或竖直裁边处理，把大于花回的部分剪去。

（5）图像拼接：用于两幅或多幅图像的拼接。对大幅面样稿分块扫描的图像，在计算机内能自动拼接,拼成一整幅后再进行图像的处理。在拼接时由于花型的扭曲变形,产生的错位,可以用拉伸功能校正。拼接又分水平(左右)拼接[图4-8(a)](彩图见光盘)和垂直拼接[图4-8(b)](彩图见光盘)。[1]

(a) 水平自动拼接

(b) 垂直自动拼接

图4-8 自动拼接

(6)确定花回尺寸(圆整或拉伸,也叫缩放):根据需要的尺寸进行伸缩(放大或缩小),目的是使图像的花回尺寸达到印染设备的要求。可按像素定尺寸,也可以按毫米定尺寸。例如,实际小花回的尺寸为220mm,要求圆网周长为642mm,则要求需把小花回缩小到214mm,才能使小花回连晒3个重复单元后达到圆网周长。

确定花回尺寸有两种方式:

①重定尺寸:以毫米为单位输入新的"宽"和"高",或以每英寸点数(dpi)定义新的图像比例(像素数),将旧尺寸相对新尺寸进行"伸缩"。

②以"固定"方式确定花回尺寸:旧图像比例不变,调整到新尺寸,旧图像相对于新图有"居中""左上""左下""右上"和"右下"五种方式,若旧图小于新图,则旧图按指定方式放置在新图中(如"左上",旧图置于新图的左上角)。空白处补充缺少的图案,或补充新的图案。此方法一般用于对不完整花回的修改。

2. 颜色归并

扫描后的图像颜色较多,将相近的色调颜色合并,以增加处理时的工作色。

(1)自动分色:可按预期图像的颜色数自动分色,即相近颜色归并,自动分为设定的颜色数。注意:要达到需要印制的套色数,计算机分色处理还有一些困难,因为扫描得到的图像,不像原稿那样颜色集中，且分得很细，颜色种类很多，有时由于织物的纹理凹凸，在扫描图像中会有纹理出现，这样，计算机就无法按照原稿花样，将色块完全归并到预定的颜色，而是把其中的纹理归并到另外的颜色中。因此用该功能分色后的颜色数远比印制的套色数多得多，然后对画稿进行描稿后得到所需的颜色数及对应的颜色。

(2)手工分色：指先在图像中人为指定（设置）所需的几个中心色，计算机自动将相近的颜色并入中心色，并指定中心色的数目。

(3)交互并色：指将若干个选定的颜色并入某一指定的颜色中。

(4)四色分色：将当前图像分成印刷制版所用的 CMYK 四种颜色，其中黑板程度的确定取决于四色分色参数的确定。

3. 单色稿和多色稿的提取及单色稿的合并

一台或几台工作站可同时对原图进行修改描稿，把描好的单色稿或多色稿提取出来，再合并成一新的图像文件。

单色稿和多色稿的提取：把描好的一种颜色或多种颜色选择为当前景色，从原彩稿中提取出来另作窗口、另存为图像文件。

单色稿的合并：把一种颜色或多种颜色的图像文件，合并成一新的图像文件。

4. 图像放缩

按不同的比例浏览图案图像。

5. 四方连续（接回头）

美工设计的图案稿和布样稿的回头往往不十分精确，在手工描稿分色时校正误差比较困难，系统设计的接回头软件，可以自动完成接回头工作，而且还可以根据花样接头方式的不同，在水平或竖直方向，按照各种比例进行平接或跳接方式接回头。完成各种需求的回位连接，如水平或垂直 1/1，1/2，1/3 等，及方巾、长巾的旋转与对称。并可在四方连续的形式下进行图案图像的修改，使得四方连续的图案接回头天衣无缝。

6. 镜像

把描出的对称图案的部分图形按所需的方向进行镜像处理。镜像处理的方向有：水平、垂直、45°、135°镜像等，可实现各个方向的镜像，得到完整的图像。

在设计图案的过程中，对称的图案包括 1/8 对称、1/4 对称和 1/2 对称等类型。对这类的花型，只需处理图案的一部分，再通过“镜像复制”将图像补充完整。

7. 去杂处理

有效地清除图像中杂点，达到去除布纹的目的。可以将画面上小于被指定杂点大小的杂点全部一次性去除。

8. 细化

指定要细化的“颜色”，对指定的细茎按细化后的“线宽”进行细化。

9. 膨胀与收缩

弹出一个窗口，指定要膨胀或收缩的颜色。指定膨缩的次数，一次表示该颜色向四周扩张一个像素，指定膨胀方式有“先膨后缩”、“只膨胀”或“只收缩”，把色块的大小扩张或收缩到所要求的大小。

10. 增强与平滑

增强或平滑边界和色块。

11. 调色盘(颜色箱)

调色盘中最多显示256个色号,用来调整颜色或选取颜色,颜色的选取可以在调色盘中选,也可在屏幕上直接选。

12. 图像模式的转换

24位(256色)与8位(灰度)图像的相互转换,转换后图像的容量发生变化,应注意内存及硬盘的容量,以免转换失败。如256色转成灰度,原彩色图转换为灰度图效果,转换后图像容量不变。模式的转换应依不同情况的操作要求而设置。

(四)图像编辑、设计分色描稿

1. 图像编辑

利用该功能可以对画稿的某一部位进行剪切、复制、粘贴和修改等。

(1)剪切:此功能用于剪切被选择区域的图像,并将剪切下来的图像放置到剪切板中。使用方法:从图像中选定一小块区域,可以是矩形,也可以是任意图形;将其区域中的图像剪切掉,变成背景色,而在执行粘贴功能时,该部分图像可被复制到原图的任何一处或其他图像上。

(2)复制:此功能用于复制被选择区域中的图像或选定的颜色,并将复制的图像放置到剪贴板中,而原图仍保留。使用方法为:从图像中选定一小块区域,可以是矩形,也可以是任意图形;将所选区域部分进行复制,而在执行粘贴功能时,该部分图像可被复制到原图的任何一处或其他图像上。

(3)粘贴:将被放置在剪贴板中选择的区域图像或选定的颜色,复制到原图的任何一处或其他图像上。粘贴时,可选择对遮盖的颜色进行保护,或透明。保护色是指覆盖时,避免某一颜色被修改,而将其保护起来的颜色。透明是指某一颜色看起来就像放在底层的效果。

(4)修改:可对某选择的区域进行编辑修改,并可使用设计描稿的全部工具。可对某选择的区域进行旋转、缩放(改编尺寸的大小)、镜像等。

(5)图形变换:可以进行原图与区域的转换。对复制某一区域图像可另存为文件,也可贴在任何图案的任何位置,有助于图案的设计。

(6)全选与反选:全选是将全图选作区域,反选则是将一设定区域以外的范围作为有效的区域。

(7)图像的恢复:恢复到前一次图像的操作或恢复到后一次图像的操作。

2. 设计分色描稿(编辑修改)

本部分的功能就像一支笔,通过本系统提供的功能和功能的细分与组合,可根据花稿上的精神进行编辑设计和修改,分色描稿,得到所需要的画稿。

实现设计分色描稿的工具,有的系统采用图标的方式,如图4-9(a)(彩图见光盘)所示;采用图标的系统有浙江绍兴轻纺科技中心开发研制的金昌EX6000印花电脑设计分色系统、杭州宏华电脑技术有限公司开发的GGSALOHA印花分色系统、浙江大学和山东大学等开发的系统。有的系统采用菜单的方式,[图4-9(b)(彩图见光盘)]BLPDS系统工具等。所有的图形都是由点、线、面组成的，只是粗细、形状连续状态的不同，下面把实现的功能介绍如下：

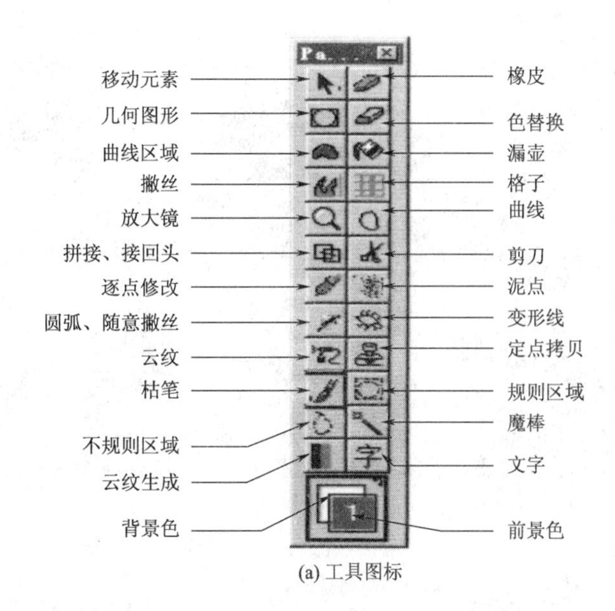

(a) 工具图标

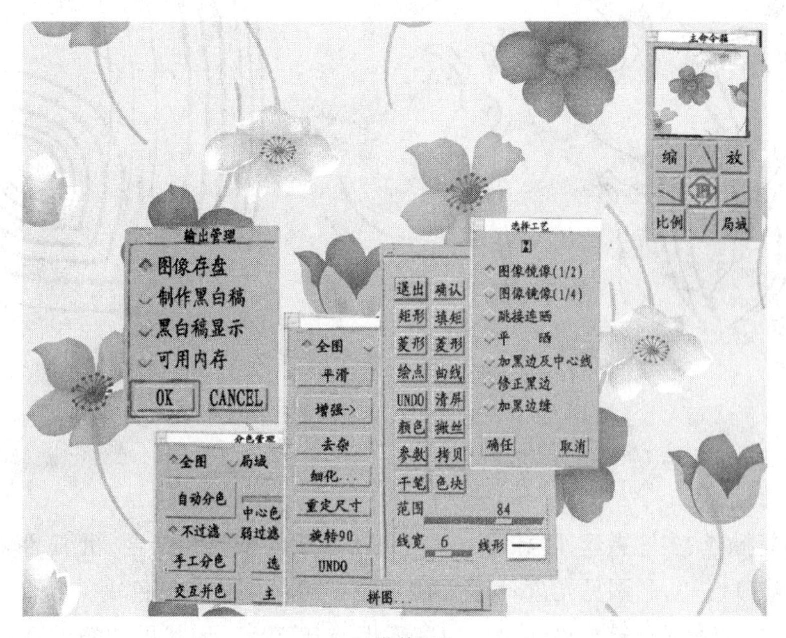

(b) 菜单工具

图 4－9　宝玲系统的弹出式菜单

(1) 画线工具可绘制图案上的等宽细线。

①直线：绘任意方向的直线、水平线、垂直线。

选择图标或菜单，选取图像中没有的颜色，作为工作色，选择实线、点线[图 4－10(a)，彩图见光盘]，或虚线之一，选择线宽，在图像中绘制所需要的直线。

②曲线:绘制任意曲线和封闭曲线[图4-10(b),彩图见光盘]。

③绘制与当前直线或曲线的平行线[图4-10(c),彩图见光盘]。

(a) 点线

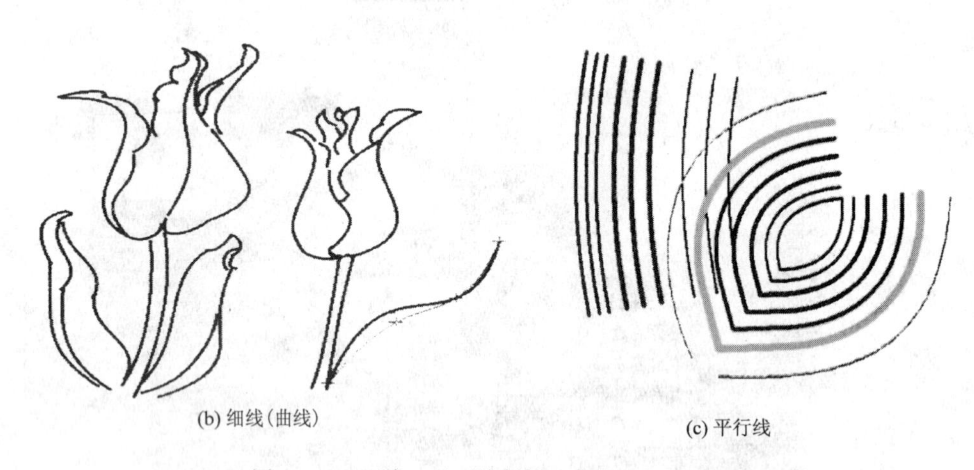

(b) 细线(曲线)　(c) 平行线

图4-10　画线工具可绘制的几种线型

(2)绘笔工具:

①可绘单笔撇丝、多笔撇丝,随意的单笔与自动生成的多笔相结合,粗细、形状可调的生动撇丝效果[图4-11(a),彩图见光盘]。撇丝是指有尖峰的细长条形色块。

②可绘干笔,随意的单笔与自动生成的多笔相结合,粗细、形状可调的干笔效果[图4-11(b)、图4-11(c),彩图见光盘]。

(3)泥点喷涂:泥点是指在图案中随机排布的点状图形。系统提供几十种泥点式样,可以在喷涂泥点时随时设置泥点式样及泥点大小,并提供一把刷子,供用户涂出任意密度的泥点,喷涂泥点可限制在一块色块或一个边界之内。利用该工具,可呈现出密度不同、大小变化、方向任意、层次丰富、风格各异的散点效果[图4-12(彩图见光盘)]。

(4)色块工具:色块(面)为图案中有颜色的块状图形。可绘制规则、非规则的块状图案,规

(a) 单笔、多笔撇丝

(b) 干笔1

(c) 干笔2

图 4－11　绘笔绘出的几种效果

各种泥点类型及模板

图 4－12　泥点

则图案为几何图形类,非规则图案为曲线包围的块面。

(5)色替换:将所选的被替换色全部替换成替换色,完成从多色到单色的替换;替换一个所选的被替换色,完成从单色到单色的替换;互换被替换色和替换色;可通过修改色相、明度、饱和度来替换所选颜色。

①橡皮(换色):将当前前景色擦成底色,橡皮的大小、面积可调。

②填色:可以在指定色框内填上任一颜色。可以实现边界或无边界填色,可以填充色块或色点。可以从单色到单色、从多色到单色、也可以从单色到图形。

(6)图案线的绘制:可绘制各种颜色的点线,规则、不规则的一串相同图案。先制作子图,再选择画图案线的方式、比例、步长、角度、颜色等来制作图案。

(7)文字工具:用来设计各种汉字、字母、数字,可在图案任一位置加上某一类型的中文或西文字样,并可对文字进行移动、缩放、旋转、艺术、排版、着色等处理。达到手工无法实现的效果。

(8)网格与包边:

①网格:用来设计带斜线的格子图案。用传统的描稿方法,一些加斜线图形的角度、斜线的对比度都是难题,而在计算机中对几何格子图案的处理却很方便。测量好几何图形条格的粗细,间距和斜线的宽度、角度、密度,系统根据设计者输入的各项参数,处理后生成一最佳的设计方案[图4-13(彩图见光盘)]。

图4-13 格子图案

②色块设计:用以设计方格图案,两色相交可产生第三色。

③条纹与包边:用于在指定颜色上加斜线、纹线或网格,并可给指定的颜色包上边线。

(9)几何图案:用传统的描稿方法,最难处理的要数几何图形,这是由图形结构特点所决定的。接头难,对花需精确,计算数据不能有一点误差出现,计算机处理几何图案可以说是系统的特长。对绘制菱形(正方形、矩形)、多边形、星形、针纹线、椭圆(圆)、空心、实心、大小、方向、角度、长短、宽度可任意改变,好似用画笔和圆规、直尺作图一样,随心所欲。

(10)底纹:重复的小单元图案。

①阵列底纹:在给定的底色上等距地产生阵列图形。设定行数,列数或个数,可任意方向、环形阵列、矩形阵列、产生45°错位阵列等。

②其他底纹:底纹功能可在指定的颜色及范围内铺设底纹,也可在指定的底色上及指定的位置以当前色铺设底纹。底纹来源可为用户自己编辑设计的,也可以来自剪切板。

(11)渐变工具:用于设计制作渐变的色彩,可用生成匀度色和喷笔工具设计制作具有颜色渐变的图案[图4-14(彩图见光盘)]。

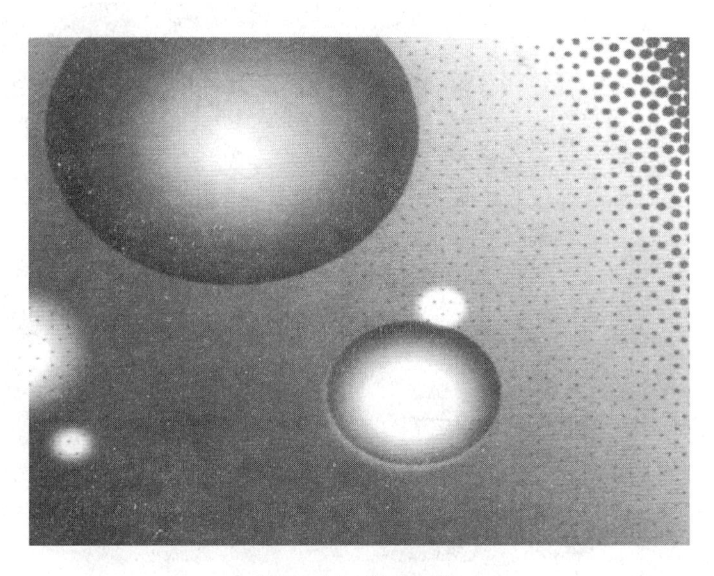

图4-14　渐变图案

(12)涂抹工具:利用层间涂抹、指涂抹,可将深色和浅色的硬边界涂抹成均匀,柔和的渐变过渡,在将硬边界涂抹成均匀渐变过渡的同时图像越抹越浅,即加亮,或将其越抹越深,即加暗[图4-15(彩图见光盘)]。

(13)肌理效果:可将当前图像进行浮雕处理,模拟现实中的浮雕效果;可进行雕刻处理,模拟现实中的雕刻效果;可进行霓虹处理,模拟现实中的霓虹效果;可进行马赛克处理,模拟现实中的马赛克效果;可进行油画处理,模拟现实中的油画效果;可进行底片处理,模拟照片中的底片效果;还可进行织纹处理,使印花图案模拟织物织造出的织纹效果[图4-16(彩图见光盘)]。

图4-15　涂抹效果

(14)制作云纹:云纹(半色调)是指某一区域内由柔和过渡的泥点(从深到浅或从浅到深)所组成的图形。

随着现代轻纺工艺的不断提高,图案也不断地趋于复杂化,这就要求印花CAD系统的功能不断地改进完善,以便适应新工艺、新用户、新市场的要求。云纹图案的计算机辅助创作和制作就是在这个新的环境下产生的要求。

随着市场竞争的激烈,现代纺织工艺的飞速发展,对云纹图案的创作和制作的要求也越来越高。因此在CAD系统中提供快速、有效、实用的云纹图案创作和制作的方法是衡量系统质量的一个指标。

制作云纹的步骤:利用前面的系统工具,描绘各层次模板→转灰度稿→调整灰度数据、层次→软件加网点(硬件加网点)→激光成像输出加网点胶片[2]。

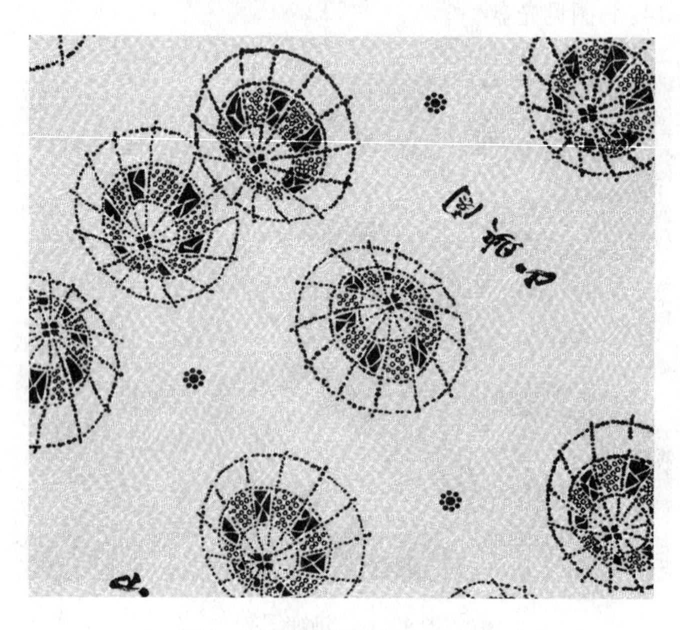

图4-16　底纹织纹(肌理)效果

①简单过渡云纹:云纹过渡为渐变型,具有一定的规律性。一般只需将扫描稿描绘出一个模板,然后用云纹工具设定好灰度范围,按花样的精神,可由中心向外扩散也可由外向内扩散以及由从一边到另一边渐变浅或渐变深,再经加深、增亮工具修改,使之过渡自然,更符合原样。花型处理完毕,就形成了一张层次丰满的灰度稿,最后根据平网或圆网目数加网点。一般用48.75网孔数/cm(125目)镍网,用25.6线/cm规格的网线版加网点,如图4-17(a)所示。

②同类色云纹:制作同类色云纹,主要以勾模板为主。此类云纹的主要特点是花型由许多组不同的姐妹色组成,但每组姐妹色很少与其他色组云纹混合叠印。勾模板时,以同类色组为依据,利用曲线工具、填充工具、多边形填充工具及魔棒工具等,可勾出许多组不同的模板,模板之间依照印花工艺进行叠色、借线、分色处理。当模板叠加时,便可得到各种不同色组的同类色云纹花型。与此同时,进行各单色组云纹稿修改,利用灰度稿的明暗调节,分出不同的深、中、浅层次,再利用诸如勾匀、涂抹工具等对每个云纹层次进行局部修改,以达到最佳效果,如图4-17(b)、(c)、(d),彩图见光盘所示,最后加网点输出图像,需根据圆网目数不同加不同规格的网线。

若叠印的两个颜色不相同,也可叠印出新的颜色效果;如黄色叠蓝色,印制的效果为绿色等,其效果见大象图案[图4-18(a)、(b)、(c)、(d)、(e)、(f)、(g),彩图见光盘]。

从理论上讲，网点越精细，层次表达越丰富，但也不宜过于精细，因为还要考虑印花工艺的因素，所以，要根据不同的织物进行选择。筛网要求也不同，丝绸平网云纹印花用 97.5 网孔数/cm(250 目)的网。棉布圆网印花一般用 48.75 网孔数/cm(125 目)的网，用 25.6 线/cm 的网线版加网点即可。网线的线数、角度可根据实际情况进行调节，以免产生龟纹。另外，随织物的吸浆程度不同，云纹层次最深最浅程度也随之不同，一般最深处黑白比面积达到 70% 时，印花浆就已溢满。

(a) 云纹挂网效果图

(b) 云纹模板

(c) 云纹灰度图

图 4－17

(d) 加网的云纹效果

图4-17　云纹效果图

(15)其他功能:

①UNDO:清除当前操作。

②确认:确认当前操作。

③清屏:将当前屏幕清为当前底色。

④魔棒:用于按颜色值差异选择区域,即选取的颜色允许有误差。

⑤撤销:撤销前一次的操作。

⑥恢复:恢复被取消的操作。

⑦层管理器:用于显示各图层。

图层(Layer):是分色系统和设计系统的一个重要概念。所谓图层,简单地说,就是一叠放在一起的透明纤维纸,从上面一直看到下面,当然,也可以选择性的看一层图层,而不看另一些图层。图层概念的出现大大方便了图像的处理。对一个复杂的图像来说,可以利用不同的层一部分一部分的处理,在处理某个区域时,不必关心其他部分,也不会影响其他的层。

例如:像AT—DESIGN设计系统的许多功能都是将结果存放在新的一层中,一旦对结果不满意,可以将结果层删掉,而不会影响到原稿,相当于为许多的功能提供了UNDO功能。

(五)配色

当一幅图案设计完成之后,可以利用系统中的配色功能对其进行配色,使图案达到多种颜色的搭配。

（六）三维模拟

三维模拟功能是将设计或描绘好的图案仿真成所印制的面料，再模拟到模特、场景图像或设计的服装款式图上，模拟的效果逼真、立体。通过三维模拟，可以看到自己所设计的面料制作成服装或其他用品后的效果，也可以为所设计的服装款式选择面料，从而得到一个满意的款式效果图。让客户确认后，再进行下一步的工作，如图4－19、图4－20（彩图见光盘）所示。

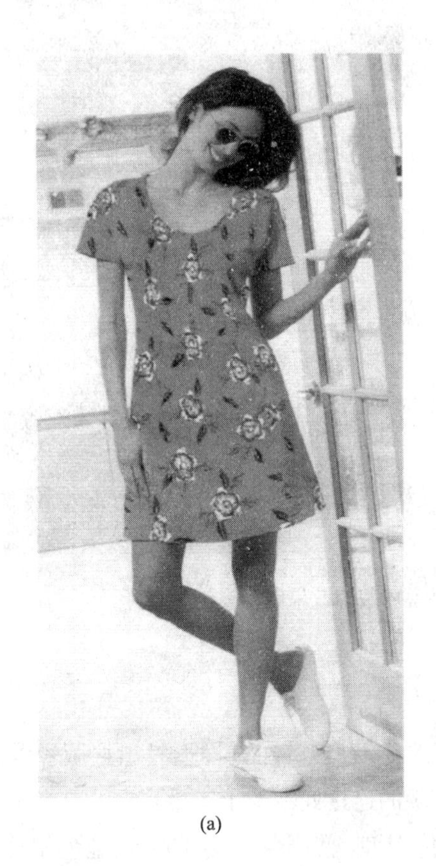

(a)

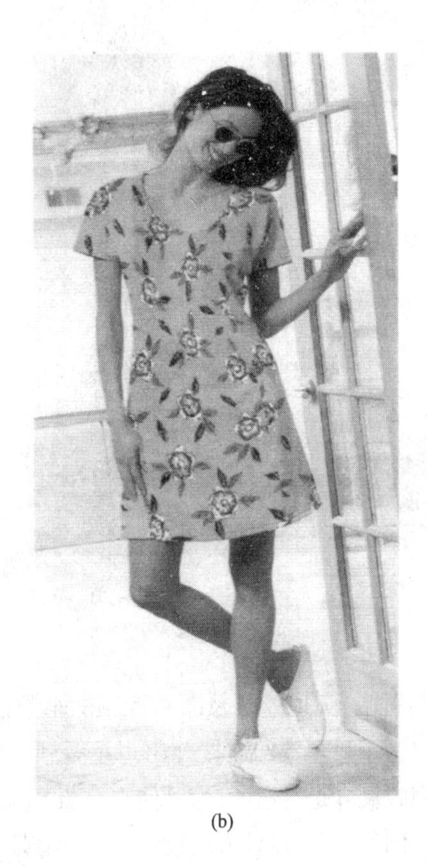

(b)

图4－19　服装模特效果图

（七）客户确认

让客户看到自己所设计的面料制作成服装或其他用品后的立体逼真效果，进行确认，可以减少进行实际制版印制最后不能确认的费用，节约时间，争取市场。

（八）工艺处理

（1）利用本系统提供的工具，对扫描的画稿进行描绘修改时，应注意使之符合印染工艺、设备的要求，其中包括线条的粗细，颜色的叠扩等。例如，直接印花的线条基本上可以按原图描绘，但要根据实际情况调整。拔染印花就要考虑拔染色浆渗扩的问题，适当描细一些。织物不一样，描稿的精细度也不一样，丝绸印花可印出400dpi时两线宽的细茎，在棉布上是不可能的。设备不同要求也不同，平网达到的精度比圆网要高一些。

（2）根据工艺要求对编辑修改描绘好的图像进行工艺处理，例如，开路、接回头、平接（直边）、平晒（多个）、跳接（S接）、跳晒（多个S接）、旋转接、1/2跳接、1/3跳接等，1/2镜像、1/4

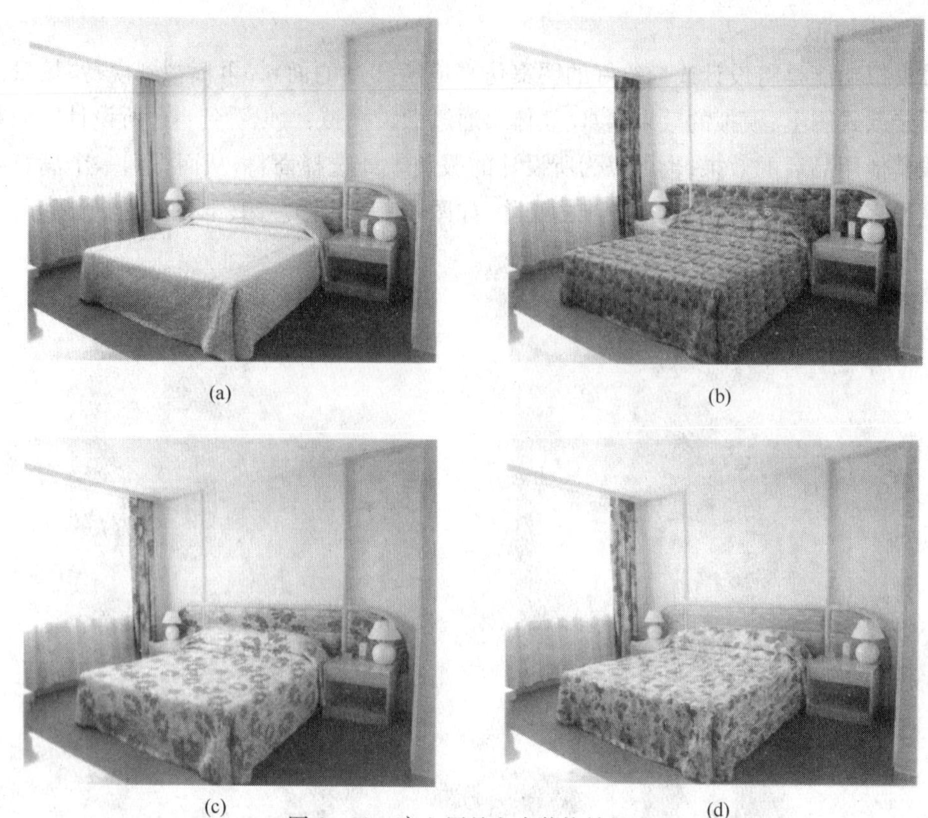

(a) (b) (c) (d)

图4－20 床上用品室内装饰效果图

镜像等。

平晒与跳晒，天地连晒及左右连晒的个数按要求设置。

开路是为了避免花回连接处出现重叠、脱开、破花等痕迹，在花样上找出接版界线的技术处理。由于网版尺寸是一定的，为了使上一版与下一版的连接处不至于产生露底或叠色需做的一种技术处理。例如，要求设计人员设计的花样在印制接版时，使异色相接、图案与地色相接等处置于不易显露痕迹的地方，相接路线还需做成上下5cm左右偏移的曲线状，以使接版处天衣无缝。

(九)制作黑白稿

把按工艺要求处理后的文件，制作成黑白稿文件、分色为单色稿，并根据工艺要求进行复色、分线、罩色、加十字线、黑边等。

(1)黑边的宽度：可以选择加黑边、黑边的宽度及中心线，取消黑边及中心线的功能键。

(2)修黑边：若开路线出现某些误差或用户想修正一下带黑边的图形，应选择修黑边功能。由于黑边及十字线的颜色特殊，在其他地方不能对该颜色进行处理，所以本功能将弹出一窗口，让用户选择这两种颜色作前景色或背景色，然后再选择诸如擦除等描稿功能。

系统的黑边是沿着开路线加的，为了便于加工处理等工艺上的要求，允许用户沿着开路线把黑边修改扩张一些距离[图4－21(彩图见光盘)]。

对于每一套黑白稿，要选择一个中心色，一个或多个向中心色复色的颜色、分线及复色的宽度可进行设置。

图 4－21　黑边的胶片(黑白稿)

(3)复色:为使不漏底(白)而采取的一种工艺处理,如浅色压印包边深色、相邻两色浅色压深色的边沿,重叠的宽度,用线来表示,可以自行设置。

(4)分线:对精度不高的织物印花,相邻两色浆相互渗化叠出第三色的面积太大,影响效果,让两色分开,分开的宽度用线来表示,可以自行设置。

(5)罩色:一种浅色压印在另一种深一些颜色上的工艺。

(6)加十字线:为对版而准备的。

(7)黑边:为感光接版而准备的。一次性感光不需要加黑边。

(8)黑白稿显示:可显示黑白稿文件的单色稿、彩色稿,并显示复色、分色、罩色效果。即系统可以把制作的图像黑白稿文件分成单色稿,也可以反过来将单色稿重叠显示出产品的外观效果,以便与原花样进行对比和检查。也就是计算机能提供一张接一张的数字化单色稿胶片效果(如幻灯片),也可在显示器上显示各单色稿的图像重叠效果。便于观察和控制云纹等特殊印花效果的演绎、覆盖、重叠及曲线的平滑等处理。从而对黑白稿进行检查、校对、修改等。黑白稿文件的显示如图 4－22(彩图见光盘)所示。

(十)打印彩色画稿或输出至 CAM 系统

(1)输出到彩色打印机,根据客户要求打印彩稿,彩稿的颜色与屏幕显示有出入,但没关系,因一种颜色只代表一套黑白稿,只代表颜色的相对位置,但若根据彩稿确认颜色或仿色时要注意调整与花色相一致。

打印的幅面根据彩色打印机的幅面大小而选择 A4 或 A3,打印精度可根据彩色打印机的精度,也可在彩色打印机精度的范围内选择,为 180～1440dpi 不等。

(2)输出到 CAM 系统(见第四节印花 CAM 系统)。

(十一)文件管理

对文件进行管理、读入、存储、删除等。

图4-22 黑白稿文件显示

二、系统操作

操作一般为人机交互式,菜单或菜单加图标式,激活功能模块、菜单或图标式操作,各系统操作各不相同,但输出的胶片或图像的检验标准是一样的,那就是要适用,满足印花生产的需要及要求。

虽然系统和操作说明都一样,但不同的操作人员做出的图像图案却有较大的差别,这是由于其对工作的认真程度、对系统的熟练程度、各功能的组合及综合应用能力不同造成的。

因此,通用的软件也可灵活使用,掌握软件的专门技能是重要的。精通描绘技术和软件两方面的人们,也许在任何一方面都运用自如,但对企业来说,软件是不能制作的,重要的是任何一个人都能根据要求,掌握使用这种设备,使系统充分发挥其作用。

具体应用操作,各商家都需进行技术操作培训,具体操作见操作演示盘。

第四节 印花 CAM 系统

印花 CAD 系统完成图案图像文件以后把信息输出到 CAM 系统,集成为 CAD/CAM 系统,如图4-5印花 CAD 系统(CAM 系统为虚线框所示)流程图。

一、激光成像机(CAM)激光成像及后处理[1]

激光成像设备(CAM)是集光、机、电和自动控制于一体的高、精、尖设备,是 CAD 系统输出的主要设备之一[图4-23(彩图见光盘)]。其功能为将图形工作站的分色图像文件信号,经输出控制器转入,转换成激光信号,控制激光发生器,按设定格式使专用的感光胶片感光。即激光成像机输出介质是胶片，它将图像文件转化为光学信号，在胶片上感光成像。然后通过显影、定影及水洗、干燥等工序为下道的感光制网工序提供分色底片（黑白稿）。

图4－23　杭州通讯设备厂的小幅面激光成像机

（一）激光成像机的类型和主要技术特性

1. 激光成像机的主要类型

激光成像机功能是将经过计算机设计、分色处理的图文信息转录在胶片上。激光成像机规格一般按最大成像幅面分类，目前国内常用的类型有：

550mm×800mm	适用于一般的圆网或平网制版
760mm×800mm	适用于中等幅面圆网或平网制版
760mm×1350mm	适用于中等幅面（1440mm 左右）圆网
1200mm×1800mm	适用于制作大幅面平网制版

由于采用一次感光机，一般采用大幅面的成像机，一次感光减少了胶片接版的误差。胶片的最大尺寸即成像机的幅面的最大尺寸。

2. 激光成像机的主要技术特性

（1）最大成像幅面：一般为（550mm×800mm）～（1200mm×1800mm）。

（2）激光输出波长：632.8nm；

空间模式：TEM；

发射角：1.5mrad；

漂移：<0.05mrad。

（3）反射镜反射率：>98%。

（4）声光调制器中心频率：100MHz。

（5）扫描线密度：600dpi、1200dpi 等。

（6）扫描方式：滚筒式四路或八路激光并行扫描。

（7）成像速率：600dpi 时：4～13min/版；

1200dpi 时:8 ~ 26min/版。

(8)接口条件:与计算机接口信号均为 TTL 电平。

(二)激光成像的基本原理

一幅画稿,其图案可以看作是由无数个不同颜色的小点排列而成的点阵图,这些小点的直径越小,则构成的图案在宏观上就显得越精致。在激光成像机里这些小点则是由激光束照射在胶片上,经显影、定影后在胶片上形成图案,得到制版所需要的胶片。

激光成像机按扫描方式分为三种:平面、内扫描和滚筒扫描方式等。滚筒式激光成像机原理是采用氦—氖激光发生器作光源,其直径在 0.0211mm 左右,声光调制器作为激光扫描的控制开关,计算机输出的图形信息通过声光调制器驱动源控制四频或八频声光调制器工作,将由激光管射出的单束激光转换为四束或八束分别受计算机回路图形信息控制的并行扫描光点,经聚焦镜聚焦到滚筒表面上,激光光学平台通过丝杆带动从左到右运动的横向移动作为横向副扫描,滚筒带着胶片高速旋转作为纵向主扫描,两种运动的合成,实现计算机内储存的图形信息的点阵还原,在胶片上感光而形成图像,如图 4 – 24 所示。

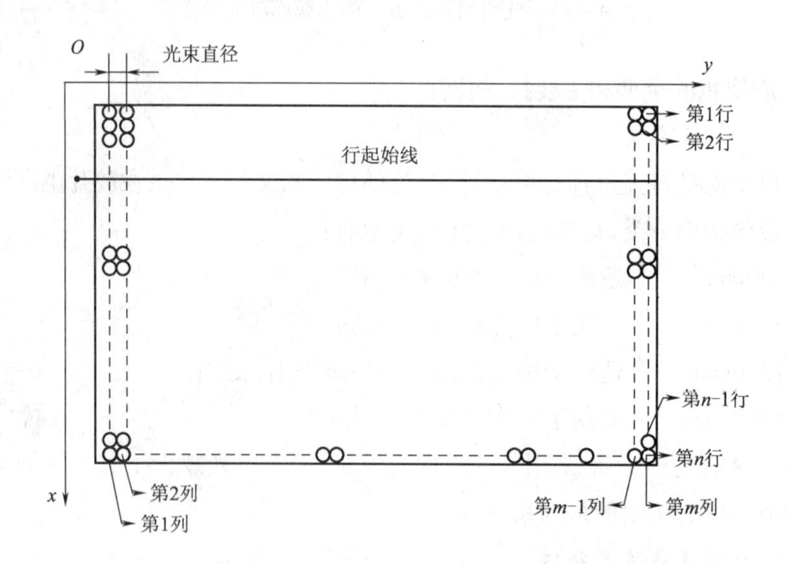

图 4 – 24　图像的点阵结构示意图

操作人员将胶片沿滚筒 y 轴(滚筒的轴向定为 y 轴,径向定为 x 轴)卷起来形成一个紧贴滚筒表面的圆柱面,让一束受计算机图文信号控制的激光束由声光调制器调制和聚焦后对感光胶片进行扫描,由主、副扫描的协同工作而完成整幅胶片的扫描过程。采用上述四路或八路衍射激光束同时进行,提高了扫描速度,如图 4 – 25 所示。

(三)激光成像

成像也称“发排”,是指将制作的黑白稿(分色处理后的)图像经过系统所提供的输出软件输出到激光成像机进行激光成像,使来样花稿的每一套色,都用黑色显示在胶片上。利用光滑功能,可得到高于描稿精度的黑白稿。

发排可以由工作站直接发排,但使用更多的是,将各台图形工作站的分色图像信号通过输

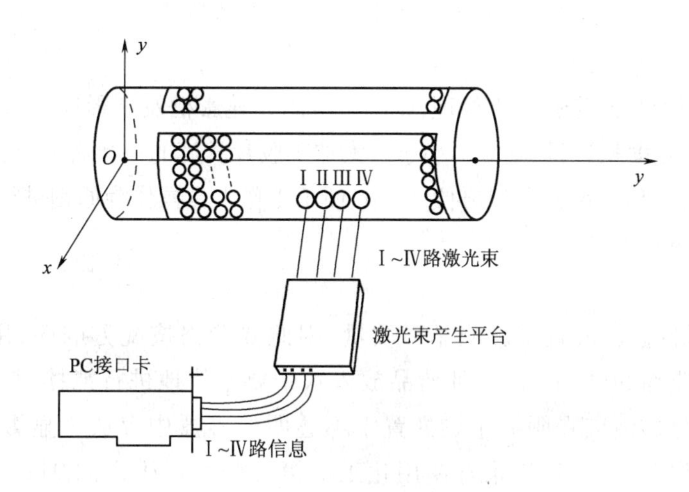

图4－25　二维扫描胶片示意图

出控制器输入到激光成像机。一般一台输出控制器控制一台激光成像机(激光照排机)。输出控制器是一台配置较低的计算机,这样可以充分发挥高档工作站的利用价值,若工作站使用的是小型机,还可以解决小型机(通过输出控制器间接)与激光成像机的接口问题。一般一台激光成像机可满足6~8个工作站的成像要求。

按照激光成像程序的要求,选择好激光成像机的类型,准备好激光成像机,确定发排文件的文件名、路径、设置好输出的精度,就进入激光成像阶段,以获得符合印花工艺要求的分色胶片。

发排可以是单张,也可选择多张黑白稿在同一张胶片中输出,可以选择第 x 张胶片中的黑白稿进行发排,可以选择正片,也可选择负片发排。

可实时发排,计算机输出的图文信息与激光成像同步进行;也可延时发排,计算机输出的图文信息在延后的限定时间,激光成像机进行发排成像。

也可在发排时设置拼接、开路、连晒、加十字线、加网、自动圆整等参数,发排的精度可根据要求设置。

激光成像程序还可在胶片上提供企业图标、名称、套色数及用浆量的估算,该套色配置色浆占总色浆的百分比,使成像所得的胶片不仅载有完整的图像信息,还包含了部分重要的工艺数据,帮助用户精确配置色浆,降低生产成本及减少操作失误等。

(四)激光成像的后处理

经激光成像的胶片,需先放入暗桶,通过暗室显影、定影处理才能最终形成印花生产所需的黑白稿。

1. 暗室要求

暗室主要用于经激光成像胶片的显影、定影处理。其要求大致为:

(1)门窗处应悬挂外黑内红或两层全黑窗帘,确保无室外光线射入。在冲片时,应用深绿色工作灯。

(2)保持干燥、良好的通风工作环境。

(3)保持20～25℃室温,以保证显影质量。

(4)保证水源及下水道畅通。

(5)如胶片采用显影、定影药水处理,则暗室应附设显影槽及定影槽,显影槽平面大小宽度应与最大加工胶片宽度相近,长度应不小于最大加工胶片长度的一半为宜,高度在80cm左右。

(6)暗室在客观条件允许下,以方便、实用、便于工作人员操作为原则进行布置。

2. 显影、定影操作步骤

(1)显影。

①显影液配制:显影液直接影响显影质量,因此要严格按配方顺序、用药量进行配制。用于配药的水温应在50℃左右,一种药品放入水中要不停地进行搅拌,待充分溶解后再放入另一种药物。显影液应在阴凉干燥处置于不透明的容器中存放。显影液也可采用已配制好的套药按其说明使用,这里推荐使用化工部第二胶片厂生产的9110型胶片冲洗显影液配方:

蒸馏水(52℃)	750mL
米吐尔	1g
无水亚硫酸钠	75g
对苯二酚	9g
无水硫酸钠	30g
溴化钾	5g
加水至	1000mL

②显影操作:将已经激光成像的胶片自激光成像机或暗桶内取出后浸入装有显影液的显影槽内,显影液应全部浸润胶片,胶片不应有外露部分或夹有气泡,并不时翻动胶片,使药品作用均匀。

由于国产感光材料一般要求在20～25℃显影,所以显影工作温度也应保持在上述温度区间内操作为宜。

③显影时间的确定:显影时间主要由胶片上显现的图案黑度决定,所以胶片冲洗的好坏关键在于显影过程中对胶片黑度的准确判断。胶片在冲洗到足够的黑度时必须及时停止显影。而是否达到的黑度主要观察胶片的正反两面是否大致相同,未感光部分胶片是否透明。在显影不足时,正反两面的黑度是不同的,未感光部分呈现不够透明的灰雾,反之则说明胶片显影充足,这时需及时取出胶片,以免显影过度。一般的,新配显影液在25℃时显影时间为3～4min。随着显影液的使用,其浓度将有一定下降,显影时间应相应延长,经过一段时间的使用后,应及时更换显影液。

(2)定影。

①定影液的配置:配制定影液的水温在50℃左右为宜,因为硫代硫酸钠吸热溶解,水温过低,会影响溶解速度。操作时先溶解定影剂(硫代硫酸钠),再溶解保护剂(亚硫酸钠),最后加入醋酸和坚膜剂(硫酸铝钾)。定影液可以自己配制,这里介绍的也是化工部第二胶片厂9110型套药。

甲液：

水(52℃)	600mL
无水亚硫酸钠	75g
醋酸(28%)	23.5g
硫酸铝钾	75g
加水至	1000mL

乙液：

结晶硫代硫酸钠	300g
水	1000mL

甲、乙液分别储存，使用时取甲液1份，在不停搅拌下加入4份乙液。

②定影操作：将经显影后的胶片进行充分水洗，防止显影药液带入定影槽内，降低定影药效。定影时，(包括显影)翻动胶片时应注意防止胶片表面药膜划伤，影响胶片质量，定影后的胶片，也要进行水洗，把残留在胶片上的定影液清洗干净。

③定影时间的确定：定影的时间长短，根据药水的浓度而定。药水浓度高，定影时间短，药水浓度低，则定影时间应相应延长。一般定影时间在10～15min，定影后胶片上没有图像的地方透明即可。

3. 微机自动冲片机

若使用微机自动冲片机，即可代替手工操作来自动完成激光成像机输出胶片的显影、定影、水洗及干燥工作。

(五)成品检验

激光成像之后的胶片，还需要与原稿仔细核对，以防漏花、漏白现象。操作时要把每一张胶片放在布样上进行仔细核对，检查有无漏花、多花现象；叠合每一套色的“十”字线，检查对版情况，几套色相叠加起来检查有无漏白现象；检查线条的粗细、泥点大小、疏密是否达到印花工艺的要求；检查黑白稿的黑度、白度是否达到要求；检查黑稿处是否有胶片的疵点(漏光)；否则应在透光台上修版，或者重新发排。白度达不到要求有可能是暗室湿度太大，反射镜上有水造成，因此要解决湿度问题。

二、雕刻制网技术[3]

直接制网系统是把计算机分色后的单色稿文件以数字信号的形式传送给制网系统，通过激光或者喷墨、喷蜡的形式在已涂过感光胶的花网上直接绘制出单色稿图案。免除了胶片环节，使传统的制网工艺发生了巨大的革新，从图样到制网全部实现数字化处理，一步到位。工效更高，灵活性更强。这三种方法均具有以下优点：

(1)缩短工艺周期，与传统制网工艺相比，直接制网可减少工序，缩短制网时间，加快开发周期。

(2)降低了制版的成本，有利于信息的保存，其中的无形效益更是无可估量。省去了制胶片的工序，减少了材料的使用和存放的空间，有利于信息的保存，数字化的储存比画稿及胶片的保存要方便得多，且不用担心材料丢失和损坏。不仅降低了与销售价格有关的胶片等材料费用,而且还节省了胶片压贴和反复感光的工时以及感光的劳动量。

(3)有利于保护环境,还可降低成本。减少了胶片和显像的废液处理,有利于环境的保护,同时降低了环境保护的成本。

(4)高精度、高质量。传统的制网需要经过胶片的拼接、包网等过程,易产生偏差。而直接制网是将整幅花稿绘制在网上,所以没有曝光不匀、接版口的微细偏差,可用以表现优美的细线、不断茎和轮廓清晰、精确,可以大大提高制版精度。

(一)激光制网机

利用计算机的分色图像信号控制激光束,雕刻完成符合印花工艺要求的圆网或平网,直接制成花版。

1. 圆网激光雕刻机

在筛网制作和雕刻方面革新与完善始终存在。由 STORK 和 Nickehnesh 对圆网的革新代表了这一方面的趋势,这些圆网的网孔较大、色浆透过性高,适用于特殊效果的印花。

激光雕刻以荷兰斯托克 STORK 为代表,20 世纪 80 年代已开发该项技术,90 年代被西方发达国家的制版厂家所采用,如 STORK 公司生产的 LE—3000 型圆网激光雕刻机(图 4-26)。

图 4-26 STORK LE—3000 型圆网激光雕刻机

LE—3000 型圆网激光雕刻机是由 Schablonentechnik Kufstein(STK)开发的,它使用的是 CO_2 工业激光器,是用计算机控制激光束把感光胶烧掉后在网上形成图案[4]。后又推出了两款激光雕刻系统:专用于高清晰印花的“BestLEN”和标准配置的“ECOLEN”。这两款设备耗能低,速度快,雕刻速度从 29min/m^2 到 16min/m^2。

国内激光雕刻系统的代表为绍兴轻纺科技中心生产的金昌系列圆网激光制网机。

2. 平网激光雕刻机

意大利 MS 公司生产的平网激光雕刻机如图 4－27(彩图见光盘)所示,用激光直接对涂有光敏胶的花版进行感光。1994～1995 年引进一台需 60 万美元。

图 4－27　意大利 MS L′INCISORE 平网激光雕刻机

L′INCISORE 由最先进的光电专利技术制造。由 CAD 系统提供了矢量化的图像信息。整套系统里不包含任何机械移动部件,因而完全不存在惯性和机械磨损问题。由于整套系统属于完全静态运行,以较高的速度进行制版同样能够获得非常好的花纹效果,同时图案的分辨率及复现性也能够得到保证。本产品全部使用单模低功率的冷激光束,因此完全可以使用普通的筛网涂敷感光胶制版而不用担心筛网变形和烧坏。

系统内包含两个处理单元,前一个胶片正在进行雕刻的同时下一个可以一并进行处理,大大提高生产效率。

可能的用途,纺织业:平版筛网的制作;制陶业:瓷砖印花筛网的制作;电子工业:标准印刷电路的制作、掩模的制作等;制图业:标签的制作,小版四色印刷,一般质量的绢网版画。

激光雕刻系统的一些厂家采用了 Nickelmesh 公司供应的筛网。

激光制网是最先开发的直接制网技术,但由于其设备一次性投资太大,而且制网成本较高,激光制网时,激光的强度,网版的冲洗,曝光时间的变化都会影响网点的质量,技术要求相当高,所以已经被喷蜡和喷墨制网所代替。

(二)喷蜡制网机

喷蜡制网是将分色图案输出的图像用成形性极好的热蜡直接喷到涂好感光胶的网上立即凝固成网点,形成遮光的图案,在网版上曝光后显影、水洗、干燥,直接得到镂空花版。

喷蜡制网的代表厂商是德国的 CST,生产厂家还有 A—Tex 和 LÜSCHER 公司、Klabou 公司(WAXJET)等。LÜSCHER 公司推出了改进的打印头。

国内企业有杭州开源计算机技术有限公司生产的Sanax盛纳克喷蜡制网系统。该公司在1992年底成功开发印花CAD系统的基础上于1999年研制成功了圆网喷蜡制网系统和平网喷制网系统。下面以该系统为例,了解其性能与特点。

喷蜡制网将分色图案输出时直接打印在网版上曝光,省去了激光成像、显影、定影、包(贴)片等时间,同时也克服了包(贴)片晒网过程中的接缝不准,网点损失,沙眼等缺陷,色彩重现性好,节省人力、物力,并减少环境污染,从产品质量、成本控制及生产周期各个方面提高企业的竞争力。

喷蜡制网是将成型性极好的热蜡喷到涂好感光胶的网上立即凝固成网点,不渗透、不扩张,使网点更明朗清晰,线条更加精细,制网的质量更高。如再现的丰富的云纹效果[图4-28(彩图见光盘)]。

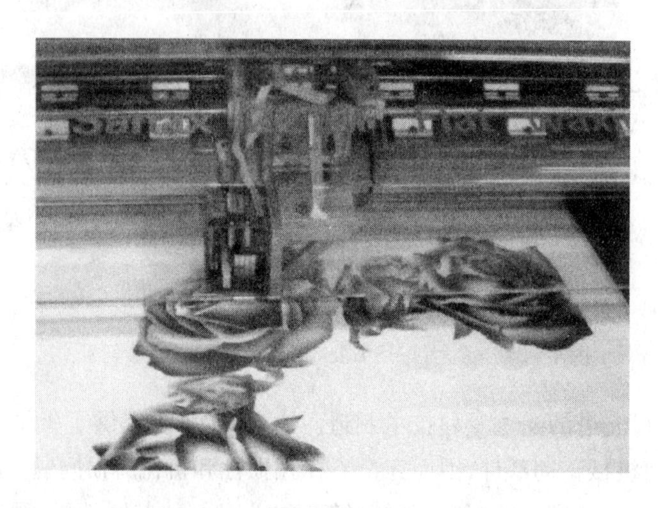

图4-28 喷蜡制网丰富的云纹效果

Sanax的喷蜡制网系统精度高达700/1200dpi,每一喷点仅为80pi(微微升),喷出的热蜡成型性极好,而且由于蜡紧密地粘在涂好感光胶的网上,曝光后可以表现更精细的线条,彻底克服精细线条制网断线的难题。

可精密对版:Anserles控制软件将准确确定每只网的打印起点,配合直接制网工艺,比采用包(贴)片制网有更高的对版精度。

长寿命的喷头:采用Spectra公司的压电晶体喷头,喷头的腔体为陶瓷,喷蜡的次数高达600亿次。

克服喷头的堵头问题:采用Spectra公司的喷头,该喷头的专利技术"肺",可以克服喷嘴堵头的难题;加热后的蜡从供蜡管流入储蜡腔连续将蜡补充给喷头,蜡在输送时会产生少量气泡,气泡进入喷嘴会堵塞喷嘴,"肺"的作用就是去除气泡,保证喷头在长时间工作不受气泡的影响。

更高的印量:由于蜡紧密地结合在涂好的网上,可以延长曝光的时间,感光胶凝固得更彻底,制成的网使用寿命更长、印制的产量或版更多。

令人惊叹的精度和速度:采用具有256个喷嘴的喷头,最高的精度达1200dpi,最快的速度仅需6min/m^2。

喷蜡制网系统也有一些不足之处,现列举如下:

(1)利用“肺”的专利技术可以克服印头堵塞,一旦发生冷却堵塞故障,维修必须在开机状态下进行,比较危险。

(2)因加热熔蜡,及保持一个热的环境而不使蜡块在机器的管道中发生固化,必须24h 开机,能源的消耗比较大。

(3)国产蜡块不稳定,进口蜡块价格较高,2000 元/kg。

(4)由于蜡块是不溶于水的固体,在冲网时蜡块的去除比较困难。

(5)喷蜡头独家生产,用户的材料维修成本高。

1. 圆网喷蜡制网系统

(1)圆网喷蜡制网系统[图4－29(彩图见光盘)]短流程化的工艺流程:

图4－29　圆网喷蜡制网系统

原稿→印花CAD 系统 ┐

涂胶→烘干→喷蜡制网曝光→显影冲洗→高温烘箱→装闷头

(2)具有的特点:无接缝技术是利用 Sanax 的控制软件控制喷蜡,图像按圆周方向连续喷到涂好感光胶的网上,彻底克服制网的接缝问题。

处理多种规格的圆网:Sanax 喷蜡制网系统为你提供处理多种圆网的制网解决方案。可以处理周长为641mm、819mm、914mm、1018mm,最大长度为3500mm 的圆网。制网速度为5～7min/m^2,制网精度分别为1200dpi、700dpi,重复精度可达±0.02mm。一机多用,适应范围更广。

对网有更大的包容性:利用圆光栅自动均匀圆网的周长误差,对周长的误差要求更低。

装网的方式:将前进后退开关安装靠近固定盘,方便人工装卸网。

图4－30　平网喷蜡制网系统

2. 平网喷蜡制网系统

(1)平网喷蜡制网系统[图4－30(彩图见光盘)]的短流程化的工作流程:

原稿→印花 CAD 系统┐

绷框→涂感光胶→烘干→喷蜡制网→曝光→显影冲洗→高温烘箱

(2)幅面及参数。平网喷蜡制网系统有效幅面:1200mm×2200mm,2200mm×2800mm,3200mm×3500mm;制网速度:8~12min/m²;制网精度:分别为508dpi,700dpi;重复精度:可达±0.02mm。

(3)装网方式:采用组合式铝型材定位栓,适用各种网版,方便人工装卸网。

(三)喷墨制网机

喷墨制网机的国外代表厂商是德国CST计算机技术公司及瑞士的Screen和Master。

国内代表厂商为杭州东城电子有限公司,其研制了DOSUN喷墨制网系统(Inkjet Engraving System)。

喷墨制版机的喷头依据花纹以极小的墨滴直接喷到已涂感光胶的筛网上,形成遮光层,然后就在喷墨制版机中进行曝光,离机后显影、水洗、干燥,直接得到镂空花版。

所用油墨中含有光吸收剂,能防止墨滴的光渗,使其不透光度为104,光的穿透性在0.01%以下。输送系统设有过滤装置,以防喷嘴管道堵塞。油墨具有蜡的特性,在喷印头内先被加热,产生一定的黏性,以墨滴雾状喷到筛网的表面时,数滴油墨连成一体形成花纹,迅速冷却,机械地附着在感光胶层上。但由于油墨对感光胶的黏着力较弱,在经过曝光、显影之后,可以容易地被洗除。

喷墨制版法按需投滴,墨滴与感光胶层亲密结合,省去了制黑白稿的胶片,具有高精度、高效率的特点,可用于平网和圆网制版。

喷墨制网系统喷墨头装置简单,所用的墨液颗粒非常细微,不易造成堵塞,维修方便,成本低。从花型线条的精细程度来说,由于蜡的扩散没有墨明显,因此喷墨不如喷蜡的精细程度高。液态墨点喷射至网的表面时会产生飞溅现象,易造成砂眼。

下面以杭州东城电子有限公司研制的DOSUN喷墨制网系统[图4-31(彩图见光盘)]为例作如下介绍。

图4-31 DOSNU系列圆网喷墨制网机

1. DOSUN系列圆网喷墨制网系统

DOSUN系列圆网喷墨制网系统处理周长可为641mm、820mm、914mm、1018mm;圆网门幅有三个型号:2200mm、3200mm、3600mm;分辨率为360dpi、720dpi;重复精度为±0.02mm;电压式喷墨头;喷嘴数672个;制网速度为10~11min/m²;一体化自动曝光。

2. DOSUN 系列平网喷墨制网系统

DOSUN 系列平网喷墨制网系统[图 4－32(彩图见光盘)]可以处理网框尺寸为 1200mm × 1800mm、3000mm × 3600mm；分辨率为 360dpi、720dpi；重复精度可达 ±0.02mm；电压式喷墨头；喷嘴数 672 个；制网速度平均为 6～8min/m^2。

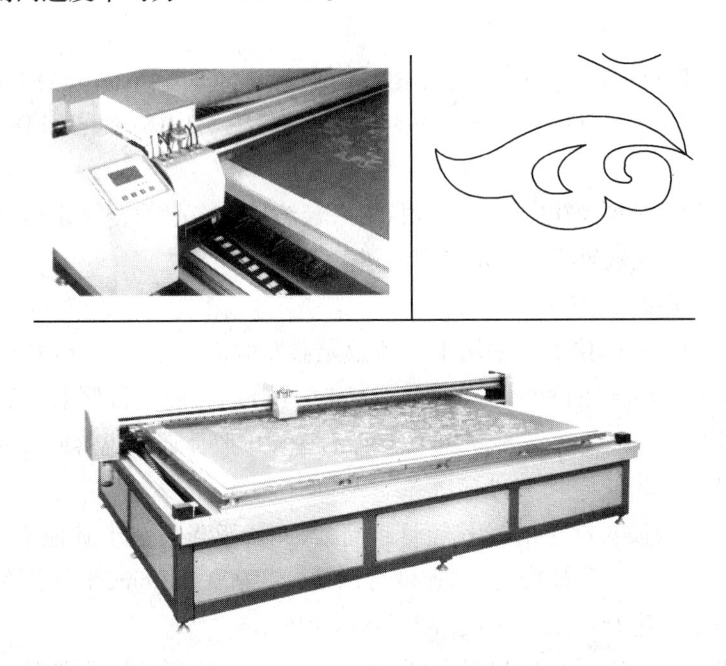

图 4－32　DOSUN 系列平网喷墨制网机

(四)紫光(紫外、蓝光)制网技术

紫光(紫外、蓝光)制网技术是一种当今最先进的激光制网技术。

1. 激光制网的缺点

由于原激光制网需要强大的激光能源，采用大功率 CO_2 工业激光器和固体激光器(一般为红外激光发生器)才能满足要求，且有以下不足：

(1)大功率激光器体积大、发热量大，需采用庞大的循环冷却装置，能量转换效率低，耗电量较高。

(2)激光直接刻蚀、汽化圆网表面胶体，使网眼暴露，圆网无法充气，其表面平整度无法保证，易导致花样精细度下降。而且对网坯的要求非常高，STORK 的激光制网机一般需要用 STORK 的网和 STORK 的感光胶。

(3)由于激光在空气中会发生散射，因此需要一个惰性环境来保护。一般采用液氮、氦、氖等惰性气体来提供这个惰性环境。

(4)直接刻蚀、汽化化学胶会产生大量有毒气体，污染环境，损害操作人员身体健康；热激光功率大，又是肉眼看不见的，也容易给操作人员带来危险。

(5)高能量的激光器一般通过脉冲方式控制激光开关，所以打点频率较低，制网速度较慢。

(6)二氧化碳激光发生器价格非常昂贵而且易漏气，易损坏，其维护非常复杂，需要非常专业的人士才能维护。

(7)使用成本高,一次性投资大,严重地制约其发展。已逐步从市场上退出。

因此人们一直在寻求新的突破,1996年,日本Nichia(日亚)公司研制出400~410nm的InGaM晶体紫激光二极管,1999年紫激光二极管的使用寿命超过3000h。Excher—Grad公司首先将紫激光二极管用于印刷行业制版机。

德国CST计算机技术公司发明了直接用光雕刻(Direct Light Engraver)的技术,率先采用紫外线逐行雕刻,清晰度达到2000dpi,速度为3min/m^2。荷兰STORK、英国ZEDCO等公司已转向该项技术的应用。

国内代表厂商有杭州东城电子有限公司、绍兴轻纺科技中心的金昌系列、杭州开源计算机技术有限公司、杭州安龙数码喷印技术有限公司。

2. 紫光(紫外、蓝光)制网技术的特点

紫光(紫外、蓝光)制网技术是采用半导体激光器发射谱线接近紫外(UV)波段,400nm左右(常用的为405~410 nm)的激光束,直接对涂有感光胶的花版进行照射,感光胶迅速发生光敏反应,还原出花样。在显影过程中,未被激光照射区域的胶体遇水脱落或被冲洗脱落,得到镂空花版。其技术特点如下:

(1)速度更快。因波长越短的光其能量越高,因此紫激光相对于其他常用的光源如绿激光、红激光等具有更高的成像速度,扫描速度可以达到55000线/min,半导体激光器体积小,可多路协同制网,最多可达16路,进一步提高了制网速度。

(2)精度更高。相对于激光雕刻制网采用的红外(IR)激光光源具有更短的波长,而波长越短聚焦可得到的光点越小,因而可以制作更精细的花型。可显影1016dpi下的4个点(0.1mm)的细线条。

(3)能量利用率高。与大多数感光胶的吸收光谱范围350~430nm相吻合,特别是与重氮感光胶和二元固化重氮感光胶的光谱吸收峰几乎重合,能量利用率高,能耗低。

(4)接近明室化操作。可以在黄色安全灯下操作,为操作人员提供一个更加明亮的工作环境,令操作更加方便。

(5)寿命更长。目前的紫激光器寿命已经可以达到约5000h。由于其工作原理为即点即启动,只有需要曝光时激光器才被启动,平时处在关闭状态,不需预热稳定就能产生稳定激光值,所以,总体使用寿命更长,一般为4.5~5年(与工作量有关)。

(6)制网成本更低。无需蜡、墨等作为遮光剂,节省耗材和曝光工序,可以使用任何传统感光胶,更具成本优势,必将在今后的制网上发挥强大的作用。

紫激光器也广泛应用于其他行业中,如制作DVD光盘、汽车制造等。

3. 产品举例

以杭州东城电子有限公司的产品为例作如下的介绍。

网版感光涂层材料对紫外线敏感。无论胶片还是喷墨、喷蜡制网,都需要晒网。使用紫外线直接成像制网工艺,不但省去了胶片、墨水和蜡,而且减少了晒网工艺,这种制网工艺是制网业几十年来梦寐以求的技术。紫外线直接制网实现了行业多年的夙愿。

(1)紫外平网直接制网系统(UN Digital Flat Engraving System)。

工艺流程:

原稿→印花 CAD 系统→(↓)

绷框 →网板上胶 →烘干→激光打点曝光→显影→固化→成品

其特点如下:

①DMD™成像引擎。以数字微镜 DMD 为核心的成像系统,高效调制紫外光,78 万条光路,实现高速扫描成像。

②UV - FLAT ENGRAVING™制网软件。东城 UV - FLAT ENGRAVING™制网软件集印花制网工艺之经验,历经十几年多次升级,可以说是炉火纯青。

③STANDA™立式结构。东城 STANDA™立式床身结构(形状与 MS 相似),特制型材制造、设计先进、结构合理。网版安装方便、可靠、精准。

④技术参数见表 4 - 1。

表 4 - 1 紫外平网直接制网系统技术参数

项目	参数
规格型号	UV - F X * Y
输出精度(dpi)	1440
制网速度(m^2/h)	15
套版精度(μm)	5
成像光源	紫外光
成像源板	DMD 芯片
最大网版尺寸	按用户需要制定
可读文件	BMP/TIFF
数据接口	USB
工作环境	温度:5 ~40℃ 湿度:30% ~80%(不结露) 照明:黄色光源 接地:接地电阻≤4Ω
设备供电	1.5kW/220V,50Hz
设备净重(kg)	700

(2)东城蓝圆 UV 激光制网机(BLUE - ROTARY UV Laser Engraver)。

工艺流程:

原稿→印花 CAD 系统→(↓)

涂胶→烘干→激光打点曝光→显影冲洗→高温烘箱→装闷头

其特点如下:

①UV - FINA™激光引擎。东城 UV - FINA™激光引擎是集 405nm 固体激光、光纤点阵、自

动变焦、光路平衡、恒温控制等数项高技术于一体的成像系统,为印花制网精度达到最高极限提供了革命性的技术动力。

②UV - ROTARY ENGRAVING™制网软件。东城 UV - ROTARY ENGRAVING™制网软件集印花制网工艺之经验,历经十几年多次升级,可以说是炉火纯青。

③PERFECTA™硬件平台。东城 PERFECTA™硬件平台集数百个海内外用户成功的案例,数以千计平凡而生动的工艺细节,十几年制网机制造经验,可以说是完美。

④技术参数见表4-2。

表4-2 东城蓝圆UV激光制网机技术参数

项目	参数
规格型号	BR2200、BR3500
圆网门幅(mm)	2200、3500
圆网花回(mm)	640(标配),820/914/1018(选配)
图像分辨率(dpi)	360/720(300/600、254/508可定制)
重复精度(mm)	±0.02
成像光源	405nm激光二极管
制网速度(min/m)	6~8(花回640mm)
可读文件	BMP/TIFF
数据接口	USB
工作环境	温度:5~40℃,相对湿度:30%~80%(不结露),照明:黄色光源
设备供电	1.5kW/220V,50Hz
设备外形尺寸(mm)	3650×750×1220(BR2200),4850×750×1220(BR3500)
设备净重(kg)	600(BR2200)、1200(BR3500)

直接制网系统作为新一代计算机一体化制版设备,它的使用无疑给印花制版带来一场新的革命。因为采用直接制网,传统的照相制版设备、拷贝机、连晒连拍机等,以及大量的耗材如胶片等不再需要。用户在赢得更多时间的同时既节省了成本又获得了更加精美的印制效果。

三、数码喷射印花系统[4,5]

STORK数码喷射印花系统如图4-33(彩图见光盘)所示。

数码喷射印花是全彩色无版印花设备,数码印花的工作原理基本与喷墨打印机相同,而喷墨打印技术可追溯到1884年。1960年喷墨打印技术进入实用阶段。20世纪90年代,计算机技术开始普及,1995年出现了按需喷墨式数码喷射印花机。1999~2000年采用压电式喷头的数码喷射印花机有较多国家展出,包括荷兰、日本、瑞士、美国、意大利和中国等。

数码印花技术是国际上出现的集计算机、电子信息、机械多种学科于一体的最新印花技术,是对传统印花技术的一个重大突破。数码喷射印花改变了传统印花技术的生产模式,给纺织印

图 4－33　STORK 数码喷射印花系统

染业带来了一个全新的概念，使印花业从传统的劳动密集型工业进入了数码高科技时代。印花产品也向文化型、艺术型、创意型发展。

数码印花技术应用工艺日益成熟，控制软件功能逐步完善。打印幅度从原来的 1650mm，增加到现在的 3400mm（意大利 REGGINAI 美加尼公司）；最高打印速度已达到 4500m/h（意大利 MS 公司）。它使在织物上进行高品质印花变为现实，印花织物所有的性能指标如：光泽、色彩、牢度等都能得到质的保证。

（一）数码印花概念

数码印花是将花样图案经印花 CAD 系统设计编辑处理后，不经激光成像制作胶片及制网工序，直接将图像信息由计算机控制微压电式喷墨嘴把专用染液微小液滴喷射到基质（如织物）的某个精确位置上，形成所需图案的非接触加工印花技术。染液的染料可以是直接、活性、分散、酸性、阳离子染料等。

（二）数码印花系统的组成

数码印花系统是非常简单的，由两部分组成。一部分是计算机图形处理（印花 CAD）系统，另一部分是印制系统。计算机处理系统没有特殊要求，对印制的图形也没有任何特殊要求，任何图形均可以再现、达到逼真的印制效果。通常人们拍摄的数码照片、胶片、花稿及存储在光盘或 U 盘里的任何想印制的内容均可以直接印制，并达到理想的效果。印制部分使用专用的印制机械（图 4－33）。所印织物需要进行前处理与后整理。印花应用的染料为红、黄、蓝、黑四种颜色，深浅各一套，共八种色。坯布的前处理与后整理需在另外的设备上进行，所以印花设备与普通纸张打印几乎相同,只需在CAD系统中处理好准备印制的图形后,即可以直接迅速地在坯布上印制。

数码喷射印花是一个系统工程,涉及CAD技术、网络通讯技术、精密机械加工技术及精细化工技术等前沿科技,是信息技术与机械、纺织和化工等传统技术融合的产物。

由于数码喷射印花技术涉及大量的计算和控制系统,可以说没有今天高速运行能力计算机就不可能有数码喷射印花技术。数码印花技术是印染技术与信息科学技术交叉融合的发展与应用。数码喷射印花技术重要依托信息科技的三大技术:计算机辅助设计(CAD)技术,数字制造技术,计算机网络技术。

(三)数码印花的原理

计算机数码喷射印花机的工作原理与彩色喷墨打印机的原理一致,是对墨水施加压力,使其通过喷嘴喷射到织物上形成色点,继而构成花纹图案。数码喷射印花由数字技术控制喷嘴的喷与不喷,喷出何种颜色的墨水,喷射时在 xy 方向上的移动,以保证在织物表面上形成所要求的图像和颜色。数码印花一个重要的技术指标为分辨率,即指每英寸内的点数。在喷射印花时,不同的基质对分辨率的要求也不同。一般情况下为180~360dpi时,图像已清晰。对很精细的图像,则需要提高到360~720dpi。分辨率提高后,对喷嘴的喷射频率、定向精度的要求更高。[5]

(四)数码喷印的实现方式

数码喷印的实现方式分两种:直接喷印和热、冷转印。直接喷印是指在纺织品上直接印制,如采用的染料为活性染料,适用于丝、棉、麻等天然纤维织物,前后处理方法与传统方式相同;热转印是指在专用转印纸上喷印出所需的图案,然后使用热升华转印机将印花内容转移到织物上,采用分散染料,适用于各种化学纤维织物;冷转印是指在专用转印纸上喷印出所需的图案,然后使用冷堆固色将印花内容转移到天然纤维及黏胶织物上。热转印及冷转印方式具有操作简便、工艺流程短等特点,目前使用较为广泛。

现在发达国家如美国和日本正在开发数码静电印花技术[6]。数码静电印花织物的成像是藉光导体(通常为硒等)圆筒表面显像,并藉静电力转移到织物上形成的。

(五)数码印花的喷射方式

数码印花按喷射方式不同,可分为连续液流型和按需滴液型两大类。连续液流型印花系统中,墨水是在高压下强制通过一个直径为10~50μm的小喷嘴,从喷嘴喷出的墨水流以不同的方式分散成细小的液滴,如Stork Amethyst;按需滴液型印花,是人为地控制墨滴的产生和喷射,在需要时将墨滴喷射到织物设定的花纹上。按需滴液型又分为压电转换型,如日本Konica的Nassenger,Minaka的JV,用压电式喷头;加热气泡型,如日本Ichinose的Image Proofer,美国Color Span的Fabric jet,用加热气泡式喷头。

1. 连续喷射式CIJ(Continuous Ink Jet)

连续喷射式数码印花的原理是通过对印墨施以高频震荡压力,使印墨从喷嘴中喷出形成均匀连续的微滴流。在喷嘴处设有一个与图形光电转换信号同步变化的电场。喷出的液滴在充电电场中有选择地带电,当液滴流继续通过偏转电场时,带电的液滴在电场的作用下偏转,不带电的液滴继续保持直线飞行状态，直线飞行的液滴不能到达待印基质而被集液器回收，带电的液滴喷射到待印基质上。[5]

2. 按需喷射式 DOD(Drop on Demand)

按需喷射式喷印系统的工作原理是当需要印花时，系统对喷嘴内的色墨施加高频机械力和电磁式热冲击，使之形成微小的液滴从喷嘴喷出，由计算机控制喷射到设定的花纹处。按需喷射式应用最广的是热喷墨技术，它是依靠热脉动产生墨滴，由计算机控制将一根电阻丝加热到规定温度，使印墨汽化以后从喷嘴喷出。另一种 DOD 技术是压电式喷射系统，即由计算机控制在压电材料上强加一个电位，使压电材料在电场方向产生压缩，在垂直电场方向产生膨胀，从而使印墨喷出。几种典型的喷墨印花机参数及性能比较见表 4－3。

表 4－3　典型的喷墨印花机参数及性能比较

喷墨技术类型	连续喷墨(CIJ)	热发泡(TIJ)	压电晶体(PIJ)
成本	喷头成本较高	生产成本较低	低于连续喷墨，高于热发泡
适用墨的黏度(Pa·s)	1～3	3～5	3～30 可通过加热降低黏度
墨滴的体积(pL)	4	2	1
频率(kHz)	100	10	20
最大分辨率(dpi)	25	1440	1440
适用的油墨范围	不适用于有机颜料油墨	只适用于水性油墨	水性、溶剂型、紫外光固化型、油性等油墨
维护费用	高于其他两种	较低可换喷头	较低，简单的清理系统

（六）数码印花用染料、油墨

喷墨印花不仅要求高精密的喷嘴技术和高精密的控制技术，同时，要求具有高纯度、高浓度、高牢度、高稳定性的墨水与之匹配。[5] 目前可用作数码印花的染料、油墨有：活性染料、酸性染料、分散染料（占据了大约 50% 的数码印花市场）、涂料（在色牢度、颜色均匀性、可靠性等方面还不能令人满意，尤其是还有堵塞喷嘴的危险）。

BASF 公布了一只改进的涂料（Helizarin EVO），能稳定地存在于其他助剂中。另一种令人感兴趣的涂料是 Spühl 的防紫外线涂料。

染料微滴的大小为 4～35pL，油墨的消耗量（15～30mL/m^2）取决于花型。油墨由装有 250mL 或 440mL 甚至是 10L 的储料盒供给。总的来说，所有的染料、油墨均可用于各种打印系统，但仍需优化，以增加其可靠性。

所谓数码印花用墨水，就是液态染料。目前活性染料墨水是数码印花中使用比较广泛的一种墨水，它具有面料品种适应性广、色牢度好、使用方便等优点，目前可分别应用在纤维素纤维、蛋白质纤维等织物上。它的主要成分有：

染料　　2%～15%

去离子水　　45%～95%

pH缓冲剂　　0.1%~0.5%

杀菌剂　　0.1%~0.5%

表面活性剂　　15%~45%

(七)数码印花设备[7]

近几年数码印花设备发展迅速,国外著名传统印花设备制造商几乎都涉足数码印花领域。近两年在中国参展的有:意大利MS公司、意大利美加尼公司、奥地利齐玛机械有限公司、荷兰施托克印制集团、德国MBK公司、韩国DGI公司、韩国Keundo公司、以色列Kornit Digital有限公司、日本东伸工业株式会社、日本柯尼卡美能达喷墨技术株式会社、日本御牧(Mimaki)工程有限公司等。国内有:杭州宏华数码科技股份有限公司、南京印可丽数码科技有限公司、杭州东城图像技术有限公司、上海鸿坤数码科技有限公司、北京恒泽基业科技有限公司、深圳市全印图文技术有限公司、杭州开源电脑技术有限公司、黑迈数码科技有限公司、沈阳飞行船数码喷印设备有限公司、杭州世明科技有限公司等。

一直以来制约数码印花机发展的关键因素,就是印花速度无法满足生产的需求,生产效率低。随着计算机硬件和软件的发展,及各制造商通过高性能印花喷头的选择,改变喷头的组合与排列方式,增加喷头及喷头的喷嘴数量,缩短喷头横向行程,使数码印花机的印花速度不断提高。如意大利美加尼公司Dream系列数码喷墨印花机,42个喷头(21504个喷嘴)。

以意大利MS公司生产的数码印花设备为例介绍其基本技术参数,见表4-4。

表4-4　MS数码印花机基本技术参数

MS机型	喷嘴排数(排×头)	最多装喷头数	色数	最高速度(m/h)	高精度速度(m/h)	喷印精度(dpi)	印花宽度(cm)
JP5 EVO	1×4	4	8	100	50~60	600×600	180
JP6	1×8	8	8	210	90~100	600×600	180
JP7	2×8	16	8	335	180~200	600×600	180
JPK EVO	4×8	32	8	640	360	600×600	180~320
LARIO	6×17	102	6	4500	2100	600×600	180~320

注　墨水系统和软件系统均为开放式,灰度为16个,墨滴为4~72pL。

传统印花设备制造商充分考虑了印染专业的技术特点,其设计能够从印染专业性角度出发,不仅注重图案的打印效果,而且还全面地注意到预处理、烘干和固色等问题。下面举例介绍。

1. 意大利美加尼Dream系列数码喷墨印花机

它配置了高精度导带,导带涂胶系统根据印制速度和花回自动调整上胶辊,能够进行连续导带清洗;同时配置了在线式烘箱,烘箱可使用电、燃气和蒸汽作为热源,温度达160℃。幅宽为3400mm的意大利美加尼Renor数码印花机外观示意如图4-34所示。

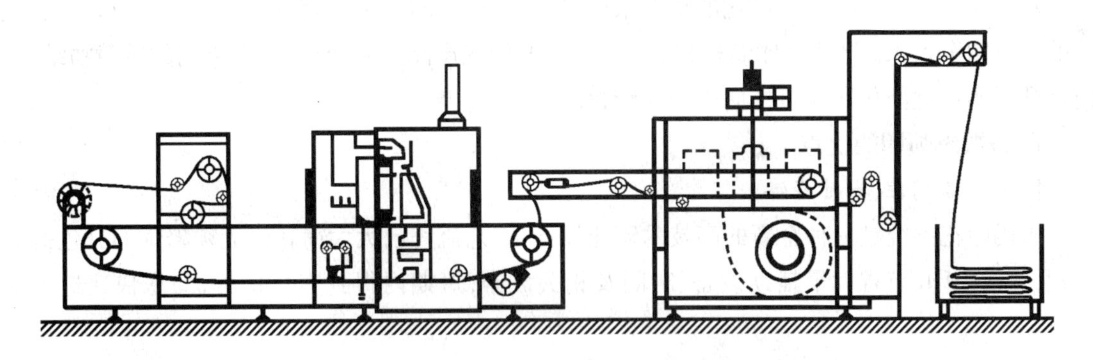

图 4 – 34　Renor 数码印花机外观示意图

2. 奥地利齐玛 Colaris 数码喷墨印花机

它配备的设备有：

(1)预处理设备。

(2)热空气烘干机。织物单层或三层在烘箱内通过，烘箱节数依需要可增加，电加热，也可选蒸汽或天然气加热。

(3)蒸化机。饱和蒸汽汽蒸条件下活性、酸性染料墨水固色。过热蒸汽或干热空气条件下分散染料固色。

导带式数码印花机适用于坯布的连续化印花，平板式数码印花机适用于衣片、围巾等产品的间歇式印花。

3. 以色列 Kornit Avalanche 成衣数码印花机

这是一款双头数码印花机，如图 4 – 35 所示，可同时喷印两件成衣。印花机的双喷印头平行分布在一个悬臂平台的两侧，内置自动预处理系统，不需对织物进行任何预处理。喷头高度最大可达 50 mm，可适应加厚服装的印花。Kornit Avalanche 的喷墨系统平台配有两套独立印花喷头，一个使用 CMYK 有色墨水，另一个为白色墨水，可用于浅色和深色(图案利用白色墨水打底)的大批量成衣印花加工，生产量可达 300 件/h。

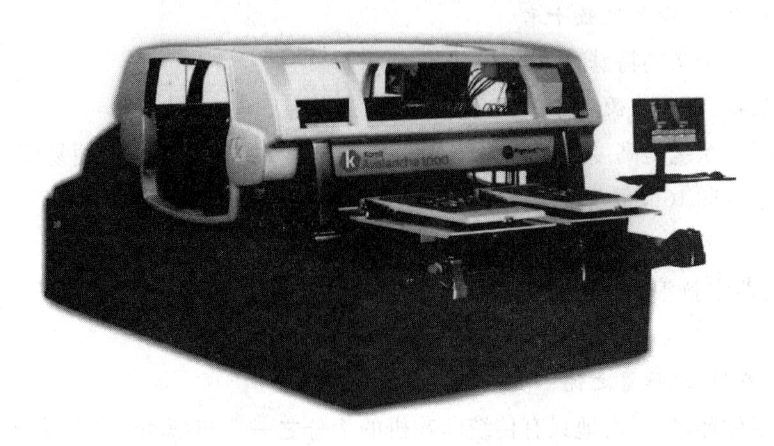

图 4 – 35　Kornit Avalanche 成衣数码印花机

数码印花速度是实现生产化的重要条件之一,其速度的不断提高,墨水价格的不断降低,完美的印花图案效果,迅速的印制过程,独一无二的印花产品及时效性,再与恰当的承载物结合,使得数码印花逐渐从印花打样向生产化转化。

(八)数码喷印的优点

1. 工艺路线短,省时经济

数码印花系统是一种全新的高技术印花设备,工艺流程已大大简化。无须繁琐的分色制版过程,直接喷印,节省大量辅助设备、时间及相关成本,短期内得到客户认可,助您快速进入赢利期。

2. 印花品质高,花型精度高,无限多样化的设计

印花精度可达720dpi,有的高达1200 dpi(杭州宏华)。在几种[2×(6~8)]色基本色彩基础上可混色生成1670万种颜色。几乎自然界中的颜色都可以在纺织品上再现,效果可与照片媲美,另外,还可在面料上印制前所未有的花型,创造新的价值。这是传统的印花技术是不能比拟的。

3. 经济批量小,顺应大规模定制潮流

投资少,投产批量可少至数十米,可赢得利润丰厚的个性化市场,提前迈入大规模量身订制时代。

4. 快速反应,零库存生产

市场变幻莫测,商机转瞬即逝。由于数码印花的花型数据存储在计算机磁盘中,花型续生产非常快捷,仅需数分钟,不仅可应对市场的需求,更无库存之忧。

5. 适应面料广

可直接在棉、麻、丝等天然纤维面料上印制精美花型,也可通过转印机在涤纶等化学纤维面料上或采用冷转印在天然纤维面料上印花。

6. 计算机精确控制,样品与大货无差别

印花过程由计算机控制完成,有效保证打样与批量生产的一致性,同一花型在两次生产中图案和色彩无任何变化,保证了样品与大货,不同批次之间完全一致。

7. 无花回限制,花型长达数十米

可喷印长达数十米的特殊花型,而无须任何拼接。

8. 智能化设备,操作简便易用

数码喷射印花系统是高度智能化的印花设备,无须手动调节,操作简便易用,设计师也能运用自如。可高速打印16h而无须操作人员的监管。

9. 油墨与染料的高效利用,减轻环境污染

按需喷墨,染化料浪费少,染料利用率高达90%,生产过程无污染,是一种绿色的印花方式。

10. 适应能力强,无仿冒之忧

可以置于多种环境中,占地只有传统印花机的十分之一。花型和色彩数据经由数码技术处理,不易复制和仿冒,可从根本上保护厂商与设计师的知识产权和经济利益。

(九)使用数码印花系统的意义

数码印花技术的推广应用,将对21世纪我国纺织业的发展产生重大影响,表现为:

(1)推动企业生产方式和经营模式。以最快的速度与网络技术结合,进而实现完全个性化的、一对一的量身订制的经营模式。

(2)将最大限度地满足人们的个性化需求,从家庭装饰到服饰、旅游用品都可以按个人爱好,进行个性化的设计。从这个意义上说,一个新技术的出现还会带动一个新的市场,刺激新一轮的消费需求。

(3)数码印花将直接促进“绿色纺织品”和“绿色制造”的发展。由于数码印花是将染液直接装在专用盒中按需喷射在织物上,既不浪费,也无废水污染,杜绝了调浆间和冲洗印花机而排放的染液,达到印花过程无污染。也省去了胶片。丝网、辊筒等材料消耗。既减轻了企业负担,又实现了环保的要求。

数码印花技术带来纺织印染业的技术革命,它使个性化、小批量、快反应的市场需求得到真正的体现,但数码印花技术要想取代传统印花还有一段很长的路要走,现阶段它是传统印花的一种很好的补充,只是针对于个性化按需生产的市场。要达到规模化生产的要求,还需要机械、电子、化工等多行业的继续努力。随着数码印花技术的逐步推广,速度的不断提高,耗材成本的不断下降,数码印花产品的普及程度一定会越来越高,数码印花将成为未来印染行业发展的必然趋势。

复习指导

印花CAD与CAM技术的应用覆盖面越来越广,功能也越来越多。已经成为技术人员不可缺少的基本技能。通过本章的学习,要掌握印花CAD系统的组成及各部分的作用,硬件设备的型号与性能,印花CAD系统的工艺流程、应用程序、系统的功能、质量要求,各CAM系统的概念、作用及原理、优点等。

思考题

1. CAD系统各组成部分的功能有哪些?
2. CAD系统硬件的名称、型号及性能各是什么?
3. 印花CAD系统的工艺流程是怎样的?
4. 印花CAD系统的应用步骤是什么?
5. 设计编辑修改(分色描稿)的功能是什么?
6. 怎样检查胶片的质量?
7. 激光成像的基本原理是什么?
8. 激光成像机、各雕刻制网系统的作用是什么?
9. 雕刻制网技术的优点有哪些?
10. 数码印花系统的概念是什么?

11. 数码印花系统是由哪两部分组成的?

12. 数码喷射印花技术的重要依托是什么?

13. 数码印花的原理是什么?

参考文献

[1]丁退.印花CAD实用教程[M].北京:中国纺织出版社,1994.

[2]王建平,闫成君,马明,等.电脑分色描稿CAD系统的应用[J].丝绸,2001(C00增刊):124-125.

[3]何中琴,译,王雪良,校.无膜印花描绘装置[J].印染译丛,2002,2(1):51-56.

[4]李志光.CAD/CAM系统在印花生产中的应用[J].印染,2000(1):41-43.

[5]梁凤英.数码喷射印花技术的应用[J].染整技术,2005(4):12-13.

[6]凌蓉,陈松,蒲宗耀,等.纺织品数码喷墨印花技术及发展趋势[J].纺织科技进展,2012(3):1-4,55.

[7]孟庆涛.2012中国国际纺织机械展览会暨ITMA亚洲展览会针织印花机械述评[J].针织工业展览会述评,2013(7):36-46.